U0258850

中国古生物学会秘书处 / 编

中国古生物学会

The 90 Years of
Palaeontological Society of
China

90年
1929

中国科学技术大学出版社

内 容 简 介

　　中国古生物学会是全世界成立较早的古生物学会之一,是我国发展古生物科技事业的重要力量,为纪念中国古生物学会成立90周年,本书汇集了学会成立以来的珍贵图片、重要资料、主要人物和事件,回顾了学会的发展历程及取得的丰硕成果,反映了一代又一代古生物学工作者的传承与奋斗精神,具有重要的史料价值和研究意义。

图书在版编目(CIP)数据

中国古生物学会90年/中国古生物学会秘书处编. —合肥:中国科学技术大学出版社,2019.11
ISBN 978-7-312-04816-6

Ⅰ. 中… Ⅱ. 中… Ⅲ. 古生物学—学会—史料—中国—1929‒2019 Ⅳ. Q91-26

中国版本图书馆 CIP 数据核字(2019)第 247659 号

中国古生物学会 90 年
ZHONGGUO GUSHENGWU XUEHUI 90 NIAN

出版	中国科学技术大学出版社
	安徽省合肥市金寨路 96 号,230026
	http://press.ustc.edu.cn
	http://zgkxjsdxcbs.tmall.com
印刷	安徽国文彩印有限公司
发行	中国科学技术大学出版社
开本	880 mm×1230 mm　1/16
印张	24
字数	568 千
版次	2019 年 11 月第 1 版
印次	2019 年 11 月第 1 次印刷
定价	180.00 元

奋斗和辉煌的九十载

殷鸿福

一九年十月十一日

中国科学院院士、中国地质大学（武汉）殷鸿福教授的亲笔题词：

奋斗和辉煌的九十载

坚守化石阵地

探索演化奥祕

追求更高目标

再创辉煌业绩

纪念中国古生物学会
成立九十周年

戎嘉余

中国科学院院士、中国科学院南京地质古生物研究所戎嘉余研究员的亲笔题词：
坚守化石阵地 探索演化奥秘 追求更高目标 再创辉煌业绩
纪念中国古生物学会成立九十周年

相较生命亿万年之久远，

九十年恍若弹指一挥间。

祝愿中国古生物学永葆青春韶华，

为地球生命演化谱写更多不朽的篇章。

周忠和

中国科学院院士、中国科学院古脊椎动物与古人类研究所周忠和研究员的题词：

相较生命亿万年之久远，九十年恍若弹指一挥间。

祝愿中国古生物学永葆青春韶华，

为地球生命演化谱写更多不朽的篇章。

坚韧不拔　辉煌耄耋

——纪念中国古生物学会成立 90 周年

詹仁斌 / 中国古生物学会理事长

中国古生物学会——中国3300多位地层古生物学工作者自己的学术组织，是全世界成立较早的古生物学会之一，也是拥有会员最多的国家级古生物学会。正当人们热烈庆祝中华人民共和国成立70周年之际，我们迎来了中国古生物学会的九十华诞。当前中国古生物学正在经历又一次辉煌发展的历史机遇期，谨此，我们首先要感谢国家的持续关心和大力支持，感谢一代又一代地层古生物学工作者坚持不懈的奋斗，没有这些，就没有中国古生物学一次又一次的辉煌发展，就没有中国古生物学会的今天。

1929年8月31日，第一代中国杰出的地层古生物学家丁文江、李四光、孙云铸、赵亚曾、计荣森、王恭睦、杨钟健等10人，以及国际友人葛利普，在北平（现在的北京）自发组织成立了中国古生物学会。可是，由于时局动荡，学会一直未能正常开展活动，只有零星的、小范围的研讨和交流，抗日战争期间则完全中断了与学会有关的一切活动。直到1947年12月25日，在多位有识之士的艰苦努力下，中国古生物学会在南京中央研究院地质研究所所在地召开了"复活大会"。这是空前绝后的大事，从那以后，学会的工作逐步走上了正常轨道，每年由学会组织或与学会有关的活动有3次以上，个别年份甚至达10多次。1956年6月16日，中国古生物学会组织召开了第一次全国会员代表大会，这是中国地层古生物学在蓬勃发展期召开的第一次非常重要的盛会。但是，从1966年开始，受到"文化大革命"的影响，中国地层古生物学研究陷入了低谷，中国古生物学会再一次停止了一切相关学术活动。直到1978年全国科学大会召开后，迎来了科学的春天，中国地层古生物学也迎来了第二次辉煌发展的黄金时期：1979年4月16日第三次全国会员代表大会之后，每4—5年就组织召开一次全国性的学术盛会。中国地层古生物学在国际上的影响力也越来越大，越来越多的中国地层古生物工作者走上了国际学术舞台、走到了国际舞台的中央，越来越多的中国学者担任国际相关学术组织的重要领导职务，越来越多的国际性合作项目由中国学者倡导、参与领导或主要领导。国际古生物协会前主席、国际地层委员会现任主席、丹麦皇家协会会员、英国杜伦大学 David A. T. Harper 教授曾不止一次地感慨："China is always holding the key to some major geological problems."这就是对中国地层古生物学、对中国学者工作的最客观的评价。

回首往事，总结经验，我们发现，中国古生物学今天的成就，是一代一代地层古生物工作者甘于清贫、乐于奉献、不懈追求、持续奋斗的结果。学会成立之初，对中国地层古生物学研究来说，条件艰苦自是不说，还要经常冒着生命危险去开展工作。然而，赵亚曾、许德佑、丁文江、李四光等前辈依然做出了一系列具有开创性的、具有重要国际影响的科研成果，他们永远是中国地层古生物工作者学习的榜样。新中国成立之初，为了满足国家大规模国民经济建设的需求，大批地层古生物工作者克服各种艰难险阻甚至付出生命的代价，奔赴祖国各省市自治区开展大规模的区域地质调查，为国家急需的石油、天然气及多种矿产资源的勘探与开发做出了重要贡献。改革开放之后，包括地层古生物学在内的基础科学研究曾一度处于低谷，因为国家经济水平较低，给予基础研究的支持力度不够，但我国广大地层古生物工作者仍能潜心钻研，并积极融入国际科学共同体，参与相关学术领域的国际交流、合作，直至国际竞争，并取得了一系列重大突破，为国家赢得了一个又一个荣誉：被国际同行公认为自然科学研究顶级期刊的美国《科学》和英国《自然》杂志，在 20 世纪八九十年代持续不断地发表中国学者的研究成果，其中古生物学研究成果占了八成以上；被国际同行誉为"20 世纪最重大科学发现之一"的澄江动物群就发现于 1984 年夏天；被国际同行称为地学领域的"奥林匹克金牌"的"全球界线层型剖面和点位（俗称'金钉子'）"，在激烈的国际竞争下，我国于 1997 年实现了零的突破。进入新世纪，基础科学研究面临新的挑战，学科发展、新技术革命日新月异，学科交叉成为时尚和潮流，经济社会的各种诱惑层出不穷，中国地层古生物工作者，特别是广大中青年学者，在老一辈专家学者奉献科学精神的感召下，自觉抵制诱惑，坚持"板凳坐它十年冷"，以十年磨一剑的毅力开展了大量艰苦卓绝的野外地质科学考察和深入细致的室内研究，终于使中国地层古生物学达到了又一次辉煌发展的时期：具有重大国际影响的化石库一个一个地被发现和研究，我国成为全世界拥有具重要科学价值的化石库最多、时代跨度最长的国家；获得显生宙各系"金钉子"11 枚，我国成为拥有"金钉子"数量最多的国家。

回首往事，总结经验，我们还发现，中国古生物学今天的成就，始终与国家和民族的命运密切关联。20 世纪二三十年代，以李四光为代表的中国第一代地层古生物工作者，怀着科学报国、科学救国的信念，献身中国的地层古生物事业。但是，国家衰弱，民族危难，中国古生物学在为数不多的杰出先驱们坚持不懈的努力下艰难前行，中国古生物学会一经成立便进入长期停滞状态。新中国成立后，国家大规模的经济建设对石油、天然气和各种矿产资源产生了极大需求，对地层古生物学基础研究形成了明确且迫切的要求，以"服务国家、造福人民"为己任的中国地层古生物工作者在新中国成立到 1966 年十几年的时间里，成功地创造了中国地层古生物学发展的第一个辉煌发展时期，积累了大量基础地层古生物资料，为今后新的飞跃奠定了坚实基础。但是，因为长期缺乏对外交流，特别是十年"文化大革命"时期的闭关锁国，使得这个阶段的中国地层古生物学与国际明显脱节，处于落后被动的地位，有些国际同行甚至在论文中直接将中国称为"未知地域（terrae in cognitae）"。"文化大革命"结束后改革开放，迎来了科学的春天，勤奋且具有高度责任感和强烈奉献精神的中国地层古生物工作者，以数倍于国际同行的付出奋起直追，在拥有得天独厚的地层古生物资源优势的中国大地上，很快就取得了一系列令国际同行瞩目的科学发现和科研成果，在地学领域为国家赢得了一个又一个"奥运金牌"。特别是，进入新世纪以来，国家实施了一系列旨在支持基础科学研究的重大计划，比如中国科学院的"知识创新工程"、科技部的"973 基础前沿研究计划"、国家基金委的各类人才计划和重大项目等等，使得包括地层古生物学在内的基础学科迎来了空前的黄金发展机遇。当今的中国已被国际同行公认为地层古生物学研究的全世界唯一的"伊甸园"。

当前，中国的社会主义现代化强国建设已经进入新时代，全体中华儿女正在中国共产党的全面领导下，为了实现中华民族伟大复兴的中国梦进行着一场史无前例的伟大斗争。作为这项伟大工程的参与者，全国地层古生物工作者责无旁贷，我们必须进一步提高站位，必须全面把握地层古生物学发展的国际趋势，必须牢记并充分发扬老一辈地层古生物学家艰苦奋斗、献身科学的精神，必须脚踏实地、紧紧依靠中国的地层古生物资源优势，必须团结协作、形成合力，必须以开放的心态去积极面对国内外同行、锐意进取、勇于创新，必须顺应国际地层古生物学发展的大势、积极进行多学科交叉融合，必须为中国的地层古生物事业实现更大的发展做出应有的贡献。

中国古生物学、中国古生物学会必将迎来更加辉煌的明天！

目 录

The 90 Years of

Palaeontological Society of

China

历史

中国古生物学会 **90** 年

中国古生物学会 90 年
The 90 Years of
Palaeontological Society of
China

1

· 代表大会

中国古生物学会复活大会创立会员与来宾合影（1947 年 12 月 25 日　江苏南京）
前排（自左至右）：王鸿祯　谢家荣　俞建章　李春昱　陈　旭　杨钟健　崔克信　尹赞勋
中排（自左至右）：王　钰　宋叔和　卢衍豪　侯德封　马溶之　许　杰　赵金科　黄汲清　李星学
后排（自左至右）：李铭德　郭文魁　刘东生　曾鼎乾　李广源　盛金章　黄　懿　谌义睿　吴磊伯
　　　　　　　　　南延宗　穆恩之　顾知微

出席中国古生物学会第一届全国会员代表大会代表合影（1956年6月16日　江苏南京）
前排（自左至右）：乐森璕　尹赞勋　周晓和　杨钟健　孙云铸　斯行健　赵金科　杨遵仪
后排（自左至右）：王鸿祯　顾知微　区元任　霍世诚　徐　仁　周明镇　王　钰　穆恩之　常隆庆

中国古生物学会第五届全国会员代表大会代表合影（1989 年 4 月 21 日 湖北武汉）

中国古生物学会第六届全国会员代表大会会代表合影（1993 年 4 月 26 日 河北承德）

中国古生物学会第七届全国会员代表大会代表合影（1997 年 4 月 21 日　山东泰安）

中国古生物学会第八届全国会员代表大会代表合影（2001 年 5 月 19 日　陕西西安）

中国古生物学会第九届全国会员代表大会代表合影（2005 年 4 月 23 日　江苏常州）

中国古生物学会第十届全国会员代表大会代表合影（2009 年 10 月 14 日　江苏南京）

中国古生物学会 90 年
The 90 Years of
Palaeontological Society of
China

中国古生物学会第十一届全国会员代表大会代表合影（2013 年 11 月 15 日　浙江东阳）

中国古生物学会第十二届全国会员代表大会代表合影（2018 年 9 月 17 日　河南郑州）

中 国 古 生 物 学 会 第 十 二 次 全 国 会 员 代 表 大 会 暨 第 2 9 届 学 术 年 会

2018年9月 河南·郑州

中国古生物学会 90 年
The 90 Years of
Palaeontological Society of
China

2

· 学术年会

中国古生物学会第十一届学术年会代表合影（1964 年 12 月 12 日　江苏南京）

中国古生物学会第十三届学术年会主席台（1984 年 4 月 2 日　浙江绍兴）

中国古生物学会第十三届学术年会会场（1984 年 4 月 2 日　浙江绍兴）

中国古生物学会第十五届学术年会会场（1989 年 4 月 20 日　湖北武汉）

中国古生物学会第十七届学术年会会场（1993 年 4 月　河北承德）

中国古生物学会 70 周年纪念暨第二十届学术年会代表合影（1999 年 5 月 15 日 福建厦门）

中国古生物学会70周年纪念暨第20届学术年会1999.5.15于厦门

中国古生物学会第二十二
届学术年会会场（2003 年
4 月 19 日　四川成都）

中国古生物学会第二十二届学术年会代表合影（2003 年 4 月 19 日　四川成都）

中国古生物学会第
二十二届学术年会会
场（2003 年 4 月 19 日
四川成都）

中国古生物学会第二十三届学术年会会场（2005 年 4 月 23 日　江苏常州）

中国古生物学会第二十四届学术年会代表合影（2007 年 9 月 15 日　山东平邑）

中国古生物学会第二十五届学术年会会场（2009年10月14日　江苏南京）

中国古生物学会第二十六届学术年会代表合影（2011 年 10 月 21 日　贵州关岭）

中国古生物学会第
二十六届学术年会
会场（2011 年 10 月
21 日　贵州关岭）

中国古生物学会第二十七届学术年会会场（2013 年 11 月 15 日　浙江东阳）

中国古生物学会第二十八届学术年会代表合影（2015 年 8 月 11 日 辽宁沈阳）

中国古生物学会第二十八届学术年会开幕式（2015年8月11日　辽宁沈阳）

中国古生物学会第二十九届学术年会会场（2018年9月17日　河南郑州）

中国古生物学会山旺现场会代表合影（1978年10月11日　山东潍坊）

中国古生物学会 90 年
The 90 Years of
Palaeontological Society of
China

3

· 理事会议

中国古生物学会第三届理事会第三次扩大会议暨庆祝尹赞勋理事长从事地质科学活动五十年纪念代表合影
（1982 年 2 月 23 日　北京）

中国古生物学会第四届理事会第二次会议（1986 年 3 月 12 日　江苏南京）

中国古生物学会秘书处工作会议人员（1987 年 10 月 8 日　山东长岛）

中国古生物学会第五届理事会第一次会议理事合影（1989 年 4 月 24 日　湖北武汉）

中国古生物学会第八届理事会第二次会议理事合影（2002 年 12 月 21 日　江苏南京）

中国古生物学会第八届理事会第四次会议理事合影（2004 年 4 月 24 日　江苏苏州）

中国古生物学会第九届理事会第二次会议理事合影（2006年1月7日 广东河源）

中国古生物学会第九届理事会第二次会议会场（2006年1月7日　广东河源）

中国古生物学会第九届理事会第三次会议理事合影（2007 年 1 月 29 日　山东平邑）

中国古生物学会第九届理事会第四次会议理事合影（2008 年 1 月 12 日　北京）

中国古生物学会 90 年
The 90 Years of
Palaeontological Society of
China

中国古生物学会第九届理事会第五次会议理事合影（2009 年 1 月 5 日　江苏南京）

中国古生物学会第十届理事会第二次会议理事合影（2010 年 12 月 12 日　辽宁沈阳）

中国古生物学会第十届理事会第四次会议会场（2012 年 1 月　安徽合肥）

中国古生物学会第十届理事会第四次会议理事合影（2012 年 1 月　安徽合肥）

中国古生物学会第十届理事会第五次会议理事合影（2013年2月　浙江杭州）

中国古生物学会第十届理事会第五次会议会场（2013年2月　浙江杭州）

中国古生物学会第十届理事会第六次会议会场（2013 年 11 月　浙江东阳）

中国古生物学会第十届理事会第六次常务理事会议会场（2012 年 10 月 12 日　江苏南京）

中国古生物学会第十届理事会第六次常务理事会议理事合影（2012 年 10 月 12 日　江苏南京）

中国古生物学会第十届理事会第七次常务理事会议会场（2013 年 8 月
江苏常州）

中国古生物学会第十届理事会第七次常务理事会议理事合影（2013 年 8 月　江苏常州）

中国古生物学会第十一届理事会第一次会议会场（2013 年 11 月 17 日　浙江东阳）

中国古生物学会第十一届理事会第二次会议会场（2014 年 12 月 3 日　广东广州）

中国古生物学会第十一届理事会第二次会议理事合影（2014 年 12 月 3 日　广东广州）

中国古生物学会第十一届理事会第三次会议会场（2015年8月10日　辽宁沈阳）

中国古生物学会第十一届理事会第四次会议理事合影（2016年12月17日　贵州贵阳）

中国古生物学会第十一届理事会第五次会议理事合影（2017 年 5 月 13 日　湖北黄石）

中国古生物学会第十一届理事会第六次会议会场（2017 年 12 月 15 日　河北石家庄）

中国古生物学会第十一届理事会第六次会议理事合影（2017 年 12 月 16 日　河北石家庄）

中国古生物学会第十一届理事会第五次常务理事会议会场（2014年1月　陕西西安）

中国古生物学会第十一届理事会第五次常务理事会议理事合影
（2014年1月　陕西西安）

中国古生物学会第十一届理事会第十次常务理事会议理事合影（2018 年 4 月 25 日　广东深圳）

中国古生物学会第十一届理
事会第六次常务理事会议会
场（2016 年 9 月 12 日　重庆）

中国古生物学会第十一届理事会第十次常务理事会议会场（2018 年 4 月 25 日
广东深圳）

中国古生物学会第十二届理事会第一次会议暨第一届监事会第一次会议会场（2018 年 9 月 17 日　河南郑州）

中国古生物学会 90 年
The 90 Years of
Palaeontological Society of
China

中国古生物学会第十二届理事会第二次会议暨第一届监事会
第二次会议合影（2019 年 1 月 19 日 广西桂林）

中国古生物学会 90 年
The 90 Years of
Palaeontological Society of
China

4

· 往事剪影

中国地质科学的奠基人
（1933 年夏　北京）

前排：章鸿钊　丁文江　葛利普
　　　翁文灏　德日进
中排：杨钟健　周赞衡　谢家荣
　　　徐光熙　孙云铸　谭锡畴
　　　王绍文　尹赞勋　袁复礼
后排：何作霖　王恒升　王竹泉
　　　王曰伦　朱焕文　计荣森
　　　孙健初

李四光夫妇及女儿李林

李四光夫妇（左二、左三）、
斯行健夫妇（左一、右一）
在桂林七星岩

斯行健（右一）在国外

斯行健（后排左三）在英国剑桥大学参加第五届世界植物学大会（1930 年 9 月）

1947年清华大学地质系学生在开滦煤矿实习，杨遵仪（前排左四）、冯景兰（后排左九）、张席腰（后排左八）、孟宪民（后排左七）等人合影

杨钟健院士在工作

杨钟健院士在许家窑考察（1977年）

尹赞勋院士（前右）参观展览

尹赞勋院士（右）在工作中

刘东生院士获泰勒奖归来（2002 年）

刘东生院士在基金委"八一五"重大项目验收会上（1997 年）

杨遵仪、郝诒纯院士在南京地质古生物研究所（1990 年 4 月）

尹赞勋（后左二）、杨遵仪（前左二）、李春昱（后左一）、赵金科（后右一）、王钰（前右一）、卢衍豪（后左三）、张文佑（前右三）、王鸿祯（后右二）、李星学（后左四）、盛金章（后左五）、张伯声（后右三）、杨敬之（前右四）、孙鸿烈（后右四）在扬州五龙亭（1974年4月），前排左三、右二分别为南京地质古生物研究所、古脊椎动物与古人类研究所时任党委书记

杨遵仪、卢衍豪、王鸿祯（后排右三至右一）、郝诒纯（前排左一）在广西象州大乐剖面上（1974年12月）

盛金章、李扬、卢衍豪、顾知微（前排左起）认真听学术报告（1986 年 3 月）

侯祐堂、顾知微、卢衍豪、杨敬之、李星学、杨遵仪、王鸿祯、郝诒纯、周明镇、
张文堂（自左至右）在安徽西递古镇（1990 年 4 月）

卢衍豪（右）与张文堂（1990 年 4 月
浙江千岛湖）

吴望始、卢衍豪、
杨敬之、侯祐堂、
金玉玕（自左至
右）在安徽歙县
（1990 年 4 月）

祝贺李星学院士（前排中）九十寿辰（2007 年 6 月 23 日　江苏南京）

周光召、陈宜瑜与张弥曼院士（自左至右）在第二届国际古生物学大会上（2006年6月　北京）

杨遵仪（左一）、李星学（右二）、吴新智（右一）与张弥曼（左三）院士相聚在第二届国际古生物学大会（2006年6月　北京）

王鸿祯（右）与李星学院士在第二届国际古生物学大会（2006 年 6 月　北京）

李星学（右）与张弥曼院士在第二届国际古生物学大会（2006 年 6 月　北京）

戎嘉余、李星学院士（前左一、二）在学会第九届全国会员代表大会上（2005 年 4 月 23 日
江苏常州）

吴新智、陈旭院士（前左一、二）在学会第九届全国会员代表大会上（2005 年 4 月 23 日　江苏常州）

庆祝乐森璕教授从事地质科学教育工作六十年学术讨论会代表合影（1983 年 5 月 8 日　北京）

第二届国际腕足类会议代表合影（1990年2月　新西兰）

江苏省古生物学会浙江古生代碳酸盐地层现场会代表合影（1985年4月　浙江建德）

纪念孙云铸教授诞辰 100 周年大会代表合影（1995 年　北京）

纪念丁文江诞辰 100 周年、章鸿钊诞辰 110 周年纪念会代表合影（1987 年　北京）

三江地区地层古生物学术讨论会代表合影（1982 年 11 月　云南昆明）

全国事件地层学讨论会代表合影（1988 年 10 月 10 日　北京）

杨遵仪院士带领中山大学学生实习（1940 年）

卢衍豪院士谆谆教导青年古生物工作者（1987 年 1 月　江苏南京）

中国科协首届青年学术年会卫星会议代表合影（1992 年 12 月 8 日　江苏南京）

中国古生物学会第三届青年学术交流会代表合影（1998 年　江苏南京）

江苏省古生物学会青年古生物工作者学术交流会代表合影（2002 年　江苏溧水）

首届尹赞勋地层古生物奖授奖大会（1989年4月　湖北武汉）

第二届尹赞勋地层古生物学授奖仪式（1993年4月　河北承德）

李星学院士在接受尹赞勋地层古生物学奖（1993年4月河北承德）

尹崇玉代表纪占胜领取尹赞勋地层古生物学奖（2005年4月　江苏承德）

赵元龙教授在接受尹赞勋地层古生物学奖（2005年4月　江苏常州）

中国古生物学会 90 年
The 90 Years of
Palaeontological Society of
China

5

· 国际交流

穆恩之（左二）、陈旭院士（左一）、学会前理事长汪啸风研究员（右一）欢迎来华考察的笔石专家Finney（时任国际地层委员会主席）及其夫人

在中国古生物学会成立60周年庆祝大会上外宾向学会赠送纪念品（1989年4月 湖北武汉）

在第二届国际古生物大会上沙金庚理事长（左一）、朱敏副理事长（右一）向外宾赠送纪念品（2006年6月　北京）

在第二届国际古生生物大会期间张弥曼院士会见外宾（2006年6月　北京）

在第二届国际古生物大会期间戎嘉余（左二）、殷鸿福院士（右二）与布科（右一）等外宾亲切交谈（2006年6月　北京）

法国地质学会主席 P. De Wever 教授参观南京古生物博物馆（2006年11月　江苏南京）

法国地质学会主席 P. De Wever
等外宾考察"金钉子"剖面
（2006 年 11 月　浙江长兴）

外宾参观黄花场"金钉子"剖面
（2007 年 6 月　湖北宜昌）

庆祝宜昌黄花场"金钉子"揭碑仪式（2007 年 6 月　湖北宜昌）

参加第十届国际奥陶系大会的中外来宾在南京汤山野外考察现场（2007 年 9 月 17 日　江苏南京）

国际地质对比计划 IGCP246 项国际会议代表合影（1987 年 6 月　江苏南京）

第二届国际古生态大会代表合影（1991 年 8 月 30 日　江苏南京）

地质时期陆地植物分异与进化国际会议代表合影（1995 年 9 月　江苏南京）

第六届国际古植物学大会代表合影（2000 年 7 月 31 日　河北秦皇岛）

ESS (JUNE 24 – 30, 2000, NANJING CHINA)

第十届国际孢粉大会代表合影（2000 年 6 月 24 日　江苏南京）

侏罗系界线及地质事件国际学术研讨会

International Symposium on the Jurassic Boundary Events

Nov.1-4, 2005, Nanjing, China

侏罗系界线及地质事件国际学术研讨会全体代表合影（2005 年 11 月 1 日　江苏南京）

参加第一届国际古生物学大会的部分中国代表合影（2002 年 7 月　澳大利亚悉尼）

第二届国际古生物学大会主席台（2006 年 6 月 17 日　北京）

周光召院士（中）前来参加第二届国际古生物学大会（2006 年 6 月　北京）

瑞典科学院院士 E.M.Friis 在第二届国际古生物学
大会上发言（2006 年 6 月　北京）

美国科学院院士 D.L.Dilcher 教授在第二届国际
古生物学大会上发言（2006 年 6 月　北京）

第二届国际古生物学大会会场（2006 年 6 月　北京）

第一届中德古生物学国际会议代表合影（2013 年 9 月 20 日　德国哥廷根）

第一届中德古生物学国际会议中国代表合影（2013 年 9 月 20 日　德国哥廷根）

第二届中德古生物学国际会议代表合影（2017 年 10 月 14 日　湖北宜昌）

第三届国际古生物学大会代表合影（2010 年 6 月 28 日　英国伦敦）

第八届国际侏罗系大会会场（2010 年 8 月　四川射洪）

第八届国际侏罗系大会代表合影（2010 年 8 月　四川射洪）

The 12th Symposium on Mesozoic Terrestrial Ecosystems Shenyang, China Aug. 16–20, 2015

第十二届中生代陆地生态系统国际学术研讨会代表合影（2015 年 8 月 16 日　辽宁沈阳）

IGCP591 项目国际学术研讨会会场（2014 年 8 月　云南昆明）

IGCP591 项目国际学术研讨会代表合影（2014 年 8 月　云南昆明）

中国古生物学会 90 年
The 90 Years of
Palaeontological Society of
China

6

· 分会活动

微体古生物学分会第一届全国会员代表大会部分代表合影（1973年3月　湖南长沙）
前排（自右至左）：盛金章　郝诒纯　陈　旭　郑守仪　何　炎

微体古生物学分会第五届全国会员代表大会暨第六次学术年会代表合影（1996 年 1 月　福建福州）

微体古生物学分会第六届全国会员代表大会暨第八次年会代表合影（2000 年 10 月 21 日　江西庐山）

微体古生物学分会第七届全国会员代表大会暨第十次学术年会代表合影（2004 年 11 月 13 日　海南三亚）

微体古生物学分会第十一次学术年会代表合影（2006 年 7 月 17 日　青海西宁）

微体古生物学分会第九届全国会员代表大会暨第十四次学术年会代表合影（2012 年 12 月 21 日　云南腾冲）

微体古生物学分会第十五次学术年会代表合影（2014 年 7 月 15 日　吉林长春）

微体古生物学分会第十届全国会员代表大会暨第十六次学术年会代表合影（2016 年 6 月 24 日　甘肃和政）

微体古生物学分会—化石藻类专业委员会学术年会代表合影（2018 年 7 月 20 日　内蒙古赤峰）

孢粉学分会第八届全国会员代表大会暨学术年会代表合影（2009 年 9 月 16 日　江苏南京）

孢粉学分会第八届二次学术会议代表合影（2011 年 9 月 15 日　河北任丘）

孢粉学分会第九届全国会员代表大会暨学术会议代表合影（2013 年 10 月 20 日　广西桂林）

孢粉学分会第九届二次学术年会代表合影（2015 年 10 月 16 日　贵州贵阳）

孢粉学分会第十届全国会员代表大会暨学术年会代表合影（2017 年 6 月 27 日　内蒙古赤峰）

中国古生物学会 90 年
The 90 Years of
Palaeontological Society of
China

中国古生物学会
化石藻类专业委员会

化石藻类专业委员会（化石藻类学科组）成立大会代表合影（1981 年 12 月 2 日　江苏南京）

化石藻类专业委员会第二次学术会议主席台（1984 年 3 月 1 日　上海）

化石藻类专业委员会第二届全国会员代表大会暨第三次学术年会部分理事合影（1985 年 11 月
27 日　江苏无锡）

化石藻类专业委员第四次学术年会代表合影（1987 年 10 月 21 日　甘肃兰州）

化石藻类专业委员第五次学术
年会部分代表合影（1990 年
11 月 30 日　浙江普陀）

化石藻类专业委员会第三届全国会员代表大会暨第六次学术年会代表合影（1993 年
5 月 28 日　山东烟台）

化石藻类专业委员会第
三届理事会部分理事合
影（1993 年 5 月 28 日
山东烟台）

化石藻类专业委员会第七次学术年会代表合影（1995 年 11 月 7 日　浙江雁荡山）

化石藻类专业委员会第四届全国会员代表大会暨第八次学术年会代表合影（1997 年 12 月 1 日　海南三亚）

化石藻类专业委员会第四届全国会员代表大会暨第八次学术年会会场（1997 年 12 月 1 日　海南三亚）

化石藻类专业委员会第四届理事会部分理事合影（1997 年 12 月 2 日　海南三亚）

化石藻类专业委员会第九次学术年会代表合影（1999 年 10 月 24 日　安徽黄山）

化石藻类专业委员会第五届全国会员代表大会暨第十次学术会议全体代表合影（2001 年 12 月 11 日
云南昆明）

化石藻类专业委员会第五届全国会员代表大会暨第十次学术会议代表参观中国科学院南京地质古
生物研究所云南澄江野外工作站（2001年12月　云南昆明）

化石藻类专业委员会第五届全国会员代表大会暨第十一次学术年会代表合影（2003年8月
16日　青海西宁）

化石藻类专业委员会第六届理事会秘书长袁训来做学会工作报告（2003 年 8 月　青海西宁）

化石藻类专业委员会
第六届全国会员代表
大会暨第十二次学术
年会代表合影（2005
年 7 月 31 日　黑龙江
大庆）

化石藻类专业委员会第十三次学术年会代表合影（2007 年 10 月 10 日　贵州贵阳）

化石藻类专业委员会第六
届理事会主任袁训来做学
会工作报告（2005 年 7 月
31 日　黑龙江大庆）

第七届国际化石藻类会议部
分代表合影（1999 年 10 月
13 日　江苏南京）

第三届现生及化石
轮藻国际学术会议
代表合影（2000 年
10 月　江苏南京）

国际叠层石学术
讨论会暨 IGCP261
项执行委员会会
议参加天津蓟州
区野外考察的部
分中方代表（1992
年 10 月　天津）

古脊椎动物学分会第十一次学术年会暨纪念贾兰坡先生百年诞辰会议主席台（2008 年 9 月 20 日　山西太原）

古脊椎动物学分会第十一次学术年会暨纪念贾兰坡先生百年诞辰会议会场（2008 年 9 月 20 日　山西太原）

古脊椎动物学分会第十二次学术年会会场（2010 年 9 月 13 日　山东平邑）

古脊椎动物学分会第十三次学术年会会场（2012 年 8 月 25 日　内蒙古二连浩特）

古脊椎动物学分会第十四次学术年会会场（2014 年 4 月 18 日　贵州黔西）

古脊椎动物学分会第十五次学术年会会场（2016 年 8 月 21 日　黑龙江大庆）

古脊椎动物学分会第十五次学术年会会场集锦（2016 年 8 月 21—25 日　黑龙江大庆）

古脊椎动物学分会第十五次学术年会活动集锦（2016 年 8 月 21—25 日　黑龙江大庆）

古脊椎动物学分会第十六次学术年会会场及活动集锦（2018 年 11 月 10—12 日　安徽合肥）

古植物学分会 2013 年学术年会代表合影（2013 年 5 月 17 日　甘肃兰州）

古植物学分会第八届
全国会员代表大会暨
2014 年学术年会代表
合 影（2014 年 11 月
28 日　广东广州）

古植物学分会 2016 年学术年会代表合影（2016 年 11 月 18 日　云南昆明）

古植物学分会第九届全国会员代表大会代表合影（2018 年 11 月 16 日　湖北武汉）

科普工作委员会第一届全国地质古生物科普工作研讨会代表合影（2012 年 9 月 17 日　辽宁沈阳）

科普工作委员会第二届全国地质古生物科普工作研讨会代表合影（2014 年 10 月 9 日　广东深圳）

科普工作委员会第三届全国地质古生物科普工作研讨会代表合影（2016 年 9 月 10 日　重庆）

科普工作委员会第四届全国地质古生物科普工作研讨会代表合影（2018 年 4 月 13 日　海南三亚）

科普工作委员会第五次工作会议合影（2017 年 6 月　江苏南京）

科普工作委员会第一届工作委员会第六次会议代表合影（2019 年 4 月　安徽合肥）

科普工作委员会第二届工作委员会参会委员合影（2019 年 4 月　安徽合肥）

古无脊椎动物学分会成立大会代表合影（2016 年 12 月 18 日　贵州贵阳）

古无脊椎动物学分会 2017 年度学术年会代表合影（2017 年 12 月 8 日　江苏南京）

古无脊椎动物学分会第二届学术年会代表合影（2019 年 9 月 20 日　陕西西安）

中国古生物学会秘书长王永栋宣读
关于成立地球生物学分会的决定
（2018 年 9 月 18 日　河南郑州）

中国古生物学会地球生物学分会理
事长、副理事长选举投票现场（2018
年 9 月 1 日　河南郑州）

我国地球生物学开拓者殷鸿福院士讲话（2018 年 9 月　河南郑州）

地球生物学分会理事长
谢树成教授讲话（2018
年 9 月　河南郑州）

地球生物学分会秘书长
曹长群讲话（2018 年 9
月　河南郑州）

地球生物学分会参会理事合影（2018 年 9 月　河南郑州）

地球生物学分会理事会领导与殷鸿福院士、中国古生物学会秘书长王永栋合影（2018 年 9 月　河南郑州）

中国古生物学会 90 年
The 90 Years of
Palaeontological Society of
China

中国古生物学会
古生态学专业委员会

古生态学专业委员会第一次学术会议代表合影（1988 年 10 月　山东临朐）

古生态学专业委员会 2016 年学术年会代表合影（2016 年 12 月 18 日　贵州贵阳）

The 90 Years of

Palaeontological Society of

China

下篇

历次进程

中国古生物学会 **90** 年

中国古生物学会 90 年

The 90 Years of
Palaeontological Society of
China

1

· 学会简史

中国古生物学会成立期间

（1929－1947）

20 世纪初，我国开始有了自己的地质事业，1913 年我国近代地质事业的创始人 ——丁文江和章鸿钊组建了农商部地质研究所，1916 年成立了农商部地质调查所。由于地质事业的发展、地层古生物工作的需要，地质调查所聘请美籍教授葛利普来华从事古生物研究工作，并在北京大学任教，以培养我国自己的古生物学专门人才。1920 年起，北京大学地质系不断有学生毕业，并走上地质古生物工作岗位，如 1920 年毕业的孙云铸，1923 年毕业的赵亚曾、田奇㻪、侯德封、王恭睦、张席禔、杨钟健，1924 年毕业的乐森璕、俞建章，1925 年毕业的许杰、陈旭，1926 年毕业的斯行健、丁道衡，1927 年毕业的裴文中，1928 年毕业的黄汲清、李春昱、朱森等，我国从事古生物研究的人逐渐增多。20 年代初，丁文江与葛利普商定以地质调查所的名义出版《中国古生物志》，并于 1922 年出版了 3 册，1924 年孙云铸在《中国古生物志》上发表了第一部由中国学者撰写的古生物学专著《中国北部寒武纪动物化石》，接着田奇㻪（1926）、李四光（1927）相继在《中国古生物志》上发表他们高水平的古生物学专著，此时《中国古生物志》已成为具有重要国际影响的系列出版物。在这种环境下，为了团结不断壮大的队伍、提高学科水平，要求成立古生物学会的呼声渐高。

1927 年，我国留德古生物学者孙云铸、杨钟健在哈尔茨山地质旅行途中相会，并相互倾谈了成立我国古生物学会的意愿。返抵柏林后，他们即在姚从吾寓所起草《中国古生物学会章程》12 条，并函询国内外同行意见。之后他们相继返国，着手筹备学会的成立事宜。

1929 年 8 月 31 日，中国古生物学会创立大会在北平忠信堂正式召开，到会的有丁文江、葛利普、孙云铸、李四光、计荣森、赵亚曾、王恭睦、杨钟健、俞建章、乐森璕等 10 人，由葛利普任主席（《中国古生物学会讯》第 1 期，第 2 页），通过了会章，选举孙云铸为会长，计荣森为书记，李四光、赵亚曾（当年 11 月在云南考察期间被土匪杀害，后增补张席禔为评议员）、王恭睦、杨钟健为评议员。同年 9 月 17 日，在北平兵马司地质调查所大讲堂召开了中国古生物学会首次常委会和讨论会，会上宣讲论文 3 篇：俞建章宣讲湖北头足类化石，王恭睦宣讲江苏泥盆纪植物化石，乐森璕宣讲珊瑚新种。

中国古生物学会成立后，维持比较困难，人事方面与中国地质学会颇多重复。当时很多有关古生物的短文刊于《中国地质学会会志》，专著则刊于《中国古生物志》。学会本身未着手出版刊物，工作失去重心，会务陷于停顿状态。

1940 年 1 月 5 日，会员田奇㻪、尹赞勋因其在地层古生物工作中取得出色成就而获得首届丁文江先生纪念奖金。

1942 年 5 月 13 日，中国古生物学会书记计荣森因病在四川逝世，7 月 1 日召开了计荣森先生追悼会。

国际古生物协会决定在召开国际地质大会的同时召开会议，约请中国古生物学会参加，中国古生物学会原公推李四光、尹赞勋出席，后因尹赞勋不能出席，1948 年 6 月 25 日第三次理事会决定改推孙云铸为代表。1948 年孙云铸代表中国古生物学会与北京大学参加了在伦敦召开的第十八届国际地质大会和国际古生物协会会议，会上被选为国际古生物协会副主席（1948－1952）。

20 世纪 40 年代初，国内研究古生物的人员大增，同感有恢复学会的必要。孙云铸会长也多次与杨钟健、尹赞勋、俞建章等商讨中国古生物学会恢复活动的办法。但因尚在抗战期间，加之学会书记计荣森病故，人员又散处各地，困难较多，因此恢复工作一直未能实现。

中国古生物学会复活大会期间
(1947－1955)

抗战胜利后,我国大部分古生物学者集聚南京。为便于互相研究讨论,大家都迫切希望恢复学会活动。1947 年 10 月 9 日,由杨钟健倡议,南京同仁在珠江路中央地质调查所召开谈话会,即中国古生物学会筹备恢复活动的第一次会议。出席者有杨钟健、俞建章、黄汲清等 14 人,公推杨钟健为主席,并推杨钟健、俞建章、陈旭、许杰和王钰等 5 人为筹备员,分别发函各地同行,附寄会章草案、会员登记证和选票,共计发出 42 份。"决议凡本次通讯通知(寄会章草案及会员登记证予各地古生物学热心人士,征求其对会章意见,并请加入为创立会员,于 10 月 31 日以前通知本筹备会),并获赞同者,均为本会创立会员。"(《中国古生物学会讯》第 1 期,第 15 页)。到 10 月 31 日止,除旅居国外和地址不明者外,共收到复函 36 件,一致赞同恢复会务。函选结果:杨钟健、孙云铸、尹赞勋、张席禔、王钰、赵金科、田奇瓗、许杰为理事,李四光、秉志、黄汲清 3 人为监事,李春昱、乐森璕为候补监事。12 月 6 日,在中央地质调查所召开理监事联席会议,公推杨钟健为理事长,赵金科为书记,王钰为会计,孙云铸为编辑,黄汲清为常务监事,并议决于 12 月 25 日召开中国古生物学会复活大会。12 月 25 日上午 9 时,大会在南京鸡鸣寺中央研究院地质研究所举行,到会会员 23 人,来宾 6 人。他们是王鸿祯、谢家荣、俞建章、李春昱、陈旭、杨钟健、崔克信、尹赞勋、王钰、宋叔和、卢衍豪、侯德封、马溶之、许杰、赵金科、黄汲清、李星学、李铭德、郭文魁、刘东生、曾鼎乾、李广源、盛金章、黄懿、谌义睿、吴磊伯、南延宗、穆恩之、顾知微。上午通过会章,共计 16 条。然后,谢家荣代表中国地质学会、俞建章代表中央研究院地质研究所、李春昱代表中央地质调查所致辞,王鸿祯作为会员代表发言。理事长杨钟健做了《科学研究与科学学会的演化》的报告,常务监事黄汲清做了《古生物学与地质学之联系》的报告。大会以"中国古生物学之成就与展望"为题,广泛讨论了各部门的研究成就和缺点,并议及了以后野外采集、室内修理、正型标本保存、译名商讨、生物与古生物的联系、出版改进和机关合作等问题。此次大会共登记会员 47 人,吸收新会员 4 人(郭文魁、郭宗山、贾福海、杨博泉),共 51 人,并有 17 个单位成为机关会员。中国古生物学会 47 名创立会员是:丁道衡、王钰、王恭睦、王鸿祯、尹赞勋、田奇瓗、米泰恒、李四光、李春昱、李星学、李广源、杜恒俭、秉志、岳希新、俞建章、郝诒纯、侯德封、侯祐堂、徐仁、徐煜坚、马廷英、孙云铸、陈旭[①]、陈光远、许杰、黄汲清、盛莘夫、盛金章、斯行健、张春霖、张席禔、曾鼎乾、杨起、杨杰、杨敬之、杨钟健、杨遵仪、裴文中、刘东生、潘钟祥、乐森璕、赵金科、卢衍豪、谌义睿、穆恩之、边兆祥、顾知微。

1948 年 1 月 9 日,在南京珠江路中央地质调查所召开第二次理事会,推举李四光、尹赞勋作为中国古生物学会代表,首次参加 1948 年召开的第十八届国际古生物协会会议(后尹赞勋因故未能前往,改派孙云铸参加);还决议印行《中国古生物学会会刊》和《会讯》。同年 3 月《会讯》创刊,第一期《会讯》记录了中国古生物学会成立之沿革、复活会议的情况及中国古生物学的发展概况,并附有会员录。

1948 年 3 月和 7 月,在南京中央地质调查所和中央研究院地质研究所分别举行了两次临时会议(3 月 20 日下午,7 月 10 日下午)和两次学术讲演会(3 月 23 日下午,7 月 30 日上午),卢衍豪、曾鼎乾、穆恩之、钱耐、许杰、孙云铸等做了讲演。到 8 月 31 日为止,新吸收张文佑等 11 人为会员。

---

① 中国古生物学会会员中有两个同姓同名的陈旭,一个是 1898 年出生的"老陈旭",为南京大学教授,研究蜓类化石;另一个是 1936 年出生的"小陈旭",为中国科学院南京地质古生物研究所研究员、中国科学院院士,研究笔石化石。

1948 年 6 月,《中国古生物学会刊》创刊。

1948 年 6 月 25 日下午在地质研究所举行第三次理事会议:杨钟健、尹赞勋、赵金科、许杰、俞建章和王钰等 6 人出席,主席杨钟健、记录赵金科,决定刊印第二期《会讯》。7 月 10 日下午举行第二次临时会:请许杰、曾鼎乾讲演;改推孙云铸为代表代替尹赞勋出席国际古生物协会会议;本会和中国地质学会年会联合召开年会事宜。

1948 年 7 月 30 日上午举行第四次理事会议,出席的有杨钟健、许杰、尹赞勋、俞建章、王钰、赵金科、孙云铸等 7 人,主席杨钟健,记录赵金科,会议讨论了与地质学会合并举行联合年会的办法,决定 1948 年 10 月 26 日在南京举行第一次年会;抽签决定俞建章、田奇㻪、许杰为期满理事,理事会推荐许杰、田奇㻪、俞建章、王鸿祯、杨遵仪、斯行健、卢衍豪、陈旭、乐森璕、丁道衡为下届理事候选人。

1948 年 10 月 26 日,在南京中央地质调查所大礼堂举行第一届学术年会,到会会员和来宾共 70 余人,由赵金科代杨钟健主持大会,新选举了斯行健、俞建章、卢衍豪为理事,王鸿祯、陈旭、许杰为候补理事。宣读论文 7 篇,会后于 10 月 28 日与中国地质学会一起赴南京龙潭进行地质旅游。

1948 年 10 月,为配合第一届年会的召开,报道 1948 年的两次临时会、两次学术讲演会情况的《中国古生物学会讯》第 2 期出版。

1948 年 11 月 1 日,第五次理事会推举孙云铸为理事长,赵金科为书记,王钰为会计,卢衍豪为编辑,新吸收周明镇等 5 人为会员。

1949 年 12 月 20 日,在南京中央地质调查所举行第二届学术年会,选举杨钟健、赵金科、王钰为理事,王鸿祯、裴文中、杨遵仪为候补理事,宣读论文 11 篇,讨论热烈。

1949 年 12 月 21 日,召开第八次理事会议及座谈会,决议编辑《中国标准化石》,公推俞建章、尹赞勋、顾知微、陈旭和赵金科等协商主持编辑事务。

1949 年 12 月,为配合第二届学术年会的召开,报道 1948 年第一届学术年会情况的《中国古生物学会讯》第 3 期出版。

1950 年 8 月 15 日,第九次理事会用通信方式举行,签名的理事有孙云铸、杨钟健、赵金科、王钰、卢衍豪和尹赞勋等 6 人。1950 年 10 月 3 日,在北京大学地质馆召开第十次理事会议,出席的有张席褆、尹赞勋、杨遵仪、王钰、孙云铸和卢衍豪等 6 人,议决北京年会由张席褆、王鸿祯负责筹备;会讯请赵金科编辑,会刊由杨遵仪编辑,最少出 4 期;学会章程请理事长拟订。1950 年 11 月 15 日下午,在北京丰盛胡同地质陈列馆召开第十一次理事会议,出席的理事有孙云铸、杨钟健、俞建章、卢衍豪、赵金科和尹赞勋等 6 人,孙云铸为主席,赵金科做记录,决定年会日期及地点与地质学会同,在北京与南京分别举行,南京为主会场;再出 1 期会讯,会刊 4 期,年底前付印。1950 年 12 月 25 日上午,本会第三届学术年会与中国地质学会第二十六届年会在南京大学科学馆联合举行,孙云铸、杨遵仪、尹赞勋当选为理事,王鸿祯、张席褆为候补理事,并宣读论文 14 篇。12 月制定了《中国古生物学会会章修正草案》,共 15 条。

1951 年 1 月 18 日,第十二次理事会在南京中国科学院地质研究所召开,6 位理事到会。1951 年 2 月 27 日,第十三次理事会在北京中国地质工作计划指导委员会办公处召开,6 位理事到会。1951 年,本会第四届学术年会与中国地质学会第二十七届学术年会分别在全国各地以分散方式召开。1951 年 7 月,报道学会第三届学术年会情况的《中国古生物学会讯》第 5 期出版。

1953 年 2 月 8 日,本会第五届学术年会与中国地质学会第二十八届年会在北京安定门外六铺坑全国地质工作人员大会会场联合举行。1953 年 4 月 16 日下午 4 时,本会在中国科学院编译局会议室与中国地质学会联合举行理事会。选举杨钟健为理事长,王鸿祯为书记,尹赞勋为会计,杨遵仪为编辑。理事会聘请周明镇为助理书记,刘宪亭为助理会计,组建《古生物学报》编辑部,由 12 人组成(杨遵仪、杨钟健、王鸿祯、孙云铸、张席褆、陈旭、斯行健、卢衍豪、丁道衡、俞建章、赵金科、尹赞勋),杨遵仪为主任。1953 年 7 月 14 日,本会在北京地质学院大楼会议室与中国地质学会联合举办介绍苏联学术座谈会,由中国科学院访苏代表团团员张文佑做《苏联大地构造学、地层学、古生物学及第四纪地质学研究的概况》的报告。1953年9月21日,周口店中国猿人化石产地陈列室正式开放,9月20日举行预展,预展会由中国科学院主持,副院长竺可桢发表了讲话。1953年10月,《中国古生物学会讯》第6期出版,刊登了1953年4月16日理事会的记录、会员动态、胡长康和周明镇的《中国古生物学文献目录(1949年10月至1953年6月)》和包括89位会员的会员通讯录。

1954年2月28日,在北京中国科学院会议厅举行了本会第六届学术年会,出席的会员有38人,全国科联领导人莅临指导,北京地质学院学生20余人列席。会议由杨钟健理事长主持,杨遵仪代表理事会和《古生物学报》编委会做会务报告,会上宣读论文5篇。1954年3月7日,在北京召开(第八届)理事会第一次常务理事会,选举新的常务理事会。尹赞勋为理事长,杨钟健为书记,孙云铸为会计,杨遵仪为学报编辑主任,周明镇为助理书记,刘宪亭为助理会计。1954年5月2日,在北京召开(第八届)理事会第二次常务理事会,4位常务理事到会。1954年5月,《中国占生物学会讯》第7期出版,发表第六届年会、两次常务理事会的纪事,胡长康的《中国古生物学文献目录(续)(1953年7月至1954年4月)》。

1955年2月4日上午9时,中国古生物学会第七届学术年会在北京西城端王府北京地质学院大楼举行,由孙云铸理事担任主席。是日,参加会议的来宾及会员共计50余人,首先由学报编辑主任杨遵仪理事报告一年来《古生物学报》出版情况及创刊《古生物学译报》的经过,继由杨钟健理事宣读论文《关于古生物研究的几个问题》。宣读的论文还有孙云铸理事的《湖南上泥盆纪珊瑚》,杨钟健理事、刘宪亭先生的《节甲鱼类化石在我国的初步发现》。年会于正午12时散会。1955年3月27日,学会召开理事会,成立新的理事会,孙云铸任理事长,赵金科为书记,王鸿祯为会计,张蘷虞为助理书记;增聘许杰、赵金科、乐森璕、张席褆、裴文中为学报编辑委员。1955年12月,《中国古生物学会讯》第8期出版,报道第七届学术年会和学术活动的情况。

1955年,会员尹赞勋、田奇瑪、乐森璕、许杰、孙云铸、李四光、杨钟健、张文佑、侯德封、俞建章、黄汲清、斯行健、裴文中当选为中国科学院地学部学部委员,秉志当选为中国科学院生物学部学部委员。

第一届全国会员代表大会期间

（1956－1961）

一、简　　况

1956 年 6 月 16 日，在北京文津街全国科联会议室召开了中国古生物学会第一届全国会员代表大会。出席的会员代表有 21 人（实到 16 人），其中正式代表 13 人（中国科学院生物学地学部尹赞勋，中国科学院古生物研究所斯行健、王钰、卢衍豪、穆恩之、顾知微，中国科学院古脊椎动物研究室杨钟健、周明镇，地质部许杰、徐仁，北京地质学院杨遵仪、王鸿祯，中南矿冶学院区元任），理事会代表孙云铸、赵金科，特邀代表乐森璕、张席褆、秉志、裴文中，特邀西北大学王永焱（由霍世诚代）、重庆地质学校常隆庆及长春代表。许杰、秉志、卢衍豪、张席褆、裴文中和长春代表因故未到会。会上由赵金科报告会议筹备经过，孙云铸理事长致题为《做好团结工作，响应"百家争鸣"的号召》的开幕词，尹赞勋做会务报告，王鸿祯做新会章草案说明。6 月 17－18 日，举行论文宣读会。会议通过了新会章，选举产生了由 14 人组成的新理事会，常务理事会由理事长杨钟健、秘书长王鸿祯、组织委员徐仁、学报编辑主任杨遵仪和学术委员王钰组成，编辑委员会由杨遵仪为主任，周明镇、徐仁为副主任，会讯编委会由周明镇负责。6 月 19 日，召开一届一次理事会。此届会员代表大会共有代表会员 134 人。1956 年 7 月，《中国古生物学会讯》第 9 期——第一届全国会员代表大会专号出版，报道第一届全国会员代表大会和二次理事会的情况，发表了包括 131 位会员的会员录。1956 年 7 月 6 日，召开一届二次理事会，决议学报编委会名义取消，定名编辑委员会，包括学报、译报、古生物志 3 个委员会及其他事项。

1957 年 2 月 17－18 日，学会在北京举行第八届学术年会，17 日上午，秘书长王鸿祯代表理事会致辞，杨钟健、赵金科、周明镇等做了关于中国古生物学访苏代表团的报告，穆恩之做了关于在波兰进行学术访问的报告。下午，裴文中报告了广西巨猿发现经过及其在人类学上的巨大意义。大会还座谈了古生物科学的发展与人才的培养问题。2 月 18 日全天宣读论文 11 篇。新吸收宋之琛、常安之等人为会员。1957 年 4 月，《中国古生物学会讯》第 10 期——第八届学术年会专号出版，报道第八届学术年会的情况。1957 年 7 月 13 日，中国古生物学会与中国地质学会理事会联合会议通过了《中国古生物学会的五年规划（草案）》，对组织政治、会务活动、出版等三方面共做出了 12 条规划。拟在五年内发展会员到 500 名，积极举办各地区大、中、小型的学术活动，积极参加国际会议，积极编辑出版各类书刊等。

1958 年 4 月，在北京召开了第九届学术年会，由杨钟健理事长传达了郭沫若院长的访苏报告、聂荣臻副总理在科学规划委员会扩大会议上的报告、苏联科学家对我国十二年科学远景规划中古生物科学部分的意见和个人体会。结合理事长的报告，大会就我国古生物研究方向问题进行了热烈讨论，并制定了《中国古生物学跃进计划》。大会共宣读论文 12 篇，邀请苏联科学院古生物研究所盖格尔教授做了 4 次关于古生态方面的学术报告。1958 年 9 月，《中国古生物学会讯》第 11 期——第九届学术年会专号出版，报道学会五年规划和第九届学术年会的情况，徐余瑄发表《中国古生物学文献目录（续）（1954 年 5 月至 1957 年 6 月）》。1958 年 11 月，邀请苏联古生物学家奥尔洛夫、叶甫列莫夫、罗日杰斯特文斯基、沃罗格金和马廷生等做了学术报告，并接待印度古生物学会会长沙尼教授。

1959 年 12 月 31 日，召开学会成立 30 周年纪念会。

二、第一届全国会员代表大会讨论会

日　　期：1956 年 6 月 16 日下午 2 时

地　　点：文津街全国科联会议室

出　　席：赵金科　孙云铸　徐　仁　王鸿祯　乐森璕　王　钰　尹赞勋　周明镇　穆恩之　区元任
　　　　　常隆庆　杨遵仪　霍世诚

会议内容：

1. 讨论会章草案。
2. 南京王钰代表建议由古生物学会编辑《中国古生物志》，请科联转致科学院编辑委员会。
3. 关于理事名额分配的问题。
4. 通过霍世诚同志为古生物学会会员。
5. 选举第一届理事会理事 15 人。

三、有关《中国古生物志》编辑工作的建议
（全国科联转致中国科学院编辑出版委员会）

《中国古生物志》是一个全国性的学术刊物，目前由中国科学院古生物研究所和古脊椎动物研究室分别编辑，有一定的困难。我们建议《中国古生物志》今后可委托中国古生物学会编辑，请予考虑。

中国古生物学会第一届全国会员代表大会

1956 年 6 月 18 日

四、中国古生物学会第一届全国会员代表大会决议
（1956 年 6 月 19 日）

中国古生物学会第一次（编者注：应为届，原文称"次"）全国会员代表大会在会议期间听取了理事会有关过去工作总结和今后工作方向的报告，并进行了讨论，宣读和讨论了学术论文，通过了新会章，选出了新的理事会。本次代表大会发扬了自由讨论的精神，明确了学会今后工作的方向。为了响应党和政府向科学进军的号召，提高古生物学的科学水平，更好地服务于生产建设，代表大会认为学会今后活动的主要方向是：① 加强团结，巩固和发展组织，在已具备成立分会条件的地区，应在 1956 年内成立分会。② 加强学术活动，特别是加强学报、译报和会讯的编辑工作。③ 在全国科联的指导下，加强国际学术联系。

本会新会章和代表大会的文件，应尽速向会员传达。理事会有关过去工作总结及今后工作方向，应尽速整理连同大会其他文件在最近一期会讯上发表。

五、第一届理事会组成名单

理　事：王　钰　王鸿祯　尹赞勋　周明镇　俞建章　徐　仁　孙云铸　陈　旭　常隆庆　斯行健
　　　　杨遵仪　赵金科　霍世诚　乐森璕

常务理事：杨钟健（理事长）　王鸿祯（秘书长）　王　钰（学术委员）　徐　仁（组织委员）
编辑委员会：杨遵仪（编辑主任）　周明镇（副主任）　徐　仁（副主任）
会讯编委会：周明镇

六、第一届理事会第一次会议记录

日　期：1956 年 6 月 19 日上午 8 时
地　点：沙滩科学院地质研究所三楼会议室
出　席：孙云铸　乐森璕　杨遵仪　王鸿祯　赵金科　王　钰　周明镇　徐　仁　霍世诚　常隆庆
　　　　张赓虞（上届助理书记）
主　席：孙云铸
记　录：张赓虞　吴淑华
会议内容：

1. 常务理事会分配地区问题。
王鸿祯：常务理事会原则上考虑集中以便推动会务。南京方面应设一位学术委员，学报在京，学报编委应在京。学术委员因南京有古生物所，在南京有好处。
杨遵仪：分配要适当集中，不能全部集中，由学术活动角度看，学术委员在南京易于推动，国际友人到京有理事长、秘书长招待，到南京有学术委员招待。
2. 选举理事长及常务理事会。
3. 通过新会员 11 人，另有张善祯同志因学历差一年，1957 年可批准。
4. 关于理事会报告的问题。
5. 关于会讯的问题。

决　议：

1. 常务理事会名额分配：北京 4 名，南京 1 名，照顾青年理事。
2. 杨钟健（理事长）　王鸿祯（秘书长）　徐　仁（组织委员）　杨遵仪（学报编辑主任）
　　王　钰（学术委员）
3. 通过新会员：陈　芬　蓟万筹　周晓和　陈润业　刘第墉　刘嘉龙　杨树桂　俞昌民　吴望始
　　　　　　　张日东　周志炎
4. 理事会报告由尹赞勋、杨钟健、孙云铸、王鸿祯、杨遵仪理事负责整理，并交学报发表。
5. 会讯对会员帮助很大，多注意科学情报，是学会的主要活动形式，成立会讯编辑小组，各地设通讯员报道各机构活动，推周明镇同志负责编辑。
6. 大会决议及建议联审查后，印发各会员。

七、第一届理事会第二次会议记录

日　期：1956 年 7 月 6 日下午 3 时
地　点：科学院古脊椎动物研究室会议室
出　席：杨钟健　王鸿祯　杨遵仪　徐　仁　周明镇
主　席：杨钟健

记　录：吴淑华

会议内容：

    1. 关于常务理事任期的问题。

    2. 关于出版物的问题。

    3. 关于组织的问题。

    4. 关于国际学术活动的问题。

（一）关于常务理事会任期问题

主席：往例古生物学会年会在 2 月召开，今年因科学规划会议关系，延期在 6 月召开代表大会，故牵涉理事会常务理事任期问题，本届常务理事是否由年中开始至明年 6 月期满，或本届理事任期半年，希能明确规定，以便制订计划。

王鸿祯：根据科联规定，工作应由年初开始，古生物学会理事如由年中开始，是否与科联规定有矛盾。

决议：与各位理事商议，本届理事任期是由现在至年底期满，任期半年，到期后再决定是否延长至一年半。

（二）关于出版物问题

王鸿祯：会讯为交流学术经验的园地，过去的会讯中周明镇、胡长康两位同志编制的参考文献目录对会员帮助很大。上次理事会曾决议请周明镇同志负责会讯编辑工作。为了交流经验，各单位聘请联络员，报道各单位的活动情况、工作成果介绍或论文的初步节要，以加强会讯内容。

决议：会讯由周明镇同志负责编辑，本期出代表大会专号，争取在 8 月 10 日左右出刊，代表大会决议先印发各会员，并通知代表大会文件在会讯专号发表。

王鸿祯：上次理事会曾决议将古生物志编辑由古生物学会担任，并建议科联转达科学院，手续似欠妥善，应以如何方式为佳？

决议：

    1. 由原编辑单位古脊椎动物研究室函科学院提出建议古生物志交由古生物学会编辑。古生物所可去函征求意见，如同意移交，由研究所另函科学院，通过科联转古生物学会。

    2. 学报编委会名义取消，定名编辑委员会，包括学报、译报、古生物志三个委员会。为了便于国际交流，学报的外文节不应过于简略，以后可考虑参考《地球物理》学报办法，每篇文章后面附讨论意见。

（三）关于组织问题

    1. 根据上次决议南京成立分会，请南京理事负责筹组。北京地区为了避免组织重叠，暂不成立分会，以小组形式活动，各单位聘小组长负责。其他地区亦成立小组，北京地区小组由组织委员会与单位理事协商推举组长。

    2. 争取在一年内将合于会员条件的同志吸收入会。

    3. 编委会原有正、副主任外，增聘徐仁同志为副主任，以便共同主持学报、译报及可能增加的古生物志编辑工作，三种刊物可再聘请助理编辑以协助工作。各组编委由各组分别提名交理事会，要照顾青年同志，以资锻炼提高。

    4. 聘请胡长康同志为译报助理编辑。

（四）关于加强国际活动、学术活动问题

    1. 古生物科学较地质科学保密问题少，为国际联系之有利条件，应响应政府号召，加强联系与交流工作。

    2. 闻最近中国科学院将应苏联邀请派古生物科学工作者去苏联访问，希各单位会员提供代表团出国后应了解什么问题、做哪些工作，提交理事会。

3. 学报为学术活动中心内容，以后学术活动可采取讨论学报稿件方式进行：由原作者报告，组织讨论；原作者不能出席，代读后，将讨论意见转达。

4. 明年春季举行学术年会，在年会前至少举行活动两次，南京方面由本届学术委员王钰同志负责组织。

八、第八届学术年会

王鸿祯

中国古生物学会于(1957 年)2 月 17—18 日举行了学术年会，会期共两日。第一日上午是中国科学院古生物学访苏代表团的报告和穆恩之同志关于在波兰进行学术访问的报告。下午，裴文中教授报告广西巨猿的发现经过及其在人类学上的巨大意义。报告后，座谈了古生物科学的发展及古生物人才培养等问题。第二日全日是论文会，共宣读论文 11 篇，其中有些论文引起了激烈的讨论。

第一日大会开始，由王鸿祯教授代表理事会致辞，本届学术年会(略称)是在中国古生物学会第一届全国会员代表大会后召开，是在国家十二年科学规划和 1957 年度执行规划制定后召开，又是在中国科学院古生物学访苏代表团归来后召开，具有重要意义。他回顾了新中国成立以来古生物科学发展的情况，指出由地质工作的大发展引起的古生物学高潮已经到来，认为古生物学的研究，应根据科学结合生产的原则，围绕十二年科学规划中有关全国地层对比的研究任务组织力量进行，而在具体的研究工作中则应注意发展生物学的方面，以期更好地服务于地质，服务于生产。

访苏代表团的报告包括总的情况、无脊椎古动物学和脊椎古动物学三个部分，由杨钟健、赵金科教授执笔，周明镇同志报告。代表团的报告中对苏联古生物学界的情况做了全面的分析，关于苏联科学院系统、产业部门研究机构，以及各高等学校的有关教研室在科学力量的配备、研究性质和方向的分工与古生物学各科门的分工方面都有叙述。大体上，苏联科学院偏重古生物理论的研究，产业部门偏重与直接生产有关的研究，如孢子花粉和微体古生物的研究，而高等学校则依人员、地区的实际条件而定。实际上各个方面，特别是理论古生物学与偏于地层划分的研究工作是紧密结合有时又难于区分的。苏联学者对干部培养问题，博物馆中古生物标本的陈列、保管问题，以及中苏学者进一步学术合作的问题，都提出了宝贵的建议。纳里夫金院士特别指出，在地质勘探任务紧迫时期，应该注意不要削弱地质基础科学的研究，并且强调了干部补充中培养研究生的重要意义。赵金科教授在体会中谈到，由于目前建设任务迫切，我国古生物学的研究工作在最近几年应以地层的划分和对比为主要任务。

穆恩之同志在叙述了波兰古生物学界的情况之后，特别指出他们的优点值得我们好好学习。这些优点是：科学院系统与高等学校系统人员与工作的密切配合；对于某些新的研究方法的探讨；对于国际联系，特别是文献交换方面的努力及其巨大的效果。他同时也指出，波兰学者的工作条件比我们差，但效率比我们高，值得我们学习。

在论文宣读中，裴文中教授有关广西巨猿的发现及其在人类演化史上的意义的报告，引起了大家极大的兴趣。尹赞勋、乐森璕、王鸿祯、周明镇等对裴文中提出的演化关系和对洞穴中动物化石群以及古地形的解释提出了不同的意见。尤其是有关人和猿演化方面的问题引起了热烈争论。

在下午的座谈会上，尹赞勋、乐森璕、穆恩之等对古生物科学的发展方向，古生物人才的培养和学会今后活动的方式等方面，提出了有益的意见。大家一致认为应加强综合大学的地质古生物专业建设，并加强研究生的培养工作。

第二日的论文会，上午集中在脊椎古动物，下午集中在无脊椎古动物和古植物。乐森璕教授做有关拖鞋珊瑚的报告时，展示了保存极为丰美的标本。刘东生、潘江有关泥盆纪鱼化石的论文，杨遵仪教授有关祁连山古动物群的分析也引起了大家很大的兴趣。此外,青年古生物工作者陈芬有关云南永仁和北京西山植物化石时代的论文,俞昌民有关新疆奥陶纪珊瑚化石的论文,都得到了与会者的好评。

尹赞勋教授在论文会结束时指出,这次会议的内容是丰富的、多样的。会议中有一些重要的报告、有意义的发现和论文,并初步展开了学术争论。他号召会员为进一步贯彻"百家争鸣"的精神、为提高中国古生物科学水平而努力。与会者也一致认为这次会议会期虽短,收获却是较大的。

1957 年通过的新会员名单:

张善桢　夏德馨　肖朴存　徐余煊　刘宝莲　易庸恩　洪友崇

潘　广　常安之　梅美棠　宋之琛　方孔裕　王淑琴　李佩娟

九、第九届学术年会

中国古生物学会第九届学术年会于 1958 年 9 月举行,第一天上午由杨钟健理事长传达了郭沫若院长的访苏报告,聂荣臻副总理在科学规划委员会扩大会议闭幕时的报告,苏联科学家对我国十二年科学远景规划中古生物科学部分的意见及个人体会等四个方面。下午结合理事长的报告,分组进行了讨论。

第二天进行学术讲演(具体内容见《中国古生物学会讯》第 11 期),并通过中国古生物学会跃进计划。

第二届全国会员代表大会期间

（1962－1978）

一、简　　况

　　1962 年 8 月 20－27 日，在北京西苑大旅社会议厅举行了中国古生物学会第二届全国会员代表大会暨第十届学术年会，出席代表 60 人，2 人请假，2 人未到。由理事长孙云铸致开幕词，徐仁做了本会 1956－1962 年的会务报告，王钰做了中国古生物学会编辑委员会的工作报告，孙云铸做了题为《海浸的基本概念与问题》的学术讲演，卢衍豪做了《中国各门类化石（古无脊椎动物部分）》编写概况的报告。大会宣读了 8 篇学术论文。会上选举产生了新理事长、理事 17 人、常务理事 8 人，其中尹赞勋任理事长，卢衍豪任副理事长，周明镇任秘书长，张日东任副秘书长。此次会议共登记会员 223 人，会议讨论了我国古生物学十年规划和学会的会务活动，通过了《中国古生物学会会章》。1962 年 8 月 27 日、30 日召开了理事会，通过常务理事会名单（8 人），聘请张日东为副秘书长，通过学报编辑委员会名单，通过地方学会、地方小组和学科组负责人名单（长春组由俞建章负责，长沙组由区元任和金玉琴负责，昆明组由江能人负责，成都组由秦鸿宾负责，西安组由霍世诚和宋叔和负责；古植物学组组长为徐仁、李星学，秘书为李佩娟；古无脊椎动物学组组长为穆恩之、杨式溥，秘书为侯鸿飞）。1962 年 8 月，《中国古生物学会讯》第 12 期——第十届学术年会及第二届全国会员代表大会专号出版，报道了第二届全国会员代表大会及第十届学术年会的情况，及中国科学院地质古生物研究所、古脊椎动物与古人类研究所、北京大学古生物专业和地质部地质科学研究院古生物研究室的近况，并刊登了历届理事会理事名单和包括 227 名会员的会员录。

　　1963 年 9 月 27 日，二届二次理事会召开，决定召开第十一届学术年会，卢衍豪、周明镇、张日东为筹委会负责人，呈报全国科协。

　　1964 年 1 月 10 日，国务院批准第十一届学术年会年末在北京召开。1964 年，7 月 9 日二届三次理事会、12 月 4 日二届四次扩大理事会研究第十一届学术年会的筹备事宜。1964 年 12 月 5－12 日，第十一届学术年会在南京召开，参加会议的代表 70 人，列席代表 14 人，旁听 150 人，收到论文 183 篇，大会和分组会共宣读论文 67 篇。1964 年 12 月，《中国古生物学会讯》第 13 期——第十一届学术年会专号出版，报道了第十一届学术年会的情况。1964 年 12 月 11 日，学会召开二届五次理事会，决定在 1965 年召开以中、新生代有孔虫、介形虫为中心的微体古动物专业会议，由曾鼎乾、侯祐堂、苏德英负责筹备；编写《古生物名词》，由赵金科、卢衍豪、徐仁、周明镇、杨遵仪负责组织，杨遵仪为召集人；成立科普组织，由裴文中负责。

　　1964 年 7 月 19 日，中国古生物学会理事、中国科学院地质古生物研究所所长、中国科学院学部委员斯行健研究员在南京逝世。

　　1965 年，学会召开二届六次扩大理事会。

　　1966 年 6 月起，因"文化大革命"学会活动中断。

　　1971 年 4 月 29 日，中国古生物学会创始会员、中国科学院副院长、中国科学院学部委员李四光教授在北京逝世。

　　1977 年 4 月，西藏地层分区学术讨论会在镇江召开，58 名地层古生物学者到会。1977 年 12 月，《古生物学报》编辑委员会改组,由 21 名委员组成,王钰任担任主编。1978 年 7 月 26 日,中国科学院批准《古生物学报》由季刊改为双月刊。

　　1978 年 4 月,学会召开二届七次扩大理事会。1978 年 9 月 9—12 日,在英国布里斯托尔召开国际泥盆系讨论会,以杨式溥为团长的中国代表团[由潘江、俞昌民、侯鸿飞、蔡重阳和郑春才(兼翻译)组成]参加了会议。1978 年 10 月 11 日,在山东省临朐县山旺召开了本学会山旺现场会暨第二届第八次扩大理事会,与会代表 161 人,工作人员 53 人;尹赞勋理事长致开幕词,宣读了学术报告 9 篇。12 日,代表们在山旺进行地质旅行和参观。13 日下午到济南继续开会,又宣读了学术报告 5 篇;宣布了扩大理事会决议,决定于次年 4 月在江苏省召开学会第三届全国会员代表大会和第十二届学术年会,立即着手筹备;并决定增办和办好古生物学的学术刊物,加强国际学术交流,等等;最后,由卢衍豪副理事长致闭幕词。1978 年 10 月,《中国古生物学会讯》第 14 期——山旺现场会议暨第二届第八次扩大理事会专号出版,报道了会议的情况及论文摘要。

二、第二届理事会组成名单
(以姓氏笔画为序)

理　　事：王　钰　尹赞勋　卢衍豪　乐森璕　孙云铸　许　杰　张席提　陈　旭　周明镇
　　　　　杨钟健　杨遵仪　赵金科　徐　仁　俞建章　郝诒纯　斯行健　裴文中
理 事 长：尹赞勋
副理事长：卢衍豪
秘 书 长：周明镇
副秘书长：张日东
常务理事：王　钰　孙云铸　杨遵仪　郝诒纯

三、中国古生物学会第二届全国会员代表大会和第十届学术年会开幕词
孙云铸

同志们:

　　中国古生物学会第二届全国会员代表大会和第十届学术学年会现在开幕了。我代表学会理事会和大会筹委会向到会代表和来宾表示热烈的欢迎! 这次大会的召开具有很大的意义:一方面在上届年会以后的五年间并在三面红旗的光辉照耀下,很多同志做出了新的发现和贡献;另一方面在 1961 年党提出发展科学的 14 条意见后,全国又出现了大团结大协作的局面,许多同志都迫切地希望明确工作方向,更多地做出贡献。这次会议就是希望通过全体代表共同努力,总结以往成果和经验,明确今后努力的方向。

　　提高我国古生物学的学术水平,多出成果和大量培养人才,是党对我们的要求,是我们大家应该努力的方向。现在我想就这个问题谈谈个人的意见。

　　(一) 加强基本理论学习,认真培养出一批有较高水平的骨干

　　新中国成立后,大批古生物工作者参加了区测工作,足迹遍及全国,正是这样才使今天我国古生物学得到空前的发展。今后,我们还要更好地做好化石鉴定、化石描述和各时代各地区地层表编制等工作。但是为了更深更透地解决我国社会主义建设中的实际问题和古生物学科本身的发展,我们必须加强基本理论的学习和研究。虽然在 19 世纪出现了伟大的古生物学家,他们做出了划时代的贡献,如斯密斯的层序

定律、达尔文的进化论,但有些人认为以后就很难再有这样的发现了。当然,做出这样根本性的科学发现是比较困难的,然而我国未来的古生物学家完全有可能会接触像人类起源、生物起源以及整个地史的系统理论和生物群的阐明这样一些根本性的科学问题,主要因为今天科学发展非常迅速,新事实、新资料大量涌现出来都是有利的条件。例如:苏联等国收集了许多地下深井资料;在国际地球物理年间深海生物方面有很大的进展;打穿太平洋海底地壳的工作也可能在最近二十年内实现。同时有机化学、生物化学和其他学科也正在蓬勃的发展。如果说,这些根本性的科学大问题离我们远了一点,那么在我们面前有着许多重要而基本的,经过我们努力可以适当解决的问题。例如:古生物各门类的分类以及种属的形成的涵义问题,各时代地层间的分界问题,各区域各时代地层的划分和对比问题,过渡层和过渡生物群的发现,生物区的探讨,演化系统的建立,以及各大门类在生物系统上的位置,等等。为了解决这些问题,我们必须兢兢业业,认真培养出一批在古生物学方面有相当工作经验和良好基础的骨干。

古生物学是一门基础理论性较强的科学,它和地质学很接近,又是生物学的姊妹学科,所以古生物学家不但必须具备地质学和生物学两方面的基础知识,还要掌握动物学、植物学、海洋学、古地理、古气候等方面的知识。对某些研究者来说,如物理学、化学、生理学等方面的知识也是很需要的。由于古生物学还要参考大量国外文献,熟悉外文也是重要的。

对于培养骨干,我认为最重要的有两条:一是明确看法,二是讨论交流。首先,要明确培养骨干的重要性。现在大家都在讨论规划,但是规划落实的关键主要在于规划中的科学问题能否获得有力的解决。这些问题的实际负责人是目前的业务骨干。今天的一般骨干要负责数人、十数人以至数十人的工作,这些人的工作安排得妥当与否,能否很好地解决国家实际问题,都有赖于骨干的业务水平。所以这些骨干有较多时间加深基础理论的学习,钻研基本理论问题,不但不会影响实际工作,而且是提高骨干水平使他们看得较远的有效方法。否则,他们就会一方面整天忙于各种具体工作的安排和解决(不深入调查研究),另一方面经常空谈各种规划(不落实)。这样的做法从长远看是相当危险的。除了明确培养骨干的重要性,还要有正确的方法,才能保证提高学习和研究的质量,所谓骨干并不是一般的初级研究干部,他们不能仅靠听几门课或专门依赖一个导师就能培养出来的,主要是在于自己加倍努力、深刻钻研。今天的初级研究干部须经不懈的努力,才能成为明天的坚强骨干。我个人体会,最有效的方法是和同行在一起经常开展热烈的讨论,深入交谈。这种讨论和交谈便可逐渐明确重要的科学思想,分明主次,有助于自己领会和把握问题的本质。建立在这种讨论基础上的科学集体是具有创造性的科学园地。今天我们大家齐心为发展祖国古生物学而努力,我们有信心能够建立起比资本主义社会中著名的科学集体更严肃、更亲密的科学集体。如果各单位业务骨干之间建立了这种密切联系,那么单位与单位之间的协作问题便会迎刃而解了。因此,我们应该多组织专题队深入现场,多次举办专门问题讨论会,鼓励研究人员之间进行密切的学术交流,并争取使业务骨干和国外同行专家多多地接触。同时应注意使力量集中,全国性会议和刊物应根据我国特点和发展需要有计划、有重点地引导大家深入专题讨论。

(二)严格训练基层干部

在青年时代应着重基本知识和兴趣的培养,在学校应在导师指引下进行野外观察、室内鉴定、试验和基本概念、基本功的取得,尤以战胜困难、虚心学习为重要;在研究工作中,应当坚持工作程序和实事求是的科学态度,应当重视专业,深入慎取,同时要分期地扩大范围,吸取经验。一种是扩大门类的方法,如从古植物到孢粉;另一种是扩大时代,尤其是相邻的时代,如从奥陶纪转到寒武纪或志留纪;再一种是一个门类扩大到整个动物群,如从奥陶纪笔石到三叶虫、头足类、棘皮动物等,但要注意不应同时学习两个门类。

我国古生物学人才极少,所以在综合性大学地质系和三个地质学院基础专业中应同时注意培养。除在综合性大学中集中全力办好一两个古生物学专业(或古生物系)外,同时在高等学院中也要考虑加强动植物学、物理化学等课程,以便在学院中也办一些理科性专业或培养些专门化的干部,这样做比较事半功倍,收效较快。英国伦敦皇家学院理科性基础专业中的地质学专业,在本世纪 30 年代曾培养出一些出色的古生物学人才。同样,苏联列宁格勒矿业学院也培养出了不少著名的古生物学者。这是很好的先例。所以认真培养干部,特别是培养出一批具有较高水平的青年业务骨干,是很重要的。

学会是展开学术讨论、深入交流经验、共同提高学术水平、解决科学技术问题的最好园地。中国古生物学会过去在这方面的活动发挥了一定的作用,今后在党的领导下和全体会员的共同努力下,更要搞好学会工作,有计划地进行学术活动。主要是开好学术讨论会,特别是年会和办好学报,逐步提高学术活动的质量,促进学术交流,发扬学术民主,在社会主义建设中就会发挥更大的作用。

我们希望通过这次代表大会上的专题报告和同志们的热烈讨论,能够明确古生物学研究方向和当前研究的重点和解决这些重点的方式和方法,同时为今后更广泛地展开学术活动,深入地开展学术交流打下良好的基础。最后预祝大会胜利成功,各位身体健康!

四、中国古生物学会 1956－1962 年会务报告

徐 仁

各位代表、各位同志:

随着我国伟大的社会主义建设飞速进行,科学研究也在加速地开展,全国各学会结合工作的需要,展开了学术报告和讨论会的活动,总结多年科研的成果,提高科学的水平,交流了多方的经验,讨论了困难的问题,因而推动了我国学术的进展,同时也普及了科学的知识,促进了工作的协调,交换了不同的见解,对科研、教学和生产都起了一定的推动作用。

中国古生物学会在此时期,自 1956 年以来,在全国科协的领导下,也进行了一些古生物学的学术活动。1956 年 6 月召开了第一届全国会员代表大会以后,邀请了中国古生物学访苏代表团杨钟健、赵金科、周明镇 3 位会员在学会做了访苏工作报告,并请穆恩之会员做了访问波兰古生物研究机构的报告。召开了一次我国古生物学发展方向的讨论会。当年 4 月举行了第八届学术年会,宣读了学术论文 11 篇。1958年 4 月召开了第九届学术年会,宣读了学术论文 12 篇。邀请了苏联古生物研究所盖格尔教授做了古生态学方面的 4 次学术报告。11 月份苏联古生物研究所奥尔洛夫所长和苏联古生物工作代表团来我国访问时,学会组织了学术活动,请苏联通讯院士也列莫夫教授、罗日杰斯脱斯基副博士分别做了《古生物学及当前的任务》《古生物学上的古生物学方法》《苏联科学院在蒙古的古生物学考察工作》等 3 个报告。11 月又接待了印度古生物学会会长沙尼教授。1959 年 6 月邀请苏联古生物学工作代表团在学会举行了一次座谈会。11 月邀请了苏联沃罗格金院士做了《震旦纪海藻的研究》的学术报告,苏联马廷生博士做了《有关陆相中生代软体动物的研究》的学术报告。在 1959 年 12 月 31 日举行了中国古生物学会成立 30 周年纪念会。

自 1960 年以来,学会每年都组织四五次学术报告或讨论会,报告的论文已分别在《古生物学报》和《地质学报》发表。

学会的主要刊物是《古生物学报》,专门登载学术论文,每年出版四期,除 1960－1961 年因刊物审查暂停出刊外,从未间断。1959－1960 年,每年出版六期,后因稿源不多,又改为四期。1956－1958 年,曾出版古生物学译报四期,刊登学术译文,介绍国外先进的理论与方法。会讯准备在本次代表大会后出刊第11 期。

组织方面,会员由 1956 年的 120 人发展到今年为 219 人,最近又收到 89 份申请书,估计绝大多数可以吸收入会。待下届理事会审查决定。

中国古生物学会在 1956 年 6 月召开了第一届全国会员代表大会后,按照会章规定每 3－5 年召开一次,学术年会每年举行一次。因国家三年来遭受自然灾害,供应比较困难,在北京开会因供应关系,困难更

多,以致未能举行。

本年度国家经济情况已有好转,我们得到全国科协的指示和鼓励,并根据会员的要求,今年 4 月理事会决定召开第十届学术年会和第二届全国会员代表大会,并在会议期间讨论国家科学十年规划。经过 5 月、7 月两次理事会,决定于 8 月下旬在京召开。

会议地点与会期的拟定,是因为国家科学规划会议的期间,许多会员尚在北京,这样我们即可以节省经费和时间,又便于吸收代表的意见向科学规划会反映情况。

参加代表大会的人数是 60 位代表,另外有 6 位特邀代表,因为我们的会员只有 219 人。这样的会员数目有 60 位代表,事实上是多了一些,但是我们考虑到就要发展会员和成立地方学会及学科专业小组,代表人数略多一些是有利于会务开展的。

在这次学术年会上一共有 133 篇论文,其中有 115 篇摘要按时收到,印出成册。宣读论文分成两组,一组是古生代(包括震旦纪)化石论文,一组是中、新生代化石论文。我们为了贯彻党中央"百花齐放、百家争鸣"的方针,安排了四天的论文报告会,尽量多地宣读论文和讨论。

关于学会的方针任务,历任理事长曾经做过报告,也曾经组织过座谈会,理事会每年都有工作规划要点,但是在这方面的贯彻是不够的,工作的效率也是不高的。同时也未能及时吸收符合会员条件的同志加入学会。我们感到十分抱歉。

尽管如此,由于全国科协的正确领导,各研究单位的大力支持,全体会员的努力,在过去六年间我们的工作确有进展,每一次学术报告会和讨论会都有 60—80 人参加,《古生物学报》也能按时出版,内容日益增强,这一次学术论文竟有 133 篇之多,代表除两位因事请假一天外都远道来京参加,尚未入会的同志也有自长沙、长春赶来旁听的,由此可见我会的前途是光明的。

这次大会将通过新的会章,选举新的理事会。在党的关怀下,在全国科协的领导下,在新理事会的主持下,在全体会员的努力下,我们相信今后中国古生物学会必将继续取得更大更多的成就。

五、总 结 报 告

中国古生物学会第二届全国会员代表大会暨第十届学术年会,从 8 月 20 日到 27 日,共开了 8 天。会议期间,我们进行了论文报告和讨论,进行了关于我国古生物学"十年规划"的讨论和学会的会务活动。

这次出席会议的代表、来宾和列席人员每天都在 150 人以上,最多时有 200 余人,其中代表和特邀代表 65 人,实际出席 60 人,还有来自北京、南京、长沙、太原、广州、长春、西安、成都和昆明等二十几个城市,代表全国各科学研究机构、生产部门和高等院校三方面 22 个单位的数百位古生物学工作者。这中间有从事古生物研究工作三四十年的老科学家,也有刚走进古生物学大门的青年工作者。年龄最大和最小的相差 40 岁。

在开幕时,承全国科协、中国科学院、地质部等部门和兄弟学会的领导和代表出席指导。全国科协主席李四光给我们做了富有指导意义和鼓舞人心的报告,指出了古生物研究在地质科学研究和生产实践中的重要作用,科学研究工作者应注意的一些治学态度和方法,以及中国古生物学研究的重要性和光明的远景。理事长孙云铸做了以古生物干部培养为中心的讲话,秘书长徐仁做了《1956—1962 年六年来古生物学会会务发展情况》的报告。

在开会之初,理事乐森㻛、周明镇、徐仁同志分别做了古无脊椎动物、古脊椎动物、古植物和孢子花粉分析的国际现状和发展趋势的报告,使我们对国际上古生物学的发展情况有了进一步的了解。

理事长的演说是一篇极其重要的学术报告,提出了古生代生物区和海浸海退的重要理论,认为古生代各纪的海侵海退在世界各地都是近乎同时发生的,主要的生物区还是太平洋区和大西洋区。从生物群的全貌看来,中国古生代生物群属于太平洋区。

宣读学术论文和讨论一共进行了 4 天,分古生代和中、新生代两组同时举行。大会收到论文 133 篇,其中科学院各单位 55 篇,生产部门 62 篇,高等院校 10 篇。由于提出论文的同志未能全部来北京参加会议,在会上只报告了 75 篇。

我们可以认为这次会议基本上是成功的。在七八天内,我们能较为顺利地完成大会规定的任务,进行了学会理事会和编委会的改选工作,对"十年规划"进行了讨论,并提出了意见;宣读了包括古生物学各方面的 75 篇论文,并做了讨论。除此以外,在会上和会外,来自全国各地区、各岗位的同行们,有机会进行广泛的学术和工作经验的交流。整个会议是在团结、民主的气氛中进行的。总体来说,会场的学术氛围很浓,且严肃和活泼。到会的同志,不论是代表、来宾或列席人员,老科学家或是青年,都是精神饱满、情绪很高。值得提出的是,有一些古生物工作者,为了能够参加这次的会议,利用假期或做其他安排,从长沙、长春和南京赶到北京来参加开会。这种热情是非常令人敬佩的。

这次大会也可以说是对近六年来我国古生物学工作的总检阅。从会议的情况,特别是学术论文会的情况看来,几年来,我国古生物学与国家的其他事业一样,有了巨大的发展,取得了一定的成果。古生物学研究的机构和人员,都比第一届代表大会增加了 3 倍以上,而特别可喜的是地方机构和青年干部的成长。学术论文的数量和质量也比过去有所提高,论文涉及面很广,有"百花齐放"的景象;会上的讨论也很热烈,并展开了不同意见的讨论,"百家争鸣"的局面,有了初步的体现!

我们这些成绩的取得是党的正确领导和全国古生物学工作者的辛勤劳动的结果,标志着党的社会主义建设事业在古生物学战线上的胜利。

现在,分别从这次大会三项主要的任务:学术论文会、关于"十年规划"的讨论和会务及学会活动等三个方面,对这次大会和学会会后的工作提出一些初步意见,供全体到会的同志们参考。

(一) 学术论文会

我们学会是一个学术团体,学术论文会的活动可以说是这次大会最重要的内容,会上宣读的论文数量和质量是我们古生物工作成果的体现。几年来,我们全体古生物工作者,在国家社会主义建设期间,做出了多少成绩,和我们成绩的好坏,可以通过这次论文会充分地反映出来。

前面已提到,这次开会共收到论文 133 篇,由于条件限制,一部分提出论文的同志不能来北京参加会议,另外也有少数在京的同志因为临时的事情,只在会上宣布了题目,所以,大会上宣读的论文共 75 篇。其中属于古植物和孢粉方面的 9 篇,古无脊椎动物 46 篇,古脊椎动物与古人类 11 篇,生物地层 7 篇。从地质时代上说,其中古生代有 39 篇,中生代有 16 篇,新生代有 20 篇。中、新生代论文的数量比过去有显著的增加。由于论文包括的内容很丰富和涉及的问题面太广,这里只能对其中的一部分做简单举例式的叙述。

1. 古植物学和孢子花粉——包括从震旦纪藻类到第四纪孢粉,各个不同时代和门类化石的研究植物方面,燕山地区震旦纪藻类化石可以作为划分地层的标志;内蒙古东胜的桫椤科的新种为本科植物形态发生和系统发育研究提供了新的资料。孢子花粉在我国古生物学中是一门新发展的分科,这几年发展特别迅速。除了对我国孢子花粉的大量形态、分类记述外,在这次提出的论文中,像关于云南武定、辽宁阜新、松辽平原、山东馆陶和昌乐等地、广西百色盆地、江汉平原、黄河中下游黄土地区、黑龙江(乌云岩系)等地区孢子花粉的研究,对各地区各时代地层划分、对比和古地理环境等方面都有一定的意义,特别是在煤田和石油勘探上有所帮助。南京灵谷寺林区表土孢粉谱的报告,是孢粉分析的一项基本工作。

2. 古无脊椎动物方面——中国各门类化石的编写是一项意义重大和艰巨的工作

对过去出版物收录的各门类化石进行了系统的整理,包括古无脊椎动物 11 个门类,共 6546 个种和变种,共计 700 余万字,图版近千幅。在分类方面、地层方面和动物群的性质方面,编者都提出了自己的意见。这项工作,对我国古生物的研究及其在地层上的应用、干部培养上都有很大帮助。

近几年来，古无脊椎动物各门类的研究有了很大的进展。在珊瑚化石方面，下古生代及上古生代都有新的发现。对四射珊瑚有了比较深入的研究，从个体发生探讨四射珊瑚与六射珊瑚之间的关系，创立了一个新目。对某些属做了系统的整理。床板珊瑚的研究也逐渐开展。层孔虫化石过去只有零星的报道，贵州泥盆纪层孔虫的研究是这个门类系统研究的开始。头足类的研究也有很大的进展。志留纪头足类的材料逐渐增多，华南上泥盆统海神石的发现、二叠纪菊石的分层对比也都是很重要的工作。侏罗纪菊石的研究在地层上更有意义。在我国西藏海蛾螺的研究是这个门类研究的开始。瓣鳃类及腹足类的研究进展得很快。淡水瓣鳃类的研究进展尤其显著，已经初步树立了侏罗白垩纪动物群的层序，为今后侏罗纪及白垩纪地层的研究提供了可靠的基础。腕足类方面已经注意到上古生界腕足类的分层，并且开始了古生态的研究。在三叶虫方面，滇西上寒武统中三叶虫的研究、滇东中寒武统中三叶虫及辽西长山统中三叶虫的发现都是相当重要的。奥陶志留纪三叶虫的研究逐步开展，达尔曼层的时代问题引起了热烈的争论。在笔石方面，提出了笔石体的复杂化是笔石演化的趋向之一。广东、湖南、四川、贵州奥陶纪笔石的研究及内蒙古志留纪笔石的发现在生物区上和地层上也是相当重要的。

3. 微体动物——微古动物的研究在新中国成立后，特别是近几年来，发展尤为迅速

在新生代有孔虫方面，过去除台湾外，我国其他地区还极少研究。近年来，对华北及华东沿海地区第四纪有孔虫的研究填补了这个缺门，为我国北部海岸和渤海历史的研究提供了重要的资料。西藏地区始新世大型有孔虫的研究，在我国也是一件新鲜事物。早石炭世有孔虫的研究，对䗴类的演化问题也很重要。广西、贵州二叠纪䗴类的系统研究，建立了起化石带。除对划分该区海相二叠系提出了依据以外，对研究世界二叠系的对比问题有主要意义。过去䗴类研究上空白的秦岭地区，也发现了二叠纪䗴类动物群，并据以树立的二叠系剖面，对今后研究我国二叠纪古地理及大地构造提供了重要资料。

由于生产任务的需要，介形类的研究进展很快，尤其是对中、新生代介形类的研究更为显著。关于中侏罗世介形类的研究，确定了四川自流井组、云南上禄丰组与河南济源组的对比关系。

随着石油勘探事业的展开，对华东地区井下新生代的介形类进行了比较系统的采集和研究，不但对这个地区新生代介形类的总面貌有所了解，而且为本区地下地层的分层对比也提供了有力的依据。

4. 古脊椎动物与古人类学方面，近年来也有了很大的进展

这次大会上提出的论文，包括的范围从泥盆纪的鱼形类，一直到第四纪的人类化石与旧石器各个方面。其中有关于胴甲类、弓鳍鱼、鹦鹉嘴龙及扎赉诺尔人等形态分类方面的研究。滇东、江西、湖南、浙江的哺乳类和鱼类化石的研究为华南第三纪及中生代地层时代的鉴定和对比提供了资料和提出了新的见解。值得注意的是，有几篇论文，像关于脊椎动物椎体、肢骨和粪化石等的形态观察和分析，通过与现生动物的对比，对古动物的生活习性和古生态环境进行了探讨。这是古脊椎动物研究的一个重要方面，我国过去这方面工作做得不多，今后还应该加强发展。

现在根据上述论文报告会的内容，把近几年来我国古生物学研究工作的一些特点和问题归纳为下列7点：

1. 薄弱和空白门类、地层和地区上古生物学的发展

分类上——这次宣读论文包括的门类很多，几乎包括古生物学上大多数重要的门类。过去有基础的门类，这几年又有了进一步的发展。许多过去我国没有人研究的或很少注意的薄弱和空白门类都开始有人研究了，并且有些门类的发展还很快，如海藻、新生代的有孔虫、介形虫、层孔虫、淡水软体动物等。另外，这次会上没有提出古杯类、昆虫等方面的论文，有的门类的工作还只有一个开始，今后都需要补缺和加强。

地层上——过去研究较多的地层，工作仍继续深入和发展，而一些过去研究较少或近于空白的地层也开始被注意，如海相第三系。地下地层中大量化石的发现和研究也归入这一方面，如江苏、山东、河北沿海地下地层中化石的系统研究。

地理上——内蒙古、黑龙江北部、江苏沿海等过去研究较少,和西藏这样过去几乎没有做过工作的地区的化石,也有新的发现和报道。有的工作还相当深入,如江苏沿东海地区。

以上这几方面的工作,今后还需大力发展。

2. 研究工作向多方面和各个方向发展

这次会上宣读的论文,几乎涉及古生物学研究的各个方面,包括古生物的形态、构造、分类、系统发育、个体发生、演化、动物群与植物群的发展和层序、古生物地理、古气候、古生态、生物地层、古生物学中的哲学问题等等。其中有许多是重要的研究方向,今后还需要大力开展和加强,加上前面提到的生物门类、地层和地理上的多样和广泛,可以充分说明我国古生物学研究的蓬勃发展,出现了"百花齐放"的现象。

3. 工作的系统化和深入化

除了数量多和涵盖方面广以外,从不少的论文中可以看出,我们的工作是逐渐趋向系统、深入和细致的。例如有孔虫、腕足类、腹足类等无脊椎动物,脊椎动物和某些植物的形态研究,以及珊瑚、笔石等的构造、发生的研究等,都是比较精细的工作。西南二叠纪鏾类、浙江和东北侏罗纪白垩纪软体动物、江苏新生代介形类等的研究,是在结合地层而做的大量系统采集的基础上进行的,或是主要从某一门类化石的深入和系统的钻研着手,加以全面考虑所进行的研究工作。像这一类的工作,无论在古生物学的理论研究,还是在解决生产问题上都有重大意义。相信今后将会扩大到更多的门类、地层和地区的工作中去。

4. 工作上的配合与协作

从一个门类或少数的化石,也可以在生物学或地层学的某些问题上提供资料,或多或少地解决一些问题。但是如果能有几个不同的门类和方面共同协作,综合大量的材料,围攻同一个问题,那么,就可相互参照、相互补充,对问题得到更加全面的认识和更加可靠的推论。这次古生代组关于奥陶系和志留系界线的讨论,从珊瑚、腕足类、三叶虫、笔石四个方面,提出了不同见解。对于中国东部地区侏罗系和白垩系的分层问题,大家从孢子花粉、介形虫、软体动物、叶肢介、鱼类和爬行类等不同专长和角度出发,提出各自的见解,进行讨论,相互参证。这是我们工作上互相配合与协作的一种新方式,而且进行得较好。相信今后将会有更多这样的工作出现。

5. 理论联系实际问题

我们不能狭隘地理解理论与生产实际的关系,科学的发展是和生产的发展密切关联的,是互相促进和推动的。这几年来,我国古生物学上许多成绩的取得,很清楚地证明了这一点。东部沿海中、新生代化石,特别是地下地层中大批化石的研究,和生产的需要和发展是分不开的。另一方面也可以看到,我们古生物学工作者,只有通过对大量化石本身的深入和系统研究,才能更好地解决生产上提出的问题。因此,从这次会上宣读的绝大多数论文中可以看到,我们虽然强调理论和科学的发展,可是并未因此而脱离国家当前的生产实际,相反的是,提高了我们为生产服务的能力和质量。

6. 青年合作与青年干部的成长

这次会上,老年和壮年科学家根据自己多年的工作和研究心得,提出了不少有意义的论文。而特别令人高兴的是,许多青年工作者也在导师的指导下,通过自己的钻研,写出了许多有价值的论文。在会上宣读的全部论文中,约有65%是30岁以下的青年古生物学工作者提出的。这一点可以充分表明我国古生物学界的青年一代已经成长起来,提出了数量较多和有一定水平的学术论文。

7. "百家争鸣"的问题

最后一点,也是很重要的一点就是"百家争鸣"的问题。学术年会是体现科学上"百家争鸣"的重要场合。这次我们把全部会议一半以上的时间用在学术论文的宣读上,尽量给每个报告安排讨论的时间。在会上,对绝大多数的论文都进行了讨论。有的论文,像古生代组关于奥陶纪志留纪化石,以及中生代组关于侏罗纪和白垩纪化石及其有关的地层问题的讨论,开展得特别热烈,各种意见的争辩也十分热烈,而且有从事不同门类化石研究和不同岗位的青老年科学家参加。充分发扬民主,展开争论。由于时间限制,虽

然还不能畅所欲言,但是已经能因此对问题有了较全面和深入的认识,推动了有关问题的研究。另一方面,我们也可以看出,从事一个问题研究的人数越多,研究工作进行得越是认真和深入,越是系统和全面,那么提出的问题也较多,争论也愈热烈,讨论也愈深入。这一点充分说明了党倡导的"百家争鸣"是发展提高科学研究的一个有效的方针。在这一方面,我们已经在这次大会上有了一个很好的开端,今后结合目前的调查工作,随着研究工作的进展和对"百家争鸣"政策的学习,相信今后将得到更好的体现。这对我国古生物学研究的发展有极其深远的意义。

(二) 关于"十年规划"的讨论

从今年春天广州会议以来,学会在国家科委的统一领导下开始制定今后十年内我国科学事业发展的规划。在古生物学方面,从今年六月份起,在科委地学组和中国科学院地学部的具体领导下,邀集了北京和南京两处的部分科学家,经过大约一个半月的酝酿与讨论,吸收了一部分有关方面专家的意见,草拟了"规划"草案。由于时间和某些条件的限制,事先未能较广泛地从多方面吸收意见。这次趁着代表大会的机会,征求各地代表的意见。从分组讨论的结果看来,与我们对规划上所提出的几个主要问题,如形势估计、发展方向与指标、主要进度和措施等方面的意见,基本上是一致。另外,对规划上某些具体问题和措施也有一些不同的看法或补充意见。这些意见都提得很好。其中比较重要的有关于在集中的基础上如何做适当的分散的问题,目前在职的大部分壮年和青年的进一步培养和提高,地方机构的图书资料的充实,和其他一些工作安排问题。这些都是很重要的,值得我们注意和进一步的考虑。毫无疑问,除了南京和北京两处中心,必须重视其他地区研究基地或据点的充实和干部的提高问题。无论从古生物学工作本身的性质或事业发展的需要来看,都有这样的要求。这个规划是需要全国各地古生物学工作者的共同参加,并且经过很大的努力才能实现的。因此,必须调动一切力量,充实各地的古生物研究机构;另外,规划上提出的主要任务不是依靠还未毕业的大学生,而主要是要依靠目前在职的古生物工作者来完成的。因此,对在职干部的培养和提高必须加以重视。所有上述这些意见,有的我们已经提出,请规划小组参考,也有一些通过目前正在进行的调整工作和在执行规划的具体过程中得到安排。总之,这个规划是我们今后十年研究工作的纲领,我们能够基本取得一致的看法,对规划表示拥护和支持,并愿为它的实现而努力,这也是这次会议一项重要的收获。

(三) 会务及学会活动

关于学会本身的工作的讨论,也是这次大会的一项重要任务。关于从上届大会以来,学会的主要活动和发展,秘书长徐仁同志已经做了全面的介绍,在这次会议期间,经过理事会的研究和与各地代表的接触,我们对目前和今后的各项工作做了一些考虑。选出了新的理事、常务理事和学报编委。希望新的人选名单更能体现出我们事业的发展,特别是地方单位和青年干部的成长、发展的面貌和当前工作的需要。

过去几年是我们国家各项建设事业大跃进、大发展的时期,也是我们学会历史上发展最快的时期。由于这个时期内会员的业务工作特别繁重,学会的具体活动进行得比较少,但是仍然做了不少工作。学会的会员人数由上届大会时的 137 人增加到 209 人,我们的队伍比以前大大壮大了,大量的新会员,特别是青年会员参加到学会中来,为我们学会增加了新的血液,相信学会今后的活动将会因此而更活跃和更有朝气。说到这里,我们对新入会的同志们表示热烈的欢迎,并且相信在下届大会时将有更多的人员加入到我们队伍中来。

学会的机关刊物——《古生物学报》是我国古生物学界发表研究成果、体现我们工作发展和学术水平的一个标志,是执行"双百方针"的一个重要园地。支持学报、办好学报是全体会员和我国古生物工作者的一项重要任务。我们过去的工作是有成绩的,学报基本上能按期出版,篇幅和论文数量不断增加,质量也在逐渐提高,但是在数量和质量上还有待进一步提高和改进。这一点不但需要全体编委和主编的努力,还需要全体会员的大力支持和合作,才能把学报办得更好。除了编辑工作本身的质量还需要提高外,主要要加强组稿、审稿,特别是集体审稿工作,提高论文的科学水平和文章质量将是今后学报的主要努力方向。

（四）当前的主要任务

我们对这次大会的工作做了以上扼要的叙述。现在再就当前和今后一段时期内学会和全体会员需要做的工作提出几点建议。请全体代表和到会的同志加以考虑。

我们国家当前形势是大好的，因接连三年的严重自然灾害和其他原因引起的一些暂时困难正在逐步被克服。最近三年，特别是今年春天以来，在"调整、巩固、充实、提高"的八字方针，特别是和我们科学研究工作有关的"百家争鸣"的方针和自然科学研究机构的 14 条、高等教育 60 条及其他一些条例的制定和贯彻下，全国出现一片空前活跃的团结、民主的新局面和工作上的新进展。在这一新形势下，我们学会全体会员和全国古生物学工作者如何来适应这种形势的要求、做好岗位工作和本门业务工作，将是我们今后工作的重要任务。不论是对学会本身，还是理事会或每个会员来说，作为一个科学团体或工作者，我们应当首先在党的领导下做好两件工作。第一是坚决拥护和做好当前的调整工作，在工作中按照自然科学工作 14 条、高等教育 60 条办事，积极做好科学研究和岗位工作。在继续发扬"三敢"（敢想、敢说、敢干）的同时，加强"三严"（严肃、严格、严密）以提高工作的质量。出人才、出成果，积极发扬学术民主，开展"百家争鸣"和做好团结协作工作。我们学会的一切活动，特别是学术报告会和年会，"学报"都是开展"百家争鸣"的理想平台或园地。这次大会的经验表明，我们要做好"百家争鸣"，就必须在"三敢""三严"的基础上进行踏实的、艰苦的劳动。这样才能在丰富而确切的资料和数据的基础上，展开不同意见的争辩；才能使讨论的问题更加深入，提高质量。因此，所有这一切的方针和措施都是密切相关、相辅相成的。当然，在研究工作和学术讨论中，我们在发扬民主和各抒己见的同时，也要谦虚、实事求是和注意团结。相信这些问题解决了，工作做到了，我们科学研究的质量自然会提高，真正达到出成果、出人才的目的。

我们学会的理事会，在全国科协的领导下和全体会员的支持下，在过去几年内，也做了一些工作，并且取得了相当的成绩。但是我们的工作必须要能跟着形势的发展一同前进。在我们面前放着的任务是艰巨的，要完成上述任务，理事会还必须在全国科协的领导下，做许多工作。具体说来，除了日常的会务和学术活动外，我们的会员人数有了很大增加，有组织、有计划地发展学会和扩大活动将是今后的一项重要工作。我们可以在有条件的地区或城市，成立中国古生物学会地方学会或小组，以便在各地科协的领导下，联系和团结各地区的古生物工作者推动工作。

当然，要做好这些工作，单靠少数理事的努力是不够的，还需要全体会员的支持。我们的大会即将闭幕，来自全国 20 余城市和不同工作岗位上的代表，即将回到各自的工作岗位去，我们对代表也有一些建议。希望你们能够把大会的主要收获和精神带回去，对各地不能前来参加大会的会员和同行们做适当的传达。一同为贯彻 14 条与 60 条各项措施、"百家争鸣"等方针、实现十年科学规划和积极开展学会活动而努力。

最后，我向代表大会表达几点意见。我们这次的大会总的来说开得相当成功，但是我们在工作上也有一些不足。首先，由于受到一些具体条件的限制，我们不能安排更多的代表名额，让更多的会员和同行，特别是外地工作的同志们参加这次大会。对一部分向大会提交了论文而不能在大会上宣读的同志，我们对他们表示歉意和感谢。其次，虽然我们的会议进了七八天，而且把四天的时间用在论文宣读和讨论上，可是仍然感到时间不足。以致有一部分的论文不能把准备的资料、问题和经验全部提出来讨论和交流。在有些问题的讨论方面，更是因时间的限制而不能做充分的发挥。在会议的安排和生活上，也有缺点，特别是使外地开会的同志感到不便。这些缺点，虽然也有一部分是受到条件的限制，不过主要还是因为筹备和会议组织工作没有做好而造成的。我们向同志们表示歉意。

我们这次的大会之所以能够顺利进行和胜利完成预定任务，是和从中央到地方，各级、各方面的领导和许多同志们的支持分不开的。首先，我要感谢党和政府，对我们科学事业和科学工作者的无微不至的关怀和支持，特别感谢国务院支持我们大会的召开，并且在当前物资条件比较困难的情况下，为我们提供了会场、住宿、供应等各方面的帮助；同样，需要感谢全国科协的领导和许多同志们，他们从大会开始计划、筹

备和会议进行期间,不仅经常在工作上给予指导,并且在物质方面,从经费、工作人员到会场等也都给予了最大的支持和帮助。另外,参加理事会和筹备工作的全体同志,特别是学会理事长孙云铸同志和秘书长徐仁同志,在会议筹备和开会时间担负了繁重的工作。地质部地质科学院、科学院古脊椎动物研究所科协吴淑华等同志也为大会做了许多工作,我代表学会向上述各方面的领导和工作同志致以深切的感谢。

现在,我代表主席团宣布大会胜利闭幕。祝全体代表和列席同志们身体健康,今后在工作中取得新的成绩。

第三届全国会员代表大会期间

（1979－1983）

一、简　况

1979 年 1 月 6 日，学会理事、学会创始人之一、学会首任会长、前理事长、中国科学院学部委员孙云铸教授逝世。

1979 年 1 月 15 日，学会理事、学会创始人之一、学会前理事长、中国科学院学部委员杨钟健研究员逝世。

1979 年 3 月 11－18 日，孢粉学会（本会的二级分会）在天津成立。1979 年 3 月 21－27 日，微体古生物学会（本会的二级分会）在长沙成立。

1979 年 4 月 14 日，第二届第九次扩大理事会在苏州召开。1979 年 4 月 16－22 日，在江苏苏州召开了中国古生物学会第三届全国会员代表大会暨第十二届学术年会，参加会议的代表及来宾共 287 人，列席代表和工作人员 216 人。会前由科学出版社出版了《中国古生物学会第十二届学术年会论文摘要》。会议首先由尹赞勋理事长致开幕词。中国科学院、中国科协和江苏省革命委员会有关领导到会祝贺。国际古生物协会主席泰克特、国际古生物协会亚洲支会主席高井冬二、英国古生物学家代表团团长威斯道尔和旅美学者戈定邦等在大会上致辞祝贺。李扬做了修改会章的报告。会议总结了中国古生物学三十年来的研究情况，进行了学术交流；修改了会章，选举了新理事会；制定了工作规划，建立了工作机构。卢衍豪、周明镇、李星学和郝诒纯等分别做了《中国古无脊椎动物学研究三十年》《中国古脊椎动物学研究三十年》《中国古植物学研究三十年》和《中国微体古生物学研究三十年》的报告。会议期间展出了西藏高原奥陶纪到中新世的化石标本 130 件，以及新中国成立以来中国古生物学的出版物，包括地层古生物图书 200 册和期刊 74 种。会议选举产生理事 42 人（另给台湾省保留 1 人名额），常务理事 15 人，荣誉理事 5 人，候补理事 5 人。4 月 22 日，召开第三届一次理事会，会议选举尹赞勋为理事长，卢衍豪、周明镇、杨遵仪、穆恩之为副理事长，俞昌民为秘书长。4 月 25 日，第三届理事会召开第一次常务理事会，经过学会常务理事会讨论，决定设立学会秘书处，秘书长为俞昌民，副秘书长为胡长康、项礼文、陈丕基、殷鸿福、吴浩若；编辑委员会主任为尹赞勋，《古生物学报》编辑委员会主编为王钰，《古生物学译报》编辑委员会主编为杨遵仪，"古生物基础理论丛书"和"古生物专论丛书"编辑委员会主编为卢衍豪，教育与普及委员会主任为杨遵仪，国际交流委员会主任为穆恩之。这次会议盛况空前，是我国古生物学史上具有重大意义的一次会议。1979 年 4 月，《中国古生物学会讯》第 15 期——第三次全国会员代表大会暨第十二届学术年会专辑出版，详细报道会议和三届一次理事会的情况，学会创始会员、前理事长杨钟健的遗作《我国古生物学赶超世界先进水平的有利条件和还要克服的若干困难》以及 6 个附录，其中包括参加会议的代表名录和中国古生物学会会员录。1979 年 7 月 19 日，中国古生物学会被接纳为国际古生物协会的团体会员。

1980 年 6 月 7－17 日，卢衍豪等赴法国巴黎参加第二十六届国际地质大会和国际古生物协会大会。1980 年 7 月 7－13 日，李星学等赴英国伦敦和里丁参加第一届国际古植物学大会。

根据 1981 年 3 月中国科学院通知，马杏垣、王钰、王曰伦、王鸿祯、叶连俊、卢衍豪、刘东生、李春昱、李

星学、杨遵仪、吴汝康、宋叔和、张宗祜、张炳熹、陈国达、岳希新、周明镇、赵金科、郝诒纯、贾兰坡、贾福海、顾知微、徐仁、郭文魁、穆恩之当选为中国科学院学部委员(院士)。

1982年2月22—24日,在北京召开了本会第三届三次扩大理事会,讨论了各分会、各学科组的活动以及若干提案。23日举行了庆祝尹赞勋理事长80寿辰暨从事地质科学活动50周年报告会,与会者共有300多人,气氛极为热烈。1983年5月,学会与北京大学地质系联合举办乐森玮教授从事地质科学和教育工作60年学术讨论会,参加会议的有600多人,学术活动进行了三天。

1982年9月18日,学会荣誉理事、中国科学院学部委员裴文中研究员逝世。

1983年5月8日,三届四次常务理事(扩大)会议在北京召开,研究理事会改选等问题。1983年10月26—29日,在南京召开寒武系-奥陶系、奥陶系-志留系界线国际学术讨论会,参加会议的外国学者23人,国内学者80多人。1983年10月14—24日,全国石炭纪地层讨论会暨1983年地层古生物学术年会在贵阳、惠水召开。

从1979年4月本会第三届全国会员代表大会至1984年初,先后成立了笔石学科组、腕足动物学科组、化石藻类专业委员会、三叶虫学科组、珊瑚学科组、头足类学科组、古植物专业委员会(后改为古植物学会)、双壳类学科组、湘粤桂联合组、甲壳类学科组。在此期间,山东省和甘肃省也成立了省级古生物学会。中国古生物学会昆明组、西安组、长春组也恢复了活动。

二、第三届理事会组成名单

(以姓氏笔画为序)

荣誉理事:乐森玮　陈　旭　赵金科　俞建章　裴文中

理　　事:尹赞勋　王　钰　王鸿祯　区元任　卢衍豪　付　锟　边兆祥
　　　　　许　杰　刘宪亭　安泰庠　孙艾玲　吴汝康　张日东　张文堂
　　　　　张弥曼　邢裕盛　杨式溥　杨敬之　杨遵仪　李星学　周志炎
　　　　　周明镇　范嘉松　陈丕基　林宝玉　顾知微　俞昌民　俞剑华
　　　　　洪友崇　项礼文　侯祐堂　侯鸿飞　徐　仁　郝诒纯　郭鸿俊
　　　　　曹瑞骥　盛金章　盛莘夫　曾鼎乾　潘　江　穆恩之　霍世诚
　　　　　(另给台湾省保留一名)

候补理事:刘嘉龙　吴望始　江能人　胡长康　汪啸风

常务理事:尹赞勋　王　钰　王鸿祯　卢衍豪　许　杰　吴汝康　张日东　杨敬之
　　　　　杨遵仪　李星学　周明镇　顾知微　俞昌民　郝诒纯　穆恩之

理　事　长:尹赞勋

副理事长:卢衍豪　周明镇　杨遵仪　穆恩之

秘　书　长:俞昌民

《古生物学报》编辑委员会委员:

　　　　　尹赞勋　尹集祥　王　钰　王鸿祯　卢衍豪　白顺良　刘嘉龙
　　　　　刘效良　江能人　孙艾玲　吴凤鸣　李星学　李子舜　李耀西
　　　　　陈德琼　林宝玉　宋之琛　汪啸风　周明镇　周志炎　张文堂
　　　　　张日东　项礼文　顾知微　洪友崇　杨遵仪　俞剑华　俞昌民
　　　　　贾兰坡　陶南生　郝诒纯　梁文平　徐　仁　郭鸿俊　曾鼎乾

　　　　盛莘夫　　盛金章　　谭光弼　　翟人杰　　潘　江　　穆恩之

常务编辑委员：王　钰　　王鸿祯　　孙艾玲　　李星学　　李耀西　　宋之琛　　张文堂

　　　　　　　　陈德琼　　俞剑华　　陶南生　　盛金章

主　　编：王　钰

副 主 编：王鸿祯　　孙艾玲　　李星学　　陶南生

三、闭 幕 词

卢衍豪

主席、各位代表、各位来宾：

　　中国古生物学会第三届全国会员代表大会暨第十二届学术年会，经过两天的上届理事会和全体预备会议之后，于 4 月 16 日正式开幕，并进行了理事长报告、来宾讲话、大会学术报告、分组学术报告、特约学术报告、会章修改报告、讨论和选举新理事会等七天的活动，现已圆满结束。

　　大会期间，江苏省革命委员会副主任汪冰石同志、中国科学院副秘书长赵北克同志、中国科协学会部负责人邓伯木同志、国际古生物协会主席泰克特教授、国际古生物协会亚洲支会主席高井冬二教授、英国古生物学家代表团团长威斯道尔教授在大会上讲了话，致了贺词，国际古生物协会秘书长瓦利塞教授和英国古生物学家代表团戴因莱教授、安德鲁斯博士、查瑞格博士等出席了我们的大会，给了我们极大的鼓励。

　　中国旅美古生物学家、我会的老会员戈定邦教授，在他回国探亲期间，特意来苏州参加祖国古生物学界的这个盛会，并将自己珍藏的三台龙化石赠送给中国科学院，我们对此感到特别高兴。

　　在会议筹备过程中，苏州市委、市科委、市科协等有关部门负责同志，给了我们大力支持和帮助，在此，我代表大会主席团和全体代表致以衷心的感谢。

　　现在，我代表本届大会主席团，将会议的情况向各位代表做一简要的汇报。

　　我们的会议是在党的十一届三中全会以后，全党工作的重心正在转移到实现四个现代化的大好形势下召开的。可以说，我们的大会是全国古生物战线向四个现代化进军的誓师大会。

　　今年，是伟大的中华人民共和国成立 30 周年，也是中国古生物学会成立 50 周年。在全党和全国人民开始新的长征的时候，召开这样一次全国性规模的专业会议，对于中国古生物学的发展具有重要意义。

　　代表们，我们这次会议是学会成立以来规模最大的一次。出席本届大会的代表及来宾有 287 人，列席代表及工作人员（其中大部分是专业工作者）有 216 人，共 503 人。在我们的代表中间，有年逾古稀的老一辈科学家，也有战斗在第一线的中青年地质古生物工作者；有古生物学会的最老的会员，也有新入会的会员；有科研和教学战线的代表，也有长年从事地质、石油、煤炭、水文和冶金工作的代表。几天来，大家欢聚一堂，促膝畅谈，交流学术，磋商见解，抚今追昔，展望未来，呈现了一派生气勃勃的大好景象。大家深刻感到，这样的会议，多年未曾有过这样的景象，多年未曾见过这样浓厚的学术气氛，多年未曾出现过这样难得的盛会。

　　在这次大会前的理事会议上，讨论和批准了新发展的 44 名会员。这样，中国古生物学会新老会员总数达到 1332 人。这是一个空前的数字。

　　在这次大会上，我们还讨论了关于修改会章的报告，制定了中国古生物学会的新会章，这是适应新形势，为实现四个现代化而加把劲的新章程，在今后的实践中还要不断修订、补充和充实。

　　下面，我想简略地谈谈这次会议在总结我国古生物学三十年来的成就和学术交流方面的收获和体会。

　　在总结我国古生物学三十年来的成就方面，由卢衍豪、周明镇、李星学、郝诒纯四位同志分别做了《中国古无脊椎动物学研究三十年》《中国古脊椎动物学研究三十年》《中国古植物学研究三十年》和《中国微体古生物研究三十年》4 个报告。这 4 个报告总结了新中国成立以来中国古生物学各个方面的研究工作在

党的领导下突飞猛进的情况,其中有不少门类在 30 年前还处于初期阶段的或较有基础的,现已跃进至与先进国家并驾齐驱了;还有一些门类在新中国成立初期是极为薄弱的或空白的,现在已努力赶上,并在国际上也占有了一定地位。但是由于一些特殊原因,我们损失了 10 多年的宝贵时间,许多门类还必须加一把劲,在不太长时间内,赶上和超过世界先进水平。

在会议的全体大会学术交流中,与会的英国古生物学家代表团团长、英国皇家学会会员威斯道尔教授做了《原始的空棘类》,团员、国际地层委员会泥盆纪分会秘书长戴因莱教授做了《泥盆纪陆地环境》,国际古生物协会秘书长瓦利塞教授做了《全球性事件所引起的泥盆-石炭纪界线及其变化》报告。和这 3 篇报告交叉进行的有我会会员卢衍豪同志的《三叶虫的地理分区、扩散、发展和演化》,张国瑞同志的《从我国早泥盆世胴甲鱼化石的形态特征看胴甲鱼的进化和分类》,乐森璕同志的《华南泥盆纪拖鞋珊瑚的新分类》,王钰等同志的《中国腕足动物化石的地层分布》,以及李星学、姚兆奇同志的《东亚石炭纪和二叠纪的植物地理分区》等 5 个报告。这使我们的大会和年会具有了一定程度的国际学术交流性质,这在我会历史上还是第一次,是一个良好的开端。

本次大会收到学术论文共 352 篇。其中,古无脊椎动物和古植物学论文 142 篇,古脊椎动物和古人类学 31 篇,古生物分类演化 22 篇,生物地层学 88 篇,古生物区系、古生态和古地理研究 42 篇,西藏科考 26 篇。经过连续 4 天的紧张分组(4 个组)的学术活动,共宣读和讨论论文 165 篇,加上大会宣读的 9 篇,共 174 篇,占收到论文总数的一半。由于时间有限,其余论文不能宣读,但在会前已印发了《论文摘要汇编》,各位可以抽暇阅读。在大会之前,中国古生物学会分别在天津和长沙召开了孢粉学分会和微体古生物学分会的成立大会和学术交流会,参加孢粉学分会的代表 150 人,收到论文 151 篇;微体古生物学分会的代表共 169 人,收到论文 171 篇(宣读 63 篇)。这些论文所包含内容之丰富,所涉及范围之广泛,所讨论问题之深入,以及实际应用之重要性,是前所未有的,它们反映了在广大古生物工作者的努力下,中国古生物学已发展到一个新的水平。体现在本届大会上,主要有以下 6 个重要方面:

1. 中国各门类化石的研究,新材料大量发现,基础资料大大丰富,填补了很多空白,老门类不断前进,新门类迎头赶上

向大会提交的论文中,有 40% 左右的论文是论述各门类化石基础资料的发现和研究的,这些材料所包括的地区遍布我国 29 个省、市、自治区(除台湾省外),包括震旦纪到第四纪的每一个地质时代。

2. 古生物理论问题研究的比重大大增加

这次大会一个令人鼓舞的方面,是理论探讨的气氛十分浓厚。在提交大会的论文中,古生物分类、个体发育、系统演化、古地理、古生态和生物地理区系方面的论文有 64 篇,占总数的 18%。可以说,这是把古生物学的研究往高里提的一个重要里程碑。以往,在我们的古生物论文中,大多偏重于基础资料的描述,现在,我们有相当大的比例放在研究比较重要的理论课题中。同志们,古生物学领域中的理论问题很多,迫切需要我们探讨的有:分类、演化、古生态、古地理以及生物地理区系等等。这些问题的研究对于古生物学各门类研究水平的提高、生物地层问题的解决以及找矿和预测矿产,都有直接关系,因此我们必须大为提倡。当然,这些研究工作首先需要有丰富的化石材料和对材料的正确判别和选取,同时又要注意对多种研究手段和多门类研究成果的配合和利用,最后还必须要有正确的思想方法。

3. 生物地层学研究

生物地层学是古生物学研究的一个重要方面,以提交这届学术年会的论文为例,就有 88 篇之多,占全部论文的四分之一。

对于各门类化石群序列和化石带的详细研究,在地层划分和对比方面是重要的一环。新中国 30 年来,一些原有基础比较好的门类,工作越来越深入,一些原来基础薄弱或新填补的门类,也纷纷提出了它在某一时代的生物群序列或分带。如果没有这方面的进展,要提高区测、填图、找矿等方面的水平是不可想象的。

4. 西藏高原古生物学和生物地层学研究的成就

近年来，我国组织的多次西藏科考活动取得了重大成就，有关地层、古生物方面的重要发现和研究进展，在会议开始的报告中已有了说明，这里就不再重复了。我们的会议应该感谢有关科考工作者和室内研究人员向大会提交的 26 篇论文，还举办了一个小型古生物实物和图片展览。大家知道，进入西藏做地质工作是要面对多种多样困难的，对于科考人员这种不畏艰险困苦的精神，我们致以崇高的敬意！

5. 古生物学的研究正在开始采用一些新技术和新方法

在本届会议上，古生物学研究手段和方法的改革正在引起越来越多的重视。例如，扫描电子显微镜、电子探针对于古生物微细结构和超微结构的应用，电子计算机技术在古生物、特别是微体古生物研究的应用，数理统计方法在古生物分类、演化和地层划分上的应用等。我们认为，这些论文所讨论的问题对于我国古生物学的发展很重要。国内外新技术和新方法的引用，对于我国古生物学在较短时间内赶上和超过国际先进水平是必不可少的。

此外，有的同志还对古生物学名词的汉译问题做了有益的探讨。

6. 学术讨论必须遵循"百家争鸣、百花齐放"的方针

我们这次大会收到论文很多，所讨论的内容很丰富。有年逾 80 高龄的老科学家精心研究的成果，但是中青年古生物工作者所提论文占很大比例。这是会议的一个特色，说明我国老一辈古生物学家有了庞大的接班队伍，这是特别值得高兴的。另外，怎样充分发扬学术民主把学风带正、水平提高，是一项很严肃的任务。这次大会把不同的学派、不同的观点汇集在一起，展开正常的学术讨论，互相取长补短，启发纠正，从各个不同的方面对学术问题进行探讨，这是另一个十分可喜的现象。

同志们，我国拥有得天独厚、地大物博，化石蕴藏丰富，海相、陆相和海陆交替相地层发育非常齐全的地区，在古生物学和生物地层学领域完全具备赶超世界先进水平的物质条件。1980 年 7 月 7—17 日将在巴黎召开的第二十六届国际地质大会上要讨论的两方面命题来看，在古生物学的命题中，有物种形成及其途径和方式、演化机制、个体发育和系统发育。在我们这次年会上，就有许多题目涉及这个方面。在地层学方面，明年的巴黎会议上，除了一般的地层对比外，特别强调古生代上、下两条界线，这就是前寒武纪与寒武纪的界线和二叠纪与三叠纪的界线。这两个方面我国已经做了不少工作，并将重要的成果向这次年会进行报告。巴黎会议有一个专题讨论的是特提斯海（即古地中海）的古生物学、古地理学和阿尔卑斯山脉地质学，我们这次年会上关于西藏的古生物、地层科考成果，可以作为特提斯海讨论会的重要组成部分，而且是一个突出的部分，因为这是从"世界屋脊"上采来的。

与其他现代科学技术相比，古生物学赶超的条件似乎要好一些，但也要看到自己的弱点。譬如，在前寒武纪古生物学（特别是超微化石和古细菌方面）和第四纪古无脊椎动物的研究上，虽然有了开端，但还很薄弱，需要大力加强。

对青藏高原的古生物和地层还要进一步深入研究，新疆、内蒙古以及东北的大、小兴安岭一带的边远地区的化石采集和研究，还远远落后于内地，这应该引起我们的注意。

学科渗透还不够，如国外近年来进展很快的古地磁、地质年代学和古生物演替规律的研究，在我国只是近几年才开始摸索的。它对整个地学和古生物学影响都很大，应该大力加强这几方面的研究工作。

电子计算机、扫描电镜、电子探针、同位素测定等新技术，应用于古生物分类、超微结构、古生态、古地理、古气候、古环境的研究还刚刚开始，一般单位缺乏这方面的设备，使研究手段停留在落后状态，必须切实改变这种局面。

这些年来，生产、科研、教学、博物馆等部门的地质、古生物和生物工作者做了大量的科普和宣传工作。但是和广大读者与刚从事古生物的人员的需要来说，我们在这方面的工作显得还很不够，希望同志们多加努力。另外，我们古生物工作者要大力协助各地区的自然科学博物馆的充实和建设，重视科普电影和书籍的拍摄和编写。

　　我国的古生物学在很大程度上还处于资料积累阶段,化石描述的工作量仍然很大。这些年来,科学出版社、地质出版社和其他出版单位,在现有人力和设备的基础上,想方设法出版古生物书刊杂志,其数量之多,在科学出版品中名列前茅,许多品种的印刷和图版之精美,赢得了国际赞誉,为我国的古生物学在世界上占有一定地位做出了重要贡献。但是目前我们的物质条件、出版条件还远远不能满足这方面的出版要求,致使稿件积压,出版周期较长,新的或重大的发现不能及时发表,我们本来是先进的东西反而变得落后,非常可惜。我们急切地建议国家迅速加强我们出版部门的印刷力量,支持学会增办刊物、增加期数、增加古生物书籍的出版。我们也呼吁同志们在写作论文时要注意提高质量,文字、插图和图版既要明确清晰,又要精练简短,多出成果,快出成果,这也是赶超世界先进水平的一个重要方面。

　　这次大会,苏州南苑宾馆、阊门饭店的同志们给了我们热情招待和无微不至的照顾。在大会筹备过程中,南京地质古生物研究所、古脊椎动物与古人类研究所、上海自然博物馆和苏州医学院都给予了大力支持。新闻界、电影界、电视台、各出版单位都给大会做了许多国内外的报道,我代表大会全体同志致以特别的谢意。

　　现在宣布会议胜利闭幕。

第四届全国会员代表大会期间

（1984－1988）

一、简　　况

1984 年 1 月 27 日，学会理事长、中国科学院学部委员尹赞勋研究员逝世。

1984 年 3 月 31 日－4 月 1 日，三届五次常务理事(扩大)会议在浙江绍兴召开。4 月 1 日，三届四次理事会在绍兴召开。4 月 2－6 日，中国古生物学会第四届全国会员代表大会暨第十四届学术年会在浙江绍兴举行，参加会议的有近 300 名代表，会上收到 265 篇论文，在会上报告的有 152 篇。新组成的本届理事会有 57 名理事。4 月 2 日，四届一次理事会选出 15 名常务理事，由卢衍豪任理事长，周明镇、穆恩之、郝诒纯任副理事长，吴望始任秘书长，聘任金玉玕、赵喜进、李凤麟为副秘书长。这次会议适逢学会成立 55 周年，会上对从事古生物研究工作 50 年以上的老会员王钰、乐森璕、许杰、陈旭、杨遵仪、赵金科、徐仁、贾兰坡、黄汲清和盛莘夫等 10 位前辈进行了表彰，会上还表扬了学会活动积极分子 28 名。4 月 5 日，四届一次常务理事会召开。1984 年 4 月，《中国古生物学会讯》第 16 期——第十三届学术年会暨四届一次理事会议专号出版，报道学术年会和第三届、第四届几次理事会的情况。

1984 年 4 月 5 日，学会第四届理事会荣誉理事、《古生物学报》主编、中国科学院学部委员王钰研究员逝世。

1984 年 8 月 4－14 日，穆恩之等赴莫斯科出席第二十七届国际地质大会。

1985 年 2 月 26－27 日，在北京召开中国古生物学会四届二次常务理事扩大会议和尹赞勋教授逝世一周年纪念会。参加会议的有全体常务理事，部分荣誉理事、理事，以及下属组织的秘书长或秘书，共 52 人。常务理事会批准成立古生态学专业委员会、介形类专业委员会、牙形类、鲢、有孔虫、轮藻、苔藓虫和层孔虫、小壳、腹足类等学科组。会议改组了《古生物学报》编委会，任命李星学为主编，增聘谢翠华为副秘书长。2 月 27 日，古生物学名词审定委员会在北京召开成立大会，周明镇为主任委员，李星学为副主任委员，赵喜进为秘书。8 月 23 日－9 月 5 日，穆恩之、李积金、邓宝、李崇楼、汪啸风、方一亭和韩乃仁组成的中国代表团前往丹麦首都哥本哈根参加第三届国际笔石会议，穆恩之当选为国际笔石工作组组长，会议决定 1990 年在南京召开第四届国际笔石会议，陈旭为大会秘书长。8 月，《中国古生物学会讯》第 17 期出版，报道了尹赞勋教授逝世一周年纪念会、第十一届国际石炭纪大会和学会其他一些活动的情况。9 月 9－13 日，朱慈英、徐桂荣、何锡麟、丁惠、李罗照、韩乃仁、孙东立、张宁和金玉玕等 9 人赴法国布雷斯特的西布雷坦格大学参加第一届国际腕足动物会议。10 月 11－24 日，学会与中国石油学会联合举办的中国南方白垩系及含油气远景学术讨论会在浙江举行，出席会议代表有 126 名。

1985 年年初到 1986 年年初，一批经过批准的二级学科组相继成立，与此同时，贵州省古生物学会、湖北省古生物学会、河南省古生物学会也相继成立。

1986 年 3 月 11－12 日，学会四届三次常务理事会、四届二次理事会先后召开，到会理事共 49 人。理事会就学会今后的工作和学术活动等问题进行了热烈的讨论。3 月 13－17 日，学会第十四届学术年会在南京召开，参加会议的代表达 350 人，会议围绕古生态、古地理和古气候等专题进行了学术交流(简称"三

古会议"),会议出版了论文集和论文摘要。3 月 18－19 日,学会教育及普及委员会第一次教学讨论会在南京举行,来自全国各地 43 个教育、科研和生产单位的代表 67 人参加了会议。5 月,《中国古生物学会讯》第 18 期出版,报道了 1985 年学会的一些活动和第十一届国际石炭纪地层和地质大会消息。

1986 年 7 月 18－27 日,学会与江苏省古生物学会联合举办首届古生物学夏令营,学会秘书长吴望始任营长,营员 80 人。7 月 25－29 日,大阳岔寒武系－奥陶系国际现场考察与学术讨论会在吉林省浑江市召开,115 名中外专家莅临。7 月,《中国古生物学会讯》第 19 期出版,报道了第十四届学术年会和 1986 年学会的一些活动。8 月 12－23 日,学会与中国石油学会联合举办的中国北方白垩系及其含油气远景学术讨论会在大庆举行。9 月,《中国古生物学会讯》第 20 期——第一次教学讨论会专辑出版,专门报道了 1986 年 3 月第一次教学讨论会的情况。

1987 年 1 月 9 日,在中国科学院南京地质古生物研究所召开南京地区青年古生物学工作者学术讨论会,来自中国科学院南京地质古生物研究所、南京大学、南京地质矿产研究所、武汉地质学院、福州大学等单位的 80 余名代表参加了会议。会上进行了学术交流,老一代科学家卢衍豪教授等介绍了各自所走过的漫长道路,勉励青年古生物工作者奋发向上,为祖国的四化建设做出贡献。2 月 24 日,学会和科学出版社联合召开了"古生物学基础理论丛书"和"古生物学专著丛书"编委会第三次会议。2 月 25 日,四届四次常务理事会在苏州召开。3 月 7 日,学会在中国矿业学院北京研究生部召开了北京及邻近地区青年古生物学工作者古生物学现状及发展方向研讨会。6 月,《中国古生物学会讯》第 21 期出版,主要报道青年古生物工作者古生物学现状及发展方向研讨会的情况。

1987 年 4 月 8 日,学会常务理事、中国科学院学部委员穆恩之逝世。

1987 年 6 月,学会参与承办的国际地质对比计划 IGCP246 项国际会议在南京丁山宾馆召开。

1987 年 8 月 31 日－9 月 4 日,学会和中国地质学会、中国煤炭学会、中国石油学会联合召开了第十一届国际石炭纪地层和地质大会。这是在我国召开的第一个规模较大的连续性国际地质科学讨论会。大会组织了 8 条地质考察路线,在 21 个分组讨论会上有 244 个学术报告,提供大会交流的专著和专刊等约 650 万字。参加大会的正式代表 402 人,其中国外代表 182 位,来自世界 30 个国家和地区。

10 月 8－10 日,学会秘书工作会议在山东省烟台市长岛举行,就换届选举问题征求意见。10 月,国际第四纪早期脊椎动物学术讨论会在北京召开,外宾 20 人。11 月 3－7 日,学会在上海召开沿海石油勘探中的古生物工作研讨,来自沿海地区主要油田、海洋石油公司、海洋石油勘探部门,高校和科研单位的 80 余人出席了会议,会议收到论文 30 篇,涉及古生物特别是微体古生物方面的论文较多。

1988 年 1 月,《中国古生物学会讯》第 22 期出版,报道了 1987 年学会活动的一些情况。2 月 26 日,中国古生物学会第四届第五次常务理事会在北京西三旗饭店召开,出席会议的有常务理事、副秘书长、秘书处工作人员、选举小组和章程修改小组的负责人。会议由卢衍豪理事长主持,吴望始秘书长做了 1987 年学会工作总结,金玉玕副秘书长汇报了两项国际学术活动的组织情况。常务理事会就以下几个方面做了决议:① 学会第五届代表大会暨六十周年纪念活动于 1989 年 4 月在中国地质大学(武汉)举行。② 学会将邀请国际古生物联合会主席和秘书长参加会议。③ 下届理事会由 63 名理事组成,理事由代表通过差额选举办法产生,候选人 76 名。④ 撰写有关四个方面十年研究进展的论文,交《古生物学报》刊登。⑤ 同意秘书工作会议建议的选举小组负责第五届理事会理事的选举事宜。⑥ 同意成立秘书工作会议建议的章程修改小组。4 月上旬,学会举办了 1988 年青年古生物工作者优秀论文奖评选活动。经专家审查评议,下列同志获青年古生物工作者优秀论文奖:张维、李国青、陈建强、郑洪、李明路、杨湘宁、耿宝印、李洪起、张克信、童金南、刘洪福、符俊辉、孙春林、胡斌、王元顺、包德宪、刘涵恢、张建华、刘怀宝、刘家润、唐毅、侯先光、刘陆军、孙卫国、徐珊红、赵宇虹、姚宣丽。27 位获奖者获得了奖状和证书。

7 月 21－24 日,谭智源、王玉净、吴浩若前往德国参加第一届国际放射虫会议。9 月 21 日－10 月 6 日,应波兰国家地质研究所和西里西亚大学的邀请,学会组织中国地质古生物代表团一行 8 人访问波兰。

1987 年 5 月 18 日，中国古生物学会荣誉理事、中国科学院南京地质古生物研究所所长、中国科学院学部委员赵金科研究员逝世。

二、第四届理事会组成名单
（以姓氏笔画为序）

荣誉理事： 王 钰　乐森璕　许 杰　陈 旭　杨遵仪　赵金科　盛莘夫　霍世诚

理　　事：

王鸿祯	卢衍豪	刘嘉龙	孙艾玲（女）	米家榕	邢裕盛
江能人	安泰庠	朱浩然	朱兆玲（女）	李星学	李传夔
李晋僧	李应培	李凤麟	陈 旭	陈丕基	陈楚震
宋之琛	邱占祥	汪啸风	沈光隆	吴望始	吴新智
杨敬之	杨式溥	周明镇	周志炎	张文堂	张日东
张弥曼（女）	林宝玉	金玉玕	郑家坚	范嘉松	范影年（女）
郝诒纯（女）	项礼文	南 颐	俞剑华	俞昌民	洪友崇
赵喜进	徐 仁	顾知微	侯祐堂（女）	侯鸿飞	殷鸿福
梁希洛（女）	曹瑞骥	赖才根	甄朔南	盛金章	穆恩之
穆西南	钱丽君（女）				

常务理事：

王鸿祯	卢衍豪	安泰庠	杨敬之	李星学	李传夔
吴望始（女）	周明镇	张日东	张弥曼（女）	项礼文	郝诒纯（女）
俞剑华	顾知微	穆恩之			

理 事 长： 卢衍豪

副理事长： 周明镇　穆恩之　郝诒纯（女）

秘 书 长： 吴望始（女）

副秘书长： 金玉玕　赵喜进　李凤麟

三、第三届理事会工作报告
（书面发言）

中国古生物学会第三届理事会是 1979 年 4 月在苏州召开的第三届全国会员代表大会上选举产生的，到现在已经整整五年，现将这五年来的工作汇报如下：

（一）组织机构建设与学术活动情况

孢粉学会是 1979 年 2 月成立的，在本届理事会之前。1980 年 11 月，在杭州召开了晚白垩世-早第三纪孢粉学术讨论会，有 120 人参加，提交论文近百篇，经过讨论，初步建立了我国南、北方白垩-第三纪孢粉序列；1981 年 11 月，在南京召开了孢粉分析技术座谈会，有 90 人参加，除大会报告、小组讨论外，还有实物观摩活动，对孢粉分析工作水平的提高有很大作用；1982 年 11 月，在西安召开了一次规模比较大的学术会议，讨论了中国晚古生代和中生代孢粉组合序列，以及泥盆-石炭系、二叠-三叠系和侏罗系-白垩系的界线问题，有 130 余人参加，收到 82 篇论文；该会 1982 年夏天与石油学会和北大地质系还联合办了一个晚白垩世-第三纪孢粉培训班，历时一个月，有来自生产、教学单位的 53 个人参加，收到较好效果；今年 3 月初，在厦门召开了第二届全国会员代表大会及学术年会，新改选的理事会由 24 人组成，徐仁任理事长，宋

之琛和邢裕盛任副理事长,杨基端为秘书长。

微体古生物学会也成立在本届理事会之前,是 1979 年 3 月在长沙产生的。1981 年 11 月,在成都召开了轮藻、苔藓虫、陆相介形虫专题学术讨论会,正式代表 103 人,列席代表 36 人,共 149 人,宣读论文 110 篇,地层界线和化石序列是讨论的重点。1982 年 11 月 8 日,在厦门召开了中、新生代有孔虫及海相介形虫专题讨论会,有 80 余人参加,提交论文和摘要 59 篇,以推动大陆架石油勘探中微体古生物研究工作,更好地为祖国社会主义建设服务。1983 年 11 月,在成都召开了牙形类学科组成立及学术会议,有 94 名代表参加,收到 62 篇论文。今年 11 月将在昆明召开第二届全国会员代表大会,改选产生新的理事会和常务理事机构。

笔石学科组 1980 年 9 月在南京召开了成立大会及学术讨论会,有 56 人参加,收到 42 篇论文,选举穆恩之为组长,俞剑华、葛梅钰为副组长,陈旭为秘书。1982 年 9 月,在皖南旌德召开过一次现场会议,有近百人参加,收到 30 多篇论文,对奥陶系的顶、底界线做了比较深入的讨论。今年将在宜昌召开一次关于奥陶-志留系界线的现场会议。他们办的油印报《笔石学组简讯》五年来已出 53 期,起到及时交流新发现、新进展和国内外学术活动信息的作用,曾受到科协学会部负责同志的口头赞许。

腕足类化石学科组 1980 年 11 月在杭州召开了成立大会及学术讨论会,与会代表 80 余人,宣读了 40 多篇论文,还收到 25 篇论文摘要和题目,美国俄勒冈大学地质系系主任布科(A. J. Boucot)教授和加拿大阿尔伯塔大学地质系的琼斯(B. Jones)教授参加了他们的会议,大会选举王钰为组长,杨遵仪为副组长,金玉玕为秘书;1981 年 9 月,在四川合川县三汇坝召开了华南二叠纪腕足动物专题讨论会,有 26 个单位的代表参加,宣读了 20 篇论文,实地观察了华蓥山地区的几个二叠系剖面,一边采化石,一边进行现场讨论,流连忘返,尽兴而归;1982 年 8 月,在内蒙古百灵庙召开了北方槽区志留、泥盆纪腕足动物和地层专题讨论会,有 30 余名代表参加,实地参观和考察了 3 条野外剖面,并进行了深入的学术讨论。

藻类化石学科组 1981 年 12 月在南京召开了成立大会及学术讨论会,有 117 人参加,收到 70 余篇论文,选举朱浩然为组长,邢裕盛、曹瑞骥为副组长,刘志礼为秘书。因为藻类化石门类多、分布时代长,从事研究的人员多,后经学会理事会同意改名为化石藻类专业委员会。今年 2 月底,在上海又召开了一次学术会议,有 136 人参加,收到 94 篇论文,重点是讨论藻类化石的地层意义和古生态学。

三叶虫学科组成立大会及学术会议 1982 年 9 月在皖南青阳县举行,有 67 人参加,提交 21 篇论文,选举卢衍豪为组长,张文堂、项礼文为副组长,林焕令为秘书。

珊瑚化石学科组成立大会及学术报告会 1982 年 10 月在福州举行,有 75 名代表参加,收到 59 篇论文,选举王鸿祯为组长,吴望始、林宝玉为副组长,王增吉为秘书;1984 年 3 月,在海南岛举办了一次现代珊瑚礁考察,有 63 人参加。

头足类化石学科组 1983 年 4 月在无锡召开成立大会及学术讨论会,有 60 余名代表参加,收到 43 篇论文,选举赵金科为组长,梁希洛、赖才根为副组长,王义刚为秘书。

古植物专业委员会 1983 年 5 月在西安召开了成立大会及学术讨论会,有 100 多名代表参加,收到 118 篇论文,选举徐仁为名誉主任,李星学为主任,周志炎、米家榕、朱家楠为副主任,赵修祜为秘书。一年内已办了三期《古植物简讯》,内容丰富活泼,包括会务通知、发现与报道、书评、学术动态、问题讨论、批评和建议、国内外学术活动信息介绍、个人消息等。

甲壳类化石学科组 1983 年 8 月在乌鲁木齐召开了成立大会及学术讨论会,有 40 名代表参加,收到 32 篇论文,选举霍世诚为名誉组长,张文堂为组长,王思恩、洪友崇为副组长,沈炎彬、舒德干为秘书。会议期间,代表们还参观了头屯河侏罗与白垩系剖面。半年内已出两期学科组通讯。

双壳类化石学科组 1983 年 11 月在峨眉召开了成立大会及学术讨论会,有 75 名代表参加,收到 49 篇论文,选举顾知微为组长,陈楚震、殷鸿福为副组长,陈金华为秘书。会议期间还参观了峨眉地区龙门洞与川主庙两个中生代地层剖面。

古脊椎动物化石专业委员会将于今年 10 月在山东莱阳召开成立大会及学术讨论会。

到今年秋天,学会将有 12 个直属二级组织,包括分会、专业委员会和学科组,其中有 9 个在南京地区, 3 个在北京。

学会直属的西安组和昆明组,近几年均已和总会重新恢复了关系。另外,由于中南三省会员同志的积极要求,1983 年 7 月在广东韶关召开了"湘粤桂三省联合组"成立会及学术讨论,选举区元任为组长,方瑞廉、李寿者、宁宗善为副组长,南颐、刘义仁、韦仁彦为秘书,商定每年由一省轮流举办一次学术活动,今年 9 月将在湘西北大庸举办。

1966 年以前只有江苏省古生物学会一个省级学会,1981 年 11 月在扬州召开了第二届会员代表大会,改选了新的理事会,由穆恩之任理事长,盛金章、俞剑华任副理事长,董得源任秘书长。这两三年举行了多次学术和技术交流活动,还与安徽、山东等邻省联合举办会议,成绩比较突出。

安徽省古生物学会是 1979 年 4 月成立的,去年改选后由严坤元任荣誉理事长,刘嘉龙任理事长,李晶任副理事长,汪贵翔任秘书长,他们活动比较积极,已刊出三期会讯。

山东省古生物学会是 1982 年 4 月在临朐成立的,经选举,曹国权为理事长,郑守仪、南玮君、周和仪为副理事长,南玮君兼任秘书长。山东地区的地质、石油、海洋、煤炭及科学院系统从事古生物工作的机构和人员比较多,他们分济南、青岛、泰安三个地区活动,由于省科协的积极支持,已编辑一期《山东古生物》,即将由海洋出版社公开出版发行。

甘肃省古生物学会经过长期筹备,于 1983 年 4 月在兰州成立,经选举,沈光隆为理事长,曲新国、董光荣为副理事长,谷祖纲为秘书长。

现在,还有一些省、市的会员同志在积极酝酿成立省、市级学会,总会愿意尽最大可能给予支持。按规定,省学会直属各省科协领导,总会希望与他们加强联系,相互支持,为发展我国的古生物学事业共同努力。

1983 年 5 月,学会还与北京大学地质系联合举办了乐森璕教授从事地质科学和教育工作 60 年学术讨论会,乐老是健在的唯一中国古生物学会创始会员,参加会议的有 600 多人,共举行了 3 天学术活动,现正在选编纪念专刊,将由地质出版社出版。

学会从 1978 年恢复活动到现在,各级组织共举办了几十次学术讨论会和现场会议,收到上千篇学术论文,学术活动从初期的综合性大型会议正向小型深入发展,这是符合科协要求精神与客观规律的。尤其是我们许多专业委员与学科组办的各种通讯,内容丰富,形式多样,文字活泼,不拘形式,周期快,不仅深受同行们的欢迎,真正起到了交流学术和信息的作用,也为领导所赞许,今后应该继续办下去,而且要办得更好。相形之下,学会的会讯出得太少,这是今后要认真研究并加以改进的。

(二) 出版工作

苏州会议后,学会选编了 3 本论文集:第一个是《中国古生物学会第十二届学术年会论文选集》(中文版),已由科学出版社在 1981 年 7 月出版,共收录 22 篇论文和报告,有 30 个图版,约 28 万字;另一个是《中国古生物学会第三届全国会员代表大会及第十二届学术年会论文选集》(英文版),通过前任国际古生物协会主席泰克特(C. Teichert)教授的协助,由美国地质学会编入其专刊(GSA *Special Paper* 187),已于 1981 年 12 月在博尔德(Boulder)正式出版,其收录 19 篇论文,与中文选集完全不同,有 44 个图版,还收进了尹理事长的开幕词和 3 篇有关三十年来中国无脊椎动物古生物学、古植物学和微体古生物学研究进展的文章;第三个是《中国古生物地理区系》,该书共收录 18 篇论文,约 20 万字,去年已由科学出版社出版,是当今世界上有关这方面的少数专著之一。苏州会议期间,由科学出版社发起、我会牵头成立的"古生物学基础理论丛书"和"古生物学专著丛书"编委会,共计划出版 30 余部高级教材和专著,本书已作为第一部问世,当时许多会员都承应了写作之诺,但未能兑现,这次会议期间将召开编委会进行协商调整,调整之后希望能抓紧推进,这对发展和提高我国的古生物学研究有很大的意义。

苏州会议前召开的孢粉学分会与微体古生物学分会也都出有论文选编,科学出版社还将为微体古生物学分会的成都、厦门两次会议再出一个集子。

已故的尹赞勋理事长是我们本届理事会的编委会主任,学会在国内外出版所取得的许多成就都有他的心血。尹老生前所写的回忆录已由海洋出版社接受出版,我们正期待它的问世。

苏州会议前后,经过古生物学报编辑部同志们的努力,我们的学报已从当年的季刊变为双月刊,篇幅和图版数逐年增加,他们的工作很有成绩,1981年曾在科学院期刊工作会议上被评为先进单位。但是,由于我们的队伍和事业在不断发展壮大,学报编辑部每年收到近百篇稿件,充其量只能刊登一半左右,稿件积压量在不断上升,论文发表的周期日益见长,远远满足不了广大会员的迫切需要。现在,经过微体学会同志们的努力和挂靠单位的支持,从今年下半年起《微体古生物学报》将正式问世,由科学出版社出版,在芜湖印刷,对缓和上述矛盾将起很大作用。

古生物学及有关学科的研究成果主要是用论文形式表达的,出版工作对我们学会特别重要,历年来科学出版社、地质出版社和海洋出版社的编辑同志们在他们力所能及的范围内对我们给予了大力支持,我们一直非常感谢。我们呼吁科协支持古生物学会再创办1—2种刊物,特别是《孢粉学报》,这样,会员的研究成果就不致积压过多,对生产应用,对赶超世界先进水平都有至关重要的作用。

(三)外事活动

1979年4月,第三届全国会员代表大会召开期间及前后,国际古生物协会主席泰克特教授和秘书长瓦立塞教授与我会理事长尹赞勋教授谈判入会问题,同年7月正式通过,成为其团体会员,开始每年由科学院交60美元会费,后来将关系转到科协国际部,每年交90美元会费。1980年7月,学会派出以副理事长周明镇为团长的代表团参加在巴黎召开的第二十六届国际地质大会和国际古生物协会会议,周明镇为该协会理事[*],穆恩之为投票代表。

1980年6月,孢粉学会派出以徐仁为团长的中国代表团参加了在英国剑桥召开的第五届国际孢粉会议及第一届国际古植物学会议。

1981年9月,俞剑华、霍世诚和邓宝同志以学会代表团的名义参加了在英国剑桥召开的第二届国际笔石会议。

1983年9月,日本古植物学家浅间一男教授来华讲学路过南京时,学会接待了他,并进行了3天学术交流和讨论。今年还将接待几批自费来华访问的学者或代表团。

总的来看,这五年来我们的许多会员出国访问、进修或参加了各种国际学术会议,广泛进行了学术交流,但学会组织的不多,主要是缺乏外事经费,大家出国都是从本系统申请资助的。今年8月,在莫斯科召开第二十七届国际地质大会,中国地质代表团中有许多我们的会员,届时拟委派一人牵头组团参加国际古生物协会召开的会议。

近年来,科协提倡在国内召开学术会议,这样开支外汇少,收益面广。1985年秋天,第九届国际介形虫会议在日本静冈召开之后,将来中国做地质旅行,由我们学会协助准备,已由郝诒纯、侯祐堂二位理事负责,南北两条旅行路线已获有关方面批准,现在在积极筹办中。

关于1987年第十一届国际石炭纪地质大会,经国家科委和科协领导决定,由中国地质学会和我会联合举办。杨敬之理事去年9月在西班牙参加第十届国际石炭纪地质大会时,已受常设委员会委托在中国联系筹办这次会议。现科协已行文地质部与中国科学院会签,再上报国务院允准后即将开始具体的筹备工作。

由学会一些二级组织提议,在未来五年内我们还将向科协申报了在中国召开另三项国际学术会议:一是1987年召开早期古脊椎动物和四足类起源会议;二是1988年召开第三届国际古植物大会;三是1989

---

[*] 1984年在莫斯科举行的第二十七届国际地质大会期间周明镇当选为国际古生物协会副主席。

年召开国际笔石会议。这些都已获得科协国际部口头允准，能否实现，后两项还有待相关国际组织的最后决定。

五年来，我们在中国科协的领导和挂靠系统科学院的大力支持下做了一些工作，主要是各分会、专业委员会、学科组和省一级分会及地方组进行了大量有成效的学术活动，取得了学会成立55年来空前巨大的成绩，推动古生物学这一既古老又年轻的科学蓬勃向前、向纵深的发展，可以说是一派大好形势。这是我会广大会员学术积极性和各级组织有关同志辛勤工作的结果，总会出力不多，要感谢大家！特别是因为学会全年经费太少，满足不了大家要深入进行各种学术活动的正当要求，我们除了努力做好合理调剂和平衡工作外，还呼吁科协和挂靠系统继续给予大力支持。

过去五年，我们学会各学科分支的组织建设已基本完成，还新建和恢复了一些地方组织。按照党和政府最近提出的科学技术方针，应当加强生产建设服务的措施，学会计划在这次大会期间建立包括咨询委员会和古生物学名词审定委员会在内的一些有关机构，使古生物学能为四化做出更多的贡献。

今天在这里要提一下的是，我们的学会挂靠在中国科学院南京地质古生物研究所，我们在中国科学院古脊椎动物与古人类研究所有一个北京办事处，我们已故的理事长在地质研究所，从筹备1979年苏州会议产生我们本届理事会起到现在，这三个所的领导和有关行政、技术部门在财政、人力和物力上都给予了大量的支持，借此机会表示谢意！

最后，要谈一下本次理事会的通信改选问题。按照学会章程，四年一届的理事会应该在去年进行改选，在已故理事长尹赞勋教授的坚持下，学会第三届常务理事会去年5月在北京大学召开了第四次理事扩大会议，就改选程序、候选人、选举代表产生办法，以及理事长、秘书长名额分配问题进行了讨论并做出决定，写成纪要后由当时在国内的4位正、副理事长签署印发给每位理事［附件1（编者注：本书略去）］，一直没有收到反对意见。6月份我们上报科协，并要求增加改选经费8000元，经请示科协，还专门在北京召集了一次秘书处工作会议，成立了选举小组，聘请周志炎同志为组长，项礼文同志为副组长，张日东、胡长康、李凤麟、闫德发、王俊庚、朱志康同志为组员，经过几个月各方面的通信联系和他们的辛勤劳动，11月中旬在南京开票时，不仅全体选举小组成员在场，而且还按科协学会部的意见请江苏科协派人临场监票，共产生了26名正式理事，5名候补理事［附件2（编者注：本书略去）］。按照科协自然科学专门学会组织通则规定，专业或分科委员会的正、副主任一般由常务理事或理事担任，因此在三届四次扩大的常务理事会上讨论决定我会下属的12个二级组织的主任或组长为当然理事，再加上上届理事长为本届当然理事和常务理事，共有38名理事，5名候补理事，总计43名。选举小组的同志们几个月来诸多辛劳，上届理事会在这里向他们表示感谢！

四、中国古生物学会三届四次常务理事（扩大）会议纪要

（1983年5月8日，北京）

中国古生物学会三届四次常务理事（扩大）会议于1983年5月8日下午在北京大学召开，参加会议的有尹赞勋理事长，周明镇、杨遵仪和穆恩之副理事长，杨敬之、王鸿祯、郝诒纯和李星学常务理事，胡长康、项礼文、陈丕基、李凤麟和吴浩若副秘书长。学会干事王俊庚和朱志康同志也列席了会议。

会议由穆恩之副理事长主持，首先讨论了理事会改选问题，决定在1983年12月月底之前用通信投票方式完成。投票代表由会员所在单位推选，每10名会员中推选1名代表，不足5人者不选，超过15人者可以选2名，以此类推。

理事人数由上届的42名减少为35名，仍设荣誉理事与候补理事，各5名，共45名。上届理事会成员要更新1/3左右。关于理事名额的分配：上届理事长及学会直属各二级学术团体（包括古脊椎动物专业委

员会筹备组)的负责人为学会当然理事或荣誉理事(共 13 人,其中 2 人是荣誉理事),二级分会各推 5 名理事候选人,专业委员会各推举 4 名,学科组各推举 3 名,省学会及地方组推举 2 名,共 57 名候选人,实行不等额选举,前 24 名为理事,依次 5 名为候补理事。

常务理事由 15 名相应减少为 11 名,由理事会一次选举产生。常务理事会设正、副理事长 4 名,挂靠系统科学院出正、副理事长各 1 名,地质系统(包括地质院校)出副理事长 1 名,高校、石油、煤炭系统出副理事长 1 名,设正、副秘书长 3 名,科学院出 1 名秘书长,在南京、北京各聘请 1 名副秘书长,协助秘书处工作;理事长、副理事长和秘书长都由理事会直接选举产生,理事长不能连任,但可间任,上届理事长为本届当然常务理事;秘书长能连选连任,并参加常务理事会工作;副秘书长可随时聘换,不参加常务理事会工作。

在改选前对学会原章程要做相应修改,亦由代表通信通过,然后再进行通信选举。

上述决定在报请科协学会部批准后开始准备执行。

本次会议决定在年内完成新会员的发展和向全体会员颁发会员证的工作,由张日东与李凤麟同志负责执行。

会议还决定成立古生物学名词编辑小组,责成秘书处负责筹建,并与全国自然科学名词委员会联系工作安排。

第五届全国会员代表大会期间

（1989—1992）

一、简 况

1989年1月，为纪念中国古生物学会成立60周年，《中国古生物学会讯》特出版了两期专辑：第23期——《尹赞勋基金专辑》，第24期——《中国古生物学会简史专辑》。

1989年3月，《中国古生物学会讯》第25期出版，刊载了1988年学会工作总结并报道了1988年学会的活动情况。

1989年4月20日，在中国地质大学（武汉）召开四届三次理事扩大会议。4月20—25日，学会第五届全国会员代表大会暨第十五届学术年会在武汉市中国地质大学招待所举行，320人参加了会议。24日选举产生了由38人组成的五届理事会。4月24日，五届一次理事会召开，选举产生了常务理事、理事长、秘书长。同日，五届一次常务理事会召开，决定卢衍豪、杨敬之、贾兰坡、徐仁、顾知微、黄汲清为荣誉理事，确定张忠英教授为学会组织委员。

1989年4月，《中国古生物学会讯》第26期——中国古生物学会成立60周年纪念大会、中国古生物学会第五届全国会员代表大会暨第十五届学术年会专辑出版，报道了会议活动的一些情况。8月22日，在北京香山中国科学院植物所举行全国青年孢粉工作者研讨会，50余人与会。学会理事长李星学、王鸿祯、周明镇、秘书长吴望始，常务理事张忠英、邢裕盛、金玉玕，理事汪品先、陈丕基等赴美参加第二十八届国际地质大会。11月21—25日，我会与中国地质学会地层古生物专业委员会、成都地质学院在成都地质学院联合主办全国古生物、沉积和成矿作用学术讨论会，出席会议的代表超过150名。12月19—20日，东北地区青年古生物工作者学术讨论会在长春地质学院举行，近30人参加。

1990年2月，《中国古生物学会讯》第27期出版，报道了1989年学会活动的一些情况。9月10—15日，头足类、蜓类、有孔虫、苔藓虫与层孔虫四个学科组联合学术讨论会在乐山召开，有69名代表参加。9月25—27日，我会和中国科学院南京地质古生物研究所在南京举办第四届国际笔石大会，50多位中外学者参加了会议，会前和会后进行了地质考察。11月16—19日，全国首届现代古生物学及地层学研究生学术讨论会在南京举行。

1991年4月24日五届二次理事会在青岛召开。4月25—28日，学会第十六届学术年会在青岛海洋地质研究所举行，出席会议的代表有135名。8月30日—9月3日，由我会与中国科学院南京地质古生物研究所联合主办的第二届国际古生态大会在南京召开，参加会议的正式代表98名，列席代表54名，其中外宾30人。10月8日就换届的有关事宜在南京召开秘书工作会议，到会15人。10月28—29日，就换届的有关事宜在北京召开秘书工作会议。

秘书长吴望始因病需长期休养，经协商自1991年10月30日起由曹瑞骥任学会代秘书长。

1992年5月6—9日，学会联合中国地质大学（北京）地质矿产系、现代古生物学和地层学开放研究实验室在北京举办计算机在古生物学中的应用学术研讨会，近50人参加会议。5月10日，五届三次常务理事（扩大）会议在北京中国地质大学召开。5月，《中国古生物学会讯》第28期出版，报道了学会第十六届

学术年会和1991年学会活动的一些情况。

中国古生物学会微体古生物分会第四届全国会员代表大会暨第五届学术年会于1992年11月20—24日在广东省地质矿产局举行,参加会议的有中国科学院、地质矿产部、煤炭部、高等院校以及海洋和化工系统的147位代表,会议收到学术论文摘要60余篇。国际轮藻学科组主席、法国蒙彼利埃大学的 M. Feist 博士应邀出席了会议,并做了《轮藻化石和欧洲陆相白垩系-第三系界线研究现状》的报告。会议分发了微体古生物分会秘书处编印的《中国微体古生物学文献目录》续集,该续集收录了最近8年(1984—1991)在国内发表的1525篇(本)论著条目,这些论著总量相当于过去60年(1923—1983)所发表论著总数的2倍。选举产生了由29人组成的微体古生物分会第四届理事会,四届一次理事会选举出9名常务理事。理事会下设组织工作委员会、学术工作委员会等,由曾学鲁、郭宪璞任组织委员,安泰庠、汪品先任学术委员。12月8—11日,学会和江苏省古生物学会等单位联合在南京举行全国地层古生物学的新发现和新见解学术讨论会——中国科协首届青年学术年会卫星会议,近百名代表出席会议。

陕西省古生物学会成立大会暨首届学术讨论会于1992年12月26日在西北大学地质系召开。筹备组组长薛祥煦教授主持了大会,来自西北大学、西安地质学院、西安矿业学院、西安地质矿产研究所、煤炭科学研究院西安分院、陕西省地矿局、区调队、地矿部第三石油普查大队等10多个单位和系统的50名会员代表全省100多名古生物工作者参加了大会。在学术讨论会上,代表们就当前古生物学发展方向及科研新成果进行了交流和热烈的讨论。经协商,陕西省古生物学会由14人组成理事会和由7人组成常务理事会。薛祥煦任理事长,陈如意、汪明洲和周志强任副理事长,舒德干任秘书长,张云翔和罗桂昌为副秘书长。陕西省古生物学会挂靠在西北大学。

二、第五届理事会组成名单

(以姓氏笔画为序)

理　　事：	王　振	王义刚	王开发	王成源	王鸿祯	方一亭	田宝霖	尹恭正
	刘本培	江能人	米家榕	孙湘君	朱兆玲	戎嘉余	安泰庠	余　汶
	沈光隆	吴贤涛	吴浩若	吴望始	汪品先	汪啸风	宋之琛	邢裕盛
	李凤麟	李传夔	李星学	苏德英	金玉玕	林宝玉	邱占祥	杨式溥
	杨基端	周志炎	周明镇	范影年	范嘉松	陈　旭	陈丕基	陈楚震
	陆麟黄	张文堂	张弥曼	张忠英	张遴信	南　颐	郑家坚	赵喜进
	侯祐堂	俞昌民	项礼文	钱　逸	殷鸿福	郝诒纯	徐桂荣	姚益民
	曹瑞骥	赖才根	董得源	穆西南				
常务理事：	王鸿祯	田宝霖	安泰庠	邢裕盛	吴望始	宋之琛	李传夔	李星学
	张文堂	张弥曼	张忠英	邱占祥	金玉玕	周明镇	范嘉松	项礼文
	殷鸿福	郝诒纯	穆西南					
理 事 长：	王鸿祯	李星学	周明镇	郝诒纯				
秘 书 长：	吴望始							
副秘书长：	赵喜进	李凤麟	谢翠华	夏广胜				

三、第四届理事会工作报告

吴望始

中国古生物学会第四届理事会是 1984 年 3 月在绍兴产生的，至今已有五年，现将这五年来的工作汇报如下：

（一）组织建设

1984 年绍兴会议以前，我会有 11 个直属二级组织（孢粉学会、微体古生物学会、古植物专业委员会、化石藻类专业委员会、笔石学科组、腕足类学科组、三叶虫学科组、珊瑚学科组、头足类学科组、甲壳类学科组和双壳类学科组）和 3 个地方学组（西安组、昆明组和湘粤桂三省联合组）。这几年又先后成立了古脊椎动物专业委员会、古生态学专业委员会、介形类专业委员会、牙形类学科组、有孔虫学科组、苔藓虫层孔虫学科组、小壳化石学科组、鏇学科组、轮藻学科组、腹足类学科组、上海组、浙江组、川藏联合组，长春组恢复活动后改名东北组。1985 年 2 月，四届二次常务理事会同意将古脊椎动物专业委员会和古植物专业委员会分别改称古脊椎动物学会和古植物学会。所以到目前为止，我们古生物学会下属组织已发展有 4 个分会、3 个专业委员会、14 个学科组和 7 个地方学组。

在最近几年，由于不少会员的工作变动，通讯处也有了变化。为了密切联系会员，加强交流，学会秘书处用了一年多的时间，以通信方式再次进行了会员核对工作。在会员及会员所在单位的支持配合下，现已基本摸清会员的所在单位及通讯地址，建立了会员基本情况登记制度，并利用微机编制各类会员的名单。在会员核对工作的同时，我们还开展了会员的发展工作，根据学会章程规定发展了会员，现在我会已有会员 2155 人，其中科学家与工程师 1999 人，占会员总数的 92.5％。

1987 年 2 月，经四届四次常务理事会讨论并决定，表扬和奖励 1984－1986 年热心学会活动工作中的积极分子。他们是：方一亭、方润森、王宪曾、王振、王增吉、刘义仁、刘志礼、李文漪、朱祥根、汪啸风、何廷贵、陈旭、张汝玫、张遴信、郑家坚、金同安、胡长康、胡昌铭、南颐、赵元龙、赵传本、赵修祜、孙湘君、诸燧良、曹克清、甄金生、董得源、曾学鲁、廖卫华。

（二）学术活动

根据中国科协对学会工作要求的精神，在过去，我会共组织召开 54 个国内学术会议、2 个教学讨论会、1 次青少年科技夏令营活动，其中多学科综合、学科交叉的学术会议有 15 个，青年古生物工作者学术交流会 2 个，其他多为促进本门学科发展的学术会议，收到学术论文或论文摘要共 1500 余篇。

这些学术活动的形式，主要以学科组、专业委员会、分会、地方学组来进行的，总会组织的学术活动如 1985 年 2 月与九三学社中央在北京联合召开的尹赞勋教授逝世一周年纪念和学术报告会，1985 年和 1986 年与中国石油学会分别在浙江和大庆联合举办了中国南方、北方白垩系及其含油气远景学术讨论会，1986 年 3 月，在南京召开以"古生态、古地理、古气候"为主题的中国古生物学会第十四届学术年会，与会代表 350 人，交流的学术内容十分广泛，是多年来"三古"研究在科研、教育和普及基础上结出的硕果，较好地反映了科研、生产、教学部门"三古"研究的现状和发展趋势。1987 年 11 月，在上海召开了沿海石油勘探中的古生物工作研讨会，1986 年底和 1987 年初还分别举办了南京地区青年古生物工作者学术讨论会和北京地区青年古生物工作者的古生物学现状及发展方向研讨会，促进和加强了青年古生物工作者的相互了解，认识到青年古生物工作者在学科发展中肩负的重任。

现分别将各分会、专业委员会和学科组的学术活动情况介绍如下：

1986 年 8 月与黑龙江省地质学会在大庆联合召开了孢粉与石油生成关系学术讨论会。这是一次内容广泛和具有启发性的学术会议，会议肯定了我国近年来建立起来的孢粉光学特征方面的实验方法和研

究成果是有效的,用它来判断有机质的成熟与评价生油岩是一个简便、迅速、经济的测试手段;1987 年 9月,孢粉学会与华北油田在河北任丘联合召开了全国孢粉形态学术讨论会,有 100 人参加,围绕孢粉形态研究的进展、进化、新技术在孢粉形态研究中的应用,常见和有争议的孢粉形态名词等专题进行了大会报告和小组讨论;1988 年 9 月,在宜昌召开了孢粉在国民经济建设的应用学术交流会,出席会议的单位近100 个,代表 150 人,收到论文摘要 156 篇,同时召开第三届全国会员代表大会,新改选的理事会由 23 人组成,宋之琛任理事长,杨基端、张金谈、赵传本任副理事长,欧阳舒为秘书长。

微体古生物学会 1984 年 11 月在昆明召开了第二届全国会员代表大会,改选产生了新的理事机构,同时举行了学术交流会;1988 年 10 月,在洛阳召开了第三届全国会员代表大会以及从"微体古生物学研究现状和发展方向"为主题的第四次学术年会,代表 158 人。会间,介形类专业委员会、牙形类学科组、有孔虫学科组、鋌学科组、轮藻学科组、苔藓虫层孔虫学科组、小壳化石学科组同时开展了交流活动,新改选的理事会由 25 人组成,郝诒纯任理事长,侯祐堂、叶得泉、王振任副理事长,王振兼任秘书长。

1984 年 10 月,古脊椎动物学会在著名的"青岛龙"发现地——山东莱阳召开了成立大会和首次学术年会,150 位代表与会,宣读论文 52 篇,与会代表还兴致勃勃地参观了莱阳地区恐龙化石产地,会议选举周明镇为理事长,张弥曼为副理事长,胡长康为秘书长;1987 年 2 月,古脊椎动物学会与江苏省古生物学会在苏州联合举行学术年会,近 200 名代表参加了这次会议,收到论文近百篇,报告 52 篇,内容十分广泛,涉及古生物、地质、古气候、古环境、古地磁等领域。

1984 年 10 月,古植物学会在云南曲靖召开了非海相泥盆纪地层及古植物学术讨论会,主要讨论了曲靖地区早、中泥盆世地层和古生物,并考察了龙华山等地早、中泥盆世地层;1985 年 10 月,在宜昌召开了中国中、新生代植物及相关地层学术讨论会,到会代表 66 名,宣读论文 24 篇,会后还参观了晚三叠世、早侏罗世及白垩、第三纪地层剖面;1987 年 11 月,在南京召开了第二届全国会员代表大会,86 人出席会议,宣读论文 41 篇,新改选的理事由 15 人组成,李星学任理事长,周志炎、米家榕、朱家柟任副理事长,赵修祜任秘书长。

化石藻类专业委员会第二届全国会员代表大会暨第三次学术讨论会 1985 年 11 月在无锡召开,出席代表 115 人,报告论文 22 篇,内容涉及生物演化、化石藻类分类、化石藻类与某些矿产形成的关系及化石藻类在地层划分、对比中的作用等问题,会议期间还进行了太湖现代藻类生态的考察。经民主选举,由 21人组成领导组,朱浩然任主任,邢裕盛、曹瑞骥任副主任,刘志礼任秘书长。1987 年 10 月,化石藻类专业委员会和甘肃省地质学会在兰州联合举办了化石藻类、地层讨论会,代表 60 人,宣读论文 24 篇,论文内容包括起源、演化、分类、成矿作用、生存环境及其生物地层意义等。

介形类专业委员会是 1984 年 11 月成立的,1985 年 6 月在河北宣化举行了首次学术年会——中国第四纪陆相介形类讨论会,与会代表 40 余人,围绕"第四纪陆相介形类的生物地层学、生态学以及第三系与第四系界线"展开了热烈的讨论和广泛的交流;1986 年 10 月,在兰州召开了古生代介形类、地层讨论会;1987 年 10 月,在南京召开了中生代介形类工作会议,按专题进行学术交流,效果较好。

古生态学专业委员会是 1986 年 3 月成立的,1988 年 10 月举行了首届学术年会,到会 56 人,学术报告20 篇,内容涉及古生态学基本理论、遗迹化石学、生物礁以及众多门类的化石古生态研究。

此外,三叶虫学科组分别在湖南慈利(1985 年 10 月)和山西忻州(1988 年 10 月)召开了学术年会和现场学术讨论会;头足类学科组在湖南慈利(1985 年 10 月)和安徽屯溪(1988 年 3 月)召开了学术年会;笔石学科组在湖北宜昌(1984 年 10 月)和云南昆明(1987 年 4 月)召开了第三次、第四次学术年会;腕足动物学科组在云南曲靖(1985 年 3 月)和湖北宜昌(1989 年 4 月)召开了第二届、第三届年会;珊瑚学科组在广西桂林(1985 年 11 月)和浙江杭州(1988 年 10 月)召开了古代生物礁现场讨论会和第三届学术年会;腹足类学科组 1985 年 10 月 6 日在安徽宣城召开了成立大会和第一届学术年会,腹足类学科组和双壳类学科1987 年 11 月在广西北海联合召开了学术年会;鋌学科组、牙形类学科组、小壳化石学科组、苔藓虫层孔虫学科组、轮藻学科组和有孔虫学科组 1986 年分别召开了首届学术年会,并在 1988 年微体古生物学会在召开第三届全国会员代表大会期间也开展了活动;甲壳类学科组和双壳类学科组在召开南方白垩系会议期间进行了活动,甲壳类学科组今年 3 月还在云南昆明举办了学术年会。

总会所属的地方学组学术活动开展得也很有起色,深受当地地层古生物工作者的欢迎,湘粤桂三省联合组在 1984 年、1985 年、1986 年分别召开了学术年会;昆明组在 1984、1986 年和今年 1 月与云南省地层古生物专业委员会联合召开了三次学术年会;东北组(原称长春组)1987 年恢复活动,并于 12 月召开了首届学术年会——东北古生物工作展望学术讨论会,与会 80 余人;上海组成立于 1986 年 3 月 1 日,首次学术讨论会在上海自然博物馆举行,1988 年联合安徽省古生物学会和山东省古生物学会在安徽屯溪召开了鲁皖沪古生物地层学术讨论会,浙江组在 1987 年 10 月召开成立大会,1988 年与江苏省古生物学会联合举办了古今海洋沉积环境对比现场学术讨论会,与会 91 人;中国古生物学会四川、西藏联合组 1988 年 6 月 1 日在四川龙门山召开了成立大会和学术讨论会。这些地方学组的相继成立和开展学术交流活动将会加强地区地层古生物工作者之间的联系和团结,也将会对地层古生物研究工作创造有利的条件。

(三) 教学讨论会和青少年科技活动

在科研和教育体制改革进一步开展的新形势下,1986 年 3 月我会召开了第一次教学讨论会,大家在一起交流经验和体会,进一步探讨了古生物学的教学改革,以提高教学质量,如何为培养古生物事业的接班人做出应有的贡献。来自全国各地 43 个教学、科研、出版和生产单位的 67 名代表出席了会议。19 位同志在大会上发言后,分研究生培养专题组、大学教学专题组、中专教学专题组进行了专题讨论。在讨论中,就古生物学科的发展方向、人才培养、学制、课程设置、教学方法、教材、教具、标本建设以及校际间的合作交流等问题发表了很好的意见,第一次教学讨论会希望全国第三轮古生物学新编教材能同当前科学发展水平相适应,能反映现代科学新技术成就,能传授正确的思想方法和科学研究方法。

孢粉学会 1985 年 6 月在成都召开教学讨论会,出席会议的有 25 所高等院校和一些培养孢粉专业人才和硕士研究生的科研单位的代表 35 人,代表们回顾了我国孢粉教学从建立到逐步发展的历史,迄今已有近 50 所院校的不同系、不同专业开设了孢粉课程,会议指出,要提高孢粉学的教学质量,高等院校必须开展科学研究,努力做到教学、科研、生产三结合。

为积极开展对青少年的科普教育活动,旨在向青少年普及地质古生物学知识,培养和提高青少年对古生物学的兴趣,吸引更多的青少年关心和热爱古生物学科,促使他们今后能致力于地质古生物学的研究,1986 年 7 月,总会与江苏省古生物学会联合举办了青少年古生物学夏令营。来自北京、上海、河南、山东、湖北、安徽、浙江、江苏等 8 省市的 80 名中学生参加了这次夏令营,通过 10 天内容丰富多彩的活动,不少营员对地质古生物学表现出浓厚的兴趣,有 73 人联系野外地质考察所获得的知识,结合参观地质陈列馆、辅导员的讲课等,撰写了小论文《奇特的文字》《化石——史前文字》《地球历史的见证》《打开地球沧桑之谜的钥匙——化石》等共 73 篇。通过夏令营活动,不仅增长了青少年的地质古生物学知识,锻炼了他们的观察思维能力,培养了艰苦奋斗的作风,还培养了他们热爱祖国大好山河的好品德。

为了表彰先进,鼓励青年古生物工作者业务进取精神和在工作中做出优异成绩,并树立良好的学风,我们在 1988 年上半年组织了一次青年古生物工作者优秀论文评选活动。经本人申请与单位推荐,学会组织部分专家审查评议,选出 27 篇论文作为中国古生物学会 1988 年青年古生物工作者优秀论文,并授予青年优秀论文奖状和证书。这次评选出来的青年,都是在各自的工作岗位上取得了优异成绩,在两个文明建设或学科发展中做出贡献的同志。

(四) 编辑出版工作

1985 年 2 月,四届二次常务理事会议改组了《古生物学报》编委会,李星学任主编,王鸿祯、孙艾玲、陈楚震、王俊庚任副主编。1986 年 3 月在学会第十四届学术年会之际召开了编委会议,1987 年 3 月,又召开了学报在宁常务编委会议。这两次会议均就提高学报的学术质量研究了一些办法,提出:每期适当刊登

1—2篇3万字以下,非微体化石图版6个以内,篇幅稍大的文章;恢复有选择性地刊登外国学者,特别是与中国学者合作的论文;优先刊登材料珍贵、意义较大的论文;修改印发《古生物学报》编写体例等。从几年的实践情况看,效果是很明显的。五年来,学报共收到论文421篇,发表论文373篇,占收稿总数的88.5%,退稿49篇,占收稿总数的11.6%。从刊出来稿部门看,中国科学院所属科研单位179篇,占刊出总数的48%,高校系统63篇,占刊出总数的17%,生产部门124篇,占刊出总数的33%,国外学者来稿或国内外学者合作的来稿7篇,占刊出总数的2%。从历年来的情况分析,科研系统和高校来稿相对比较稳定,但生产部门近年来减少较多,国内外合作的来稿有所增加。

几年来,学报刊出不少材料极为罕见的文稿,如10多篇有关"澄江动物群"的文章,有《冀北侏罗纪叶肢介软体化石的发现及其生物学意义》《南极乔治王岛几种被子植物化石》等文章;还刊出不少研究水平较高,或是运用新方法解决古生物学重要问题的文章,如《论薄皮木属》《奥陶纪头足类壳体的水深学信息》《华南晚奥陶世的动物群分异及生物相、岩相分布模式》《中国奥陶纪球接子类的评述》《湖北宜昌笔石酸解标本的研究》等。这些文章的及时刊出,不仅在国内,在国外也引起了很大的反响,受到国内外古生物学界的好评。

由微体古生物学会主办的《微体古生物学报》创刊于1984年,至今已出版了17期,发表164篇论文,约288万字,为配合第十一届国际石炭纪地层和地质大会的召开,编辑了两期专辑,共14篇论文。由于编委和编辑部全体同志的共同努力及微体古生物工作者的支持,刊物在国内外已受到普遍的欢迎。

全国自然科学名词审定委员会办公室与我会秘书处经过充分酝酿、协商,推荐了古生物学名词审定委员会委员14人,顾问委员4人。1985年2月,在北京召开了古生物学名词审定委员会成立大会,周明镇任主任委员,李星学任副主任委员,赵喜进为秘书。1986年3月,在南京召开了古生物学名词审定委员会会议,就审定条件及审定范围及其他有关问题做了充分讨论,会议推选胡长康、李积金任学术秘书。经近四年的努力,迄今已完成古生物学名词初稿,即将编辑出版。

由科学出版社发起,我会牵头成立的"古生物学基础理论丛书"和"古生物学专著丛书"编委会于1987年2月在苏州举行了第三次会议,主编卢衍豪希望有关专家献计献策,积极支持这项工作,以促进这两套丛书早日诞生。科学出版社组织了《古植物学导论》(徐仁)、《中国古植物地理区系》(周志炎等)、《生物地层学》(杨遵仪等)、《微体古生物学》(郝诒纯等)、《古藻类概论》(王振等)、《古生态学》(杨式溥等)、《孢粉学》、《古无脊椎动物学》(俞剑华等)、《古脊椎动物的历史与生活》(周明镇)、《中国笔石学》(穆恩之等)、《中国的䗴》(盛金章等)、《中国寒武纪高肌虫》(霍世诚等)、《中国泥盆纪鱼化石》(张弥曼等)等13个选题,为了加强编委会的工作,会议对编委的人选做了适当的增补和调整,卢衍豪主编,穆恩之、周明镇、杨遵仪、盛金章任副主编。

为配合学会第十四届学术年会的召开,1986年2月出版了《中国古生物学会第十三届、第十四届学术年会论文选集》和《古生态、古地理、古气候专题讨论会文摘》。为迎接第十五届学术年会的召开,会前出版了论文摘要集,共收集125篇文摘。

1985年,科学出版社为微体古生物学会成都、厦门两次会议出版了《微体古生物论文选集》,共收入微体古生物学五个化石门类学术讨论会论文19篇。

继续办好《中国古生物学会讯》是学会联系会员、促进会员之间联系的好方法之一。同时可使会员掌握学会的动态,也可使上级领导了解我会的活动,迄今已编25期,自1985年至今已出版10期,会讯内容以学术交流情况为主,同时也刊载中国科协重要的报告和文件,会讯23期和24期分别是尹赞勋基金会专辑和中国古生物学会简史专辑,专门报道了首届尹赞勋地层古生物学奖获奖人员事迹和学会简史。

(五)国际交流

1983年下半年,上届理事会曾上报中国科协,申请在中国召开4个国际会议:1987年在北京召开了第十一届国际石炭纪地层和地质大会,1987年在北京召开了国际第四届早期脊椎动物学术讨论会,1988年的国际古植物大会和1989年的国际笔石会议。中国科协收到报告后,很快上报国务院和外交部。1984年5月国务院和外交部批复,同意在我国召开这4个会议。其中,因国际古植物会有些变化,我们也就未进行准备。

由我会与中国地质学会、中国石油学会和中国煤炭学会联合举办的第十一届国际石炭纪地层和地质大会于1988年8月31日至9月4日在北京召开。参加大会的正式代表420人。其中,外国代表约200余人。会议期间,学术交流项目有大会的8个报告(我国代表有3个报告),21个组讨论会上有244篇报告(我国代表106篇)。学术报告内容涉及古生物学、地层学、大地构造学、地球物理学、经济地质学、煤岩学、沉积岩石学、地球化学和油气资源等。大会还设置了8条地质路线,为国外代表到现场考察和交流提供了充分的机会。会议期间还召开了9个国际组织的年会或工作会议。这次大会开得热烈,学术内容丰富,进行顺利,获得国内外与会者的一致好评。大会在推动我国有关学科的发展、开拓国际交流渠道、宣传我国科技成就及扩大政治影响等方面都具有重要意义,也为促进国际地质合作做出了贡献。

国际第四纪早期脊椎动物学术讨论会于1987年10月在北京召开,第一阶段在房山县举行论文报告会,第二阶段到我国富产泥盆纪鱼化石的云南地质考察,与会代表50人,国外代表24人,提交论文36篇。这是一次专业性极强的学术讨论会,通过交流,提高了我国古脊椎动物学在国际上的学术地位。

1985年8月,在丹麦首都哥本哈根召开了第三届国际笔石会议,我国代表团由7人组成,经过积极争取,会议决定第四届国际笔石会议于1989年在中国南京召开,并选举穆恩之为第四届笔石会议主席,陈旭为秘书长。1988年7月,国际笔石工作组组织委员会在苏联爱沙尼亚首府塔林举行了会议,我国笔石工作者陈旭、倪寓南、方一亭参加了会议。陈旭在会上做了第四届笔石会议的筹备工作的报告,会议决定第四届国际笔石会议于1990年9月下旬到10月上旬在中国南京举行;会前考察湖北宜昌附近的奥陶-志留系剖面,会后考察浙赣江山、玉山、常山剖面;室内会议4天;会议主题——今日笔石之研究。会议对前国际笔石会议主席穆恩之教授的不幸逝世表示哀悼,并一致推选陈旭为国际笔石工作组新任主席,经主席和副主席的提名,方一亭为工作组秘书。

1985年7月,在日本静冈召开了第九届国际介形类会议,参加会议的介形类工作者共105人,我会郝诒纯、侯祐堂、李友桂、施从广同志参加了会议,侯祐堂任本届会议组织委员,会前有20多位外宾到我国辽宁阜新进行地质考察。会议期间,主持人澳大利亚麦肯齐博士向侯祐堂介绍了关于编写《印度太平洋地区介形类化石图册》的事宜,并委托侯祐堂负责主持编写该图册中国部分,这是我国介形类工作者首次参加国际间合作编写介形类专著。

1988年9月,应波兰国家地质研究所和西里西亚大学的邀请,以我会的名义组织的中国地质古生物代表团许志龙、赵修祜等8人访问了波兰。代表团在波兰期间参加了学术交流,考察了含煤岩系的地质古生物,访问有助于对我国石炭、二叠纪地层的研究及地层对比工作,加强了科技人员的友好交往,增进了友谊。

此外,1985年10月,我会邀请了日本千叶大学教授前田四郎和美国怀俄明大学马蒂尔博士访华,并参加了中国南方白垩系及其含油气远景学术讨论会。外宾参加了会议,并参观了浙江金华、永康、台州等地侏罗-白垩系剖面,会后还到南京地质古生物研究所进行了学术访问和交流。

会上,我们还邀请美国古生物学家格莱君斯教授和美国博伊西州立大学斯皮诺萨教授、澳大利亚二叠系腕足类专家狄更斯博士、日本古生物学会主席木村达明教授来华访问,并参加学会六十周年纪念活动。

在国际学术交流中,经广大地层古生物学专家的努力,我们的国际地位已有很大的提高,一些会员在国际组织中任各种职务。如周明镇教授任国际古生物协会副主席。

(六) 经费收支情况

(略)

五年来,在中国科协的领导和挂靠单位的大力支持下,在许多会员单位的有效协助下,我们做了一些

工作,各分会、专业委员会、学科组和地方学组组织了大量有成效的学术活动,各省级古生物学会也给予了密切的配合,共同努力取得了一些成绩。但是,我们在组织工作、外事活动等方面还没有成熟的经验,希望同志们提出宝贵意见,多提供信息。

这里要提一下的是,随着我国改革的深化,学会工作如何进行改革,如何搞好学会的活动,我们进行了一些尝试:一是强调学会工作和各类学术会议要面向国民经济建设,面向社会;二是要想方设法增加学会经费自筹的比例,这也是科协对各学会的要求,我们希望各分会、专业委员会、学科组今后组织学术会议要结合生产实践,面向国民经济建设,讲求经济效益,争取多方资助,开展科技活动和学术交流,我们也希望广大会员都关心学会工作的改革,为学会的改革出谋划策,使我们古生物学会在新形势下为四化做出更多的贡献。

第六届全国会员代表大会期间

（1993—1996）

一、简　况

1993年4月25日五届三次理事会在承德举行。中国古生物学会第六届全国会员代表大会暨第十七届学术年会于4月25—30日在河北承德举行，来自石油、地质、煤炭、海洋、化工、高等院校、中国科学院、博物馆和出版系统的216人参加了会议。选举产生了第六届理事会。

1993年4月28日六届一次理事会在承德召开，同日召开了六届一次常务理事会，选举张弥曼为理事长，曹瑞骥为常务副理事长，项礼文、殷鸿福、安泰庠为副理事长，穆西南为秘书长；聘任赵喜进、夏广胜、姚建新、张克信、白志强为副秘书长，聘任李星学为《古生物学报》主编，聘任王俊庚、李锦玲、周祖仁、殷鸿福为《古生物学报》副主编，聘任夏广胜为学会办公室主任。5月，《中国古生物学会讯》第29期出版，报道了第六届全国会员代表大会暨第十七届学术年会和1992年学会活动的一些情况。

江苏省古生物学会于1993年11月在江苏昆山举行了学术年会，会议由俞剑华教授主持，学术报告涉及内容十分丰富，反映了我省古生物工作者近年来的一些工作成就，有些报告的内容具有重要的意义。江苏省古生物学会还于1994年3月22日在中国科学院南京地质古生物研究所召开了第四届四次（扩大）理事会，中国科学院南京地质古生物研究所所长曹瑞骥应邀参加了会议。

1994年7月，以美国古生物学会秘书长Donald L. Wolberg博士为团长的国际古生物协会代表一行14人访问了我国。国际二叠纪会议于1994年8月28—31日在贵阳贵州饭店举行，同时举行全球沉积地质对比计划的联合大陆项目、全球地质对比计划359项和306项国际讨论会。参加这次会议的正式代表和列席代表共一百多人。国内正式代表59人，其中青年代表达60%，表明年轻一代正在走向国际舞台；国外代表43人，来自15个国家。国际地层委员会主席J. Remane博士高度评价了这次会议。会议设两个分会场：一个以二叠系地层划分和对比、二叠纪末生物绝灭和三叠纪初生物复苏为主，另一个为二叠纪构造古地理、沉积、环境和资源。会议还组织了二叠-三叠界线牙形刺专题讨论会、二叠纪地层分会工作会议和二叠-三叠界线及359项工作会议。野外考察路线有4条：一条是考察浙江煤山、江苏南京、四川广元上寺长兴阶和二叠-三叠系界线剖面；一条是考察贵州青岩三叠系层序地层；一条是考察贵州、广西海相二叠系；一条是考察新疆天山陆相二叠系。中国古生物学会珊瑚学科组第五届学术年会于9月18—25日在成都地质矿产研究所召开，参加会议的有来自各省、市、自治区的代表20人，西班牙同行Francisco Soto教授参加了会议。

1995年穆西南秘书长应邀参加第六届化石藻类学术讨论会（在土耳其安卡拉召开），并当选为国际化石藻类协会主席。

中国科学院南京地质古生物研究所及中国古生物学会古植物学分会1995年9月4—9日在南京联合主办地质时期陆地植物分异及进化国际会议（International Conference on Diversification and Evolution of Terrestrial Plants in Geological Time，简称ICTPG）。学术交流以古植物大化石研究内容为主，其中包括陆生维管植物起源及早期演化，华夏植物群研究，各地史时期陆生植物的分类、解剖、分异及演化研究，古

植物生态学、古植物地理学及古植物埋葬学（特别结合与成煤及成油的联系）、被子植物起源及早期演化研究、植物大化石与微体化石综合研究以及新技术、新方法等在古植物学研究中的应用等。野外科学考察路线包括河南、山东、云南及东北等 4 条路线，分别考察华夏植物群及侏罗纪银杏类植物群、山旺化石群、早期陆生植物及早期被子植物与新生代植物等。

1995 年学会推荐的院士候选人周志炎成功当选为中国科学院学部委员（院士）。

1996 年 1 月 4 日，学会荣誉理事、前理事长、中国科学院学部委员周明镇研究员逝世。

中国古生物学会与北京大学共同举办的纪念葛利普（A. W. Grabau）教授逝世五十周年暨中国古生物学会第十八届学术年会于 1996 年 5 月 4—6 日在北京大学隆重召开。开幕式由中国古生物学会副理事长项礼文研究员主持，来自全国的地质、古生物学及地层学工作者 200 余人出席了会议。中国科学院院士王仁、王鸿祯、叶连俊、刘东生、孙殿卿、吴汝康、李星学、程裕祺、郭文魁、董申保、郝诒纯及贾兰坡等先生，以及已故的孙云铸、杨钟健、裴文中及黄汲清先生的亲属出席了纪念会。会后，与会者瞻仰了坐落于北京大学校园内被绿树簇拥的葛利普教授墓。第十八届学术年会宣读论文 28 篇。会后组织考察了北京门头沟下苇店地区的寒武系、奥陶系层序地层剖面。

1996 年 6 月 21—22 日，分子演化与分子古生物学讨论会在南京召开。8 月，学会与中国地质学会等单位一起承办了第三十届国际地质大会，其间我会与国际古生物协会在中国科学院古脊椎动物与古人类研究所联合举办联谊会，招待出席第三十届国际地质大会的中外古生物学者，100 多名学者欢聚一堂。

1997 年学会六届二次常务理事会召开，决定建立中国古生物学会基金。

二、第六届理事会组成名单

（以姓氏笔画为序）

荣誉理事：	王鸿祯　李星学　周明镇　郝诒纯　盛金章
理　　事：	尹恭正　文世宣　王　振　王乃文　王开发　王成源　王建华
	毛邦倬　叶得泉　史晓颖　孙东立　朱　敏　邢裕盛　安泰庠
	孙巧缡　汪品先　苏养正　沈光隆　杨　群　杨恒仁　杨基端
	陈　旭　陈丕基　陈挺恩　陈源仁　李作明　李承森　吴浩若
	吴贤涛　林英铴　尚冠雄　周志炎　周志毅　郑　卓　张　维
	张弥曼　张银运　赵治信　赵喜进　赵资奎　欧阳舒　项礼文
	钱　逸　姚益民　徐钦琦　殷鸿福　曹瑞骥　曾　勇　曾学鲁
	程延年　董得源　雷新华　潘华璋　薛祥煦　穆西南
常务理事：	王建华　毛邦倬　叶得泉　邢裕盛　安泰庠　汪品先　吴浩若　周志毅
	张弥曼　赵喜进　项礼文　殷鸿福　曹瑞骥　曾学鲁　穆西南
理　事　长：	张弥曼
常务副理事长：	曹瑞骥
副理事长：	项礼文　殷鸿福　安泰庠
秘　书　长：	穆西南
副秘书长：	赵喜进　夏广胜　姚建新　张克信　白志强
《古生物学报》主编：	李星学
《古生物学报》副主编：	王俊庚　李锦玲　周祖仁　殷鸿福
学会办公室主任：	夏广胜

三、第五届理事会工作报告

曹瑞骥

在第五届理事会的领导下，我会依靠广大古生物学科技人员，紧紧围绕党的"一个中心，两个基本点"的基本路线开展工作，在组织学术交流，开展青少年科技活动，坚持办好《古生物学报》，促进古生物学科的发展，促进青少年科技人才的健康成长做出了积极的贡献，在加强自身建设、理顺内外关系上做出了努力，在适应社会主义市场经济体制，加快自身改革上进行了探索。

（一）积极组织学术交流、促进学科的发展和人才的成长是学会的中心工作

在改革浪潮推动下，学会的改革势在必行，不论今后如何改革，仍要坚持学会的宗旨，仍要以学术交流为中心，促进学科的发展和人才的成长。围绕这个工作中心，在第五届理事会期间，我会共组织国内学术交流会议 29 次，参加会议总人数达 2464 人次，收到论文或论文摘要 1431 篇，有 1025 人在会上做了学术报告。绝大多数会议开得很好，达到了学术交流、促进学科发展的目的。不少学术报告水平较高，有许多新的认识、新的见解和新的发现，引起了与会学者及专家们的关注。澄江动物群的深入研究、我国早期鸟类的发现、凯里动物群的发现、南极地层古生物的研究以及近期汤山溶洞早期人类头骨化石的发现等，不仅在国内，同时在国外古生物学界也引起相当的反响。计算机技术应用于古生物学的研究，显著地促进了古生物研究水平的提高。全国古生物、沉积和成矿作用学术讨论会是一次以古生物学、沉积学为中心的跨系统、跨学科、多边学术交流会议，讨论了古生物学与沉积学相结合来分析沉积相与古地理，古生物学与大地构造学相配合来研究沉积盆地的形成和演化，古生物学与矿床学相结合来探讨生物与成矿的关系，无疑有利于学科的发展和相互促进，有利于为经济建设服务，符合中国科协提出的学术交流以综合性、多学科相互交叉、面向经济建设主战场的要求，学会在组织以学科发展为主的学术活动同时，还将继续举办这种类型的学术交流会议。

在国际学术交流方面，1990 年我会主办了第四届国际笔石大会，到会外宾 19 人，来自 9 个国家，内宾 30 人，收到论文摘要 63 篇，编印论文摘要集 1 本，会上学术报告 31 篇（其中外宾 17 篇）。1991 年我会与中国科学院南京地质古生物研究所联合主办了第二届国际古生态大会，出席会议正式代表 98 人，其中外宾 30 人来自 12 个国家，前国际古生物协会主席 A. J. Boucot 教授（美国）和 S. Hallam 教授（英国）出席了会议，会议收到论文摘要 142 篇，编印论文摘要集 1 本，大会宣读论文 68 篇（其中外宾 31 篇）。两个会议都获得圆满的成功，完成了预期的各项学术交流计划；外宾普遍反映较好，大多希望与中国古生物工作者发展合作关系；会议对我国笔石学科和古生态学的研究、发展起到积极的促进作用。

1992 年，我会还与天津地矿所等有关单位联合举办了国际叠层石会议，到会内、外宾有 30 人。

我国地大物博，各类地层都很发育，出露好、化石丰富，多处可供国外学者参观、考察。在学术方面，我国各门类化石的研究大都居于国际重要地位，边缘学科或学科交叉方面的研究发展很快，现已形成一支人数可观的队伍。在接待国外学者方面，我们有足够的人员力量和一定的外语水平，而且我会主办的古生物学及其有关的国际大、中、小型学术会议均取得了圆满成功，影响较大，许多国外学者和一些国际学术组织都希望中国今后能多组织各类与古生物学有关的国际学术会议。我们有条件、有人才、有经验，学会欢迎广大古生物工作者支持和联系组织国际学术交流会议，既增进了同国外学者和科技团体的友好交往，也宣传了我国学者的学术成就和新理论、新观点，有助于扩大我国科技界在国际上的影响。

（二）开展青少年科技活动，推动和促进青年古生物人才的加速成长，适当开展青少年科普活动

青年科技人才是国家的未来，应当把青年科技人员放在平等竞争的环境中，最大限度地激发他们的积极性、主动性和创造性。为促进青年科技人员增长才干，使更多的优秀地层古生物专业人才脱颖而出，给

他们提供锻炼和施展才华的机会。在第五届理事会任期内,我会共举办专场青年学术交流会议 8 次,参加会议总人数 451 人次,收到论文摘要 200 余篇,有 145 人在会上报告了自己的研究成果。这些会议都是青年人自己组织的,青年科技人员站在自己的讲台上,畅所欲言,各抒己见,交流自己的发现和研究进展。许多报告及交流论文中提出了具有重要价值的新发现和富有潜力的新见解,显示出他们扎实的研究基础和较高的学术水平。参加会议的青年地层古生物学工作者普遍感到收获不小,了解到很多新信息、新思路和新方法,结识了许多新朋友,对青年古生物工作者的健康成长起到积极作用。

1992 年在南京举行的全国地层古生物学的新发现和新见解学术讨论会——中国科协首届青年学术年会卫星会议到会代表近百人,交流论文 56 篇。会议展示了我国青年地层古生物工作者的最新研究成果,涌现了一批富于创见的学术观点,表明了我国青年一代地层古生物工作者已在变革和创新的道路上迈出了可喜的步伐。

我会从自身经济力量出发,考虑到青年人科研经费的情况,主要采取分地区,即青年古生物工作者相对集中的地区举办青年学术会议。实践证明,这有利于更多的青年科技人员参加活动,也受到各地青年古生物工作者的欢迎。

微体古生物学分会和孢粉学分会于 1992 年分别举办了青年优秀论文评选活动,分别评选出 7 篇孢粉学优秀论文和 5 篇微体古生物学优秀论文,并给青年获奖者颁布发了奖品和奖状,这对广大青年古生物工作者起到了促进和鼓舞作用,学会提倡和支持这一类活动。

青少年时期是引导志向选择的最佳时期,也是教育和引导青少年热爱科学、立志成才的时期。为了丰富青少年的科学知识,树立科技意识和科技兴国的志向,我会与中国天文学会、中国土壤学会等于 1992 年联合举办了"土壤、天文、古生物、振动科学青少年科技夏令营"活动,夏令营生活寓趣味性、思想性、科学性于一体,在教育青少年方面有一定的效果,这虽是希望工程,很有意义,但学会经费困难,难以多组织此类活动。

(三)坚持办好《古生物学报》,沟通海内外联系,为广大会员和科技工作者服务

《古生物学报》是全国性的学术刊物,一定程度上反映了我国古生物学界的学术水平。学报编辑部一直坚持《古生物学报》的办刊宗旨,认真执行国家的有关政策、标准和规定,积极为广大会员和科技工作者服务,在发布科研成果、扩大影响、沟通海内外联系上做了积极的努力,为促进古生物学科的发展做出了贡献。

为适应广泛的国内外学术交流的需要,《古生物学报》在学术质量、外文摘要的分量和印刷质量上都有了较大的改进和提高:① 及时刊出处于国际或国内领先的学术论文,如澄江动物群、凯里动物群、南极考察等有关论文,这些论文,有的已被国外图书期刊择用部分内容和图件,有的则获部、省级奖;② 内容提要的撰写、关键词的选择和计量单位的使用,达到了国家标准化规范化的要求;③ 外文摘要的篇幅增加较多,新属种都需附有英文简要描述,图表题名均附相应的英文;④ 从 1991 年起,在科学出版社的支持下,图版由铜版印刷改为胶印,正文纸张全部用道林纸,大大提高了出版质量。这些改进受到广大作者和国内外读者的好评。在国外,《古生物学报》作为一个中心刊物,在一些大的地学机构图书馆中陈列的位置都比较显著,大英博物馆的图书工作人员说,《古生物学报》使用率相当高,希望长期保持交换。在国内,《古生物学报》被北京高校研究会及北京大学图书馆合编的《中心核心期刊要目总览》选入核心期刊,在中国自然科学核心期刊研究课题组公布的使用"引文法"鉴定的"100 种 1990—1991 年中国核心期刊"中名列第 50 位。在前进中,学报还存在着不少问题和困难,需要在深化改革中认真解决。在当前市场经济的浪潮中,《古生物学报》作为一个基础学科的刊物,由于图版多、印数少、印工和纸张不断提价,亏损逐年增加,加之学科的局限,发行量少,国家重点课题少,短篇论文获奖机会少等不利条件,学报面临的形势不容乐观。在稿源上,这几年还是比较多的,编辑部目前存稿 110 篇,要用 2 年的时间才能刊完,但高质量的稿件有的流向国外,有的以专著或论文集形式出版,是我们面临的又一不利形势。学会呼吁各位代表、各位作者,从稿件质量和经费上支持《古生物学报》。

（四）解放思想、转变观念、加快学会改革,探索建立适应社会主义市场经济体制

中国古生物学会改革的目标是适应社会主义市场经济体制的建立,提高在促进科技进步和发展生产力上的影响,增强对科技工作者的凝聚力和服务能力,发展团体的经济实力,成为在党的领导下自主活动、自主发展、充满生机和活力的有中国特色的社会主义科技群众团体。

中国科协四届三次全委会议提出,对于全国性学会的进一步改革,决心要大,方向要明,工作要实,要认真吸收和借鉴兄弟学会的改革经验和国外团体可借鉴的做法,联系实际,大胆试验。

从我会的实际状况出发,我们建议:

（1）稳定基础研究,提高古生物学研究水平,使我国古生物学研究在国民经济建设中发挥更重要作用。

（2）树立社会主义市场经济观念,强调社会效益和经济效益的统一。

学会要生存,求发展,必须破除"等、靠、要"的依赖上级拨款的观念,面对的现实是学会的财政拨款在逐年递减,甚至有断"皇粮"的危险。随着日益加快的改革开放步伐,学会各项事业都在发展,没有坚强的经济基础,不增加自我发展的活力,就无法维持现状,更不用说发展了。实践证明,没有可靠的经济实力,再好的愿望也难以实现。

学会不仅要争取挂靠单位的大力支持,还要扩大视野,面向社会,努力争取社会各界,特别是企业界的支持。

（3）发展第三产业,转变传统的学会模式。

要不断扩大经费自筹的渠道、能力和比重。形势迫使学会在大力开展有偿技术服务、继续征集基金外,必须创办第三产业和各类经济实体,要有创收和盈利。

学会发展第三产业,旨在增强自主活动、自我发展的活力和能力,增强团体的经济实力,支持和促进学术交流和人才培养,我会也正着手这一方面的工作。

（4）坚持民主办会,密切会员联系,加强会员服务。

我国的学会不仅具有一般学术团体的群众性、学术性和民主性的共同属性,而且是在党和政府领导下起桥梁纽带、参谋助手作用的社会团体,所以不能按机关性质,用行政化的手段办会。要依靠广大会员和科技工作者的凝聚力,要密切结合古生物学的重点和发展开展学会工作,要积极争取地层古生物工作者和有关部门的支持,要做好收取会费（团体会费）的工作。学会要认真研究新形势下学术交流的动向和经验,促进学术繁荣,切实提高学术活动的质量,使学术交流更好地为学科发展和经济建设服务。

各位代表、各位理事,以上谈了我会第五届理事会期间的主要工作,以及我会如何适应社会主义市场经济体制的建立来深化自身改革的设想。学会的工作要努力向群众化、社会化的方向发展,坚持民主办会的原则,努力提高工作效率。四年来我们学会一直在探索改革的方向,但在高度集中的计划经济体制的环境条件下,许多问题始终困惑着我们,使我们缺乏清晰的思路和正确的途径。正是邓小平同志南行发表重要谈话、党的十四大和人大八届一次会议的胜利召开及中国科协四届三次全委会议的举行,使我们的思想冲破束缚,进一步解放,以新的观念来开始我们学会的改革。我们要虚心向兄弟学会取经,实事求是地精心组织,真抓实干,在中国科协和学会第六届理事会的领导下,将学会的工作做得更有成效,更有特色,为建设具有中国特色的古生物学会而努力奋斗。

四、闭 幕 词

曹瑞骥

各位代表：

中国古生物学会第六届全国会员代表大会暨第十七届学术年会历时 5 天，在到会全体代表的共同努力下，圆满地完成了预定的各项议程，现在就要胜利闭幕了。这次大会的主要任务是修改学会章程、进行理事会换届选举和开展学术交流。现在第六届理事会已经顺利诞生，并且已经按章程规定的程序，选举产生了常务理事会和本届理事会的正副理事长、秘书长。现在请允许我代表第六届理事会的全体同志对到会的全体代表所给予的信任和支持表示衷心的感谢，并通过各位代表向古生物学会的全体会员和全国及海内外从事地层古生物专业的同行们表示由衷的敬意。第六届理事会在这里向大家郑重表示：我们有决心、有信心，在党的十四大精神的指引下，在改革开放大好形势的鼓舞下，在全国广大学会会员的积极支持下，更加积极地投入以经济建设为中心的改革开放的大潮之中，努力开创学会工作的新局面，力争为广大地层古生物事业的工作者多办实事，提供更好的服务。

在这里，我特别强调的是：第五届理事会在王鸿祯、李星学、周明镇、郝诒纯 4 位老师的领导下，做了大量卓有成效的工作，为古生物学科的发展和团结全国广大地层古生物工作者在改革开放中开拓前进，起了十分重要的作用。为此，我代表第六届理事会向上一届理事会，尤其是 4 位德高望重的老科学家王鸿祯老师、李星学老师、周明镇老师和郝诒纯老师，表示衷心的感谢并致以崇高的敬意，祝他们万事如意，健康长寿，并继续关心和指导学会的工作。

值得提出的是，台湾代表程延年博士、港澳代表李作明博士专程来承德出席了本届大会。我们希望今后有更多的港台代表出席我们的会议。

本届学术年会共收到论文摘要 135 篇，在年会上宣读论文 46 篇。据到会同志反映，这些学术报告内容比较新颖、扎实，观点明确，论证充分，学术思想十分活跃，有些报告很有见地。通过报告交流，使人开阔眼界，受到启发。特别是很多中青年古生物学工作者，他们通过刻苦学习，认真实践，在前人已取得的成就基础上，勇于开拓，在本次年会上论述了很多新的发现，提出了很多较新的见解。许多年轻人脱颖而出，应该说是本次年会的一大特色和重要收获。

本会现有会员 2300 人，是国际古生物协会中人数最多的组织。国际古生物协会将于 1996 年在北京召开第三十届学术大会，六届常务理事会号召会员以优异的工作和成绩，迎接国际古生物学界的这一盛会。

我们这次会议在承德市举行，由于人生地不熟给工作带来不少的困难。大会全体工作人员，为开好本次大会提供了力所能及的服务和保障，他们的工作是努力的。在此，我们向大会全体工作人员表示感谢！当然，由于条件的限制和工作安排上的一些问题，有些问题还不能做到完全尽如人意，广大代表虽然表示了谅解，但是我们仍要很好地总结经验以便把今后的会务工作做得更好。

同志们，这次大会闭幕以后，希望大家在回到自己的工作岗位以后，团结更多的古生物工作者一起为古生物学科的振兴和发展、为在国民经济建设中发挥更重要的作用做出更大的贡献！

谢谢大家！

五、会 议 纪 要

中国古生物学会第六届全国会员代表大会暨第十七届学术年会于 1993 年 4 月 25—30 日在河北承德举行,来自石油、地质、煤炭、海洋、化工、高等院校、中国科学院、博物馆和出版系统的 216 人参加了会议。

会议收到论文或论文摘要 135 篇,会前编印论文摘要集 1 本,有 50 位代表在会上做了学术报告。报告内容相当广泛,有古生物系统分类、古生态、古气候、古地理、生物地层、生物成矿作用、新技术新方法在古生物学研究中的应用,以及古生物学研究的新理论、新观点、新发现等。不少报告内容新颖,引起代表们的浓厚兴趣。穆西南、徐钦琦、张银运代表中国科学院汤山溶洞研究组做了《南京汤山古人类化石的发现》的报告,指出汤山溶洞中更新世古人类与古脊椎化石动物群接近北京周口店古人类与古脊椎化石动物群的特征,这一重大发现对于人类的起源、演化、迁徙和分布的研究具有重要的意义。

香港理工大学李作明先生在会上介绍了近年来中国古生物工作者在香港地层古生物学研究方面所取得的重要进展,引起了代表们的关注。

西北大学舒德干在《综合古生物地理学——兼论高肌虫古生物地理》报告中,提出有必要在古生物地理学之大流派的基础上创立一门综合古生物地理学(Comprehensive Paleobiogeography),以便更准确地揭示出在地域横向上和历史纵向上有机统一的古生物地理全貌和内在规律。中国科学院南京地质古生物研究所陈旭在《奥陶系统界线层型及全球对比》报告中,根据悉尼国际奥陶系大会(1991 年 7 月)提出的选择奥陶系各统底界遵循的五项原则基础上,结合中国奥陶系的发育情况,经过仔细的研究和分析,提出了候选界线层型和 4 个统的底界,并进行了全球对比。

中国地质大学(北京)雷新华副教授等部分青年代表在会上宣读了论文。不少报告反映出新的学术观点、新的技术和方法在古生物学中的应用,给人耳目一新的感觉,体现了青年古生物学工作者学术思想的活跃、对新事物敏感的特点。

这届学术年会安排了两天半的学术报告,会上讨论非常活跃,会下交流也十分广泛,晚间也进行了专题交流;一些学科组还抽空开展了活动,这种浓厚的学术气氛是近年来学会会议所少见的。

会议开幕之前召开了五届三次理事会议和五届四次常务理事会议,会议审查了中国古生物学会工作报告(讨论稿)、1989—1992 年财务工作报告、第六届选举小组工作报告、章程修改小组工作报告和《古生物学报》编委会工作报告等。会议肯定了五届理事会任期内学会在组织学术交流、促进学科发展和人才培养等方面所取得的成绩,尤其对学会开展青年古生物工作者学术活动方面起到的积极作用表示满意。《古生物学报》编委会在为广大会员服务、出版研究成果、提高学报质量、扩大国内外影响等方面做了不懈的努力,为促进古生物学的发展做出了贡献。会议通过并表彰了 10 位学会活动积极分子。会议还委托曹瑞骥同志代表理事会向大会做第五届理事会工作报告。

第六届全国会员代表大会到会代表 111 人,会上选举小组做了选举工作报告,章程修改小组做了章程修改报告,会议经过充分酝酿协商,无记名投票选举产生了第六届理事会、常务理事会、理事长、副理事长和秘书长;授予老一辈德高望重的科学家、学部委员王鸿祯、李星学、周明镇、郝诒纯、盛金章荣誉理事称号;聘任了《古生物学报》主编、副主编;聘任了学会副秘书长和办公室主任;表彰了学会活动积极分子。

这次会议是中国古生物学会历史上的一次重要会议,一些德高望重的老科学家顾全大局、着眼未来,主动从学会领导岗位上退下来,把一批年富力强、在国内外古生物学界有一定影响、有一定领导能力的中青年科学家推上领导岗位,从而顺利地实现了学会领导班子的新老更替。

会议期间,举行了六届一次理事会会议和六届一次常务理事会会议,与会理事、常务理事学习了中国科协有关全国性学会改革的文件,讨论了任期内学会工作的重点、会员缴纳会费等问题。

　　会议认为,学会为适应市场经济体制的发展必须转换机制,不断增加自筹经费的比重,但由于我们是基础理论学科的学会,在搞开发、增强创汇能力的同时,还要依靠国家扶持,古生物学要不断提高研究水平,要加强与国民经济建设密切配合,要向社会宣传古生物的成就,希望广大会员积极行动起来,为 1996 年在北京召开的第三十届国际地质大会做好学术准备,向国际学术界宣传和展示我国古生物学的成果;努力培养青年一代古生物工作者是我们的一项战略任务,学会要多开展青年学术活动,积极为青年古生物工作者提供学术活动的机会;组织学术交流、促进学科的发展仍是我们学会的中心工作,学会要多组织重点专题的学术交流,会议同意北京大学地质系提出的中国古生物学会第十八届学术年会与 1996 年纪念葛利普活动同时举行的建议。

　　会议还决定,今后理事会每两年举行一次,与学术年会同期召开,常务理事会每年举行一次,会员必须缴纳会费,学会要具体体现会员的权利和义务,从今后起先收缴团体会费,个人会费可根据自己的条件暂以自愿为原则。

　　会议闭幕式上颁发了第二届尹赞勋地层古生物奖,获奖者:李星学、徐桂荣、罗惠麟、舒德干、张俊峰、张维、童永生同志。以此表彰他们在地层古生物学研究中取得的突出成就。

　　这次会议顺利完成了各项预定的计划,取得了圆满的成功。

第七届全国会员代表大会期间

（1997－2000）

一、简　况

1997 年 4 月 21－26 日中国古生物学会第七届全国会员代表大会暨第十九届学术年会在山东泰安市山东矿业学院举行,185 人参加了会议,会议选举产生了新的第七届理事会。4 月 22 日,学会七届一次理事会在泰安召开,选举产生了由 15 人组成的常务理事会。4 月 23 日,学会七届一次常务理事(扩大)会议在泰安召开,选举穆西南为理事长,邱铸鼎、汪啸风为副理事长,孙革为秘书长;聘任赵喜进、孙卫国、尹崇玉、白志强、吴乃琴为副秘书长,聘任李星学为《古生物学报》主编,聘任朱祥根为《古生物学报》常务副主编,聘任戎嘉余、殷鸿福、李锦玲为《古生物学报》副主编,聘任夏广胜为学会办公室主任,唐玉刚为学会办公室副主任;批准刘本培为教育与普及委员会主任,白志强、冯洪真、张云翔、童金南为副主任,童金南兼任秘书长。4 月 24－26 日,学会第三届教学研讨会在泰安举行,36 名代表参加了会议。

1997 年,学会与中国地质大学(武汉)在武汉联合主办全国生物成矿、生物找矿、生物选矿学术讨论会。10 月,《中国古生物学会讯》第 30 期出版,报道了第七届全国会员代表大会暨第十九届学术年会的一些情况。11 月 1－4 日,由学会、湖北省古生物学会和中国地质大学联合举办的高分辨率地层学学术讨论会在湖北郧县召开。

1997 年起,《古生物学报》由每年 6 期改为每年 4 期。

1998 年 10 月 15－19 日,由学会、全国地层委员会、湖北省古生物学会等联合举办的长江三峡层序、事件和综合地层学术讨论会在湖北宜昌召开。1998 年,学会第三届青年学术交流会在南京举行。

1999 年 3 月 9－11 日,我会与多单位联合组织的"泛大陆及古、中生代之转折"国际学术会议在武汉中国地质大学召开。5 月 15－19 日,学会成立 70 周年纪念会暨第二十届学术年会在厦门举行,125 名代表参加了会议。5 月 18 日,学会七届四次常务理事(扩大)会在厦门举行,就授予张弥曼等 6 位荣誉理事、增补第七届理事会理事、表彰学会活动积极分子等事项做出了决定。5 月,《中国古生物学会讯》第 31 期——《中国古生物学会成立 70 周年纪念暨第二十届学术年会专辑》出版,报道了第二十届学术年会活动的一些情况。10 月 13－17 日,在南京召开了第七届国际化石藻类会议,来自世界各国的 50 多名代表到会。

2000 年 1 月 10－11 日,学会三叶虫、甲壳类学科组及国家自然科学基金"九五"重点项目"热河生物群演化及环境变化研究"课题组在南京联合举行一次学术讨论会,祝贺张文堂研究员从事地质工作 50 年。2 月 20 日中国科学院院士、学会前理事长卢衍豪逝世,学会特地印发了会讯第 32 期——怀念卢衍豪院士特辑。

2000 年 5 月 26－31 日,我会参与主办的第三届全国地层会议在北京香山饭店召开。6 月 24－30 日,由国际孢粉协会和学会孢粉学分会联合主办、中国科学院南京地质古生物研究所承办的第十届国际孢粉大会在南京举行,自来 47 个国家和地区的 265 位正式代表(其中外宾 156 人,台湾地区代表 4 人)和 30 余位临时与会代表出席了会议。大会共收到论文摘要 368 篇,内容涉及孢粉学各研究领域,主要包括孢粉形

态、分类和演化，空气孢粉学、医药孢粉学和昆虫孢粉学，各年代孢粉学，极地孢粉学，古生态与古环境，考古孢粉学、微植物化石和疑源类，中、新生代沟鞭藻，以及孢粉数据库等方面。7 月 31 日－8 月 3 日，由学会古植物学分会和中国植物学会古植物专业委员会联合主办的第六届国际古植物学大会在秦皇岛国际饭店举行，30 个国家和地区的 210 名代表(外宾 30 人)出席了会议。代表们提交论文摘要 230 篇，会议安排了 11 个专题的 98 个学术报告和 52 幅墙报，其中不少是当前国际古植物学的前沿领域和研究热点，会议取得了圆满的结果。7 月 22－24 日，在中国地质大学(武汉)举行了以"演化生物学及古代古生物分子研究"为主题的古代生物分子国际研讨会，会议特邀了美国韦恩州立大学(Wayne State University)生物科学系教授、著名的化石 DNA 研究会的 Edward M. Golenberg 博士，美国布莱恩特(Bryant)学院科技系教授、生物技术实验室主任、中国地质大学(武汉)兼职教授杨洪博士，美国布莱恩特(Bryant)学院科技系教授、系主任 David F. Betsch 博士，英国纽卡斯尔(Newcastle)大学化石燃料和环境地球化学研究所 Matthew Collins 博士等 4 位专家做了主题发言。来自国内 11 个单位的 32 位代表参加了此次会议。与会代表就古代 DNA 的确认，古代及现代 DNA 的实验技术和方法，生物分子保存的模拟实验，一些重要生物门类的演化谱系，分子生物钟的校准，古蛋白及氨基酸的分析技术、原理及应用，生物技术、科技考古等主题进行了深入、热烈的交流和讨论。代表们还参观了中国地质大学新建的分子生物学实验室和 GC-MS 实验室。10 月，第三届现生及化石轮藻国际学术会议在南京举行，来自世界各地的 30 名代表参加了会议。

二、第七届理事会及工作委员会组成名单

（以姓氏笔画为序）

荣誉理事：	张弥曼	周志炎	殷鸿福	戎嘉余	项礼文	曹瑞骥	
理　　事：	万晓樵	王开发	王元青	王向东	王成源	王志浩	王尚启
	王　强	方宗杰	尹崇玉	尹恭正	史晓颖	叶　捷	卢辉楠
	孙巧缡	孙东立	孙　革	阴家润	朱　敏	宋之琛	李作明
	李承森	何承全	何国雄	汪品先	汪啸风	吴浩若	陈建强
	杨湘宁	邱铸鼎	周志毅	林英锡	季　强	张师本	张俊峰
	张银运	张　泓	赵传本	郝守刚	夏凤生	姚建新	姚益民
	姜建军	阎德发	钱　逸	程延年	童金南	曾　勇	彭善池
	舒德干	蔡正全	潘云唐	穆西南			
常务理事：	万晓樵	叶　捷	孙　革	汪品先	汪啸风	吴浩若	杨湘宁　邱铸鼎
	周志毅	季　强	张　泓	郝守刚	姚建新	姚益民	穆西南

理 事 长： 穆西南

副理事长： 邱铸鼎　汪啸风

秘 书 长： 孙　革

副秘书长： 赵喜进　孙卫国　尹崇玉　白志强　吴乃琴

学会办公室主任： 夏广胜

学会办公室副主任： 唐玉刚

《古生物学报》编辑委员会

主　　编： 李星学

常务副主编： 朱祥根

副 主 编：戎嘉余　李锦玲　殷鸿福

教育与普及委员会

主　　任：刘本培

副 主 任：白志强　冯洪真　张云翔　童金南

秘 书 长：童金南

尹赞勋地层古生物奖评议委员会

主　　任：穆西南

副 主 任：叶　捷　汪啸风　吴浩若

秘 书 长：徐均涛

副秘书长：夏广胜　张　维

委　　员：孙卫国　杨家骍　范嘉松　郝守刚　倪寓南　董军社

三、第六届理事会工作报告

穆西南

各位来宾、各位代表：

　　受中国古生物学会第六届理事会的委托，我就 1993 年 4 月承德会议以来的工作向各位代表简要汇报，不妥之处敬请批评指正。

　　在中国科协的领导下，我会依靠广大会员、有关部门和挂靠单位的积极支持，经古生物学界科技工作者努力奋斗，四年来，我国古生物学取得引人注目的研究成果，如在地球早期生命演化和寒武纪大爆发领域取得了举世瞩目的进展。被誉为"20 世纪最惊人的科学发现之一"的澄江生物群的研究，不断取得高水平的成果，in *Nature* 和 *Science* 上发表了多篇论文，在国内外引起强烈反响，该项成果被评为"1996 年国内科技十大新闻之一"，学会挂靠单位中国科学院南京地质古生物研究所与台湾省台中自然科学博物馆于 1996 年 7 月—1997 年 1 月在台中联合举办了寒武纪生命大爆发特展，观众如潮、盛况空前，引起了极大轰动，开幕式后两小时观众已达到 4000 余人，这次特展为促进海峡两岸科学技术交流与合作、加深两岸同胞骨肉亲情方面取得了积极的效果。我国古植物学工作者在早期陆生维管植物起源、中生代银杏目演化以及早期被子植物研究等方面，均取得了举世瞩目的成就。在江苏溧阳发现的早期灵长类化石（4500 万年前）和辽西发现的中生代鸟类和带毛的恐龙（或鸟类）化石都具有十分重要的科学价值，受到国内外学术界的高度重视。辽西中生代鸟类化石的发现和研究改写了鸟类研究的历史，改变了始祖鸟是鸟类祖先的传统观念。近年来，在北京王府井东方广场发现的距今 20000—25000 年的古人类活动遗址，丰富了北京古人类文化的内涵，这是在闹市区古人类遗址的首次发现，具有重要的学术价值。我国古生物学者，特别是微体古生物学工作者，在国民经济主战场为石油天然气及沉积矿产资源的勘探与开发方面做出了重要的贡献。此外，我会许多会员通过做科普报告、撰写科普文章、举办化石展览等多种方式宣传普及古生物知识，为提高公众的科学文化素质，为社会理解和支持古生物学研究做出了贡献。

　　经费的短缺是困扰古生物学界的首要问题，我们克服了重重困难，多方设法，保证了学术交流活动的正常开展和两个学报（《古生物学报》和《微体古生物学报》）的正常出版工作。

　　四年中，我会共举办国内学术交流会议 22 次，与会代表 950 人次，交流学术论文 465 篇；举办国际学术交流会议 4 次，与会中外代表 310 人次（其中外宾来自 20 多个国家，共 100 人次），交流学术论文 278 篇。这些活动无疑对促进我国古生物学科的发展、促进人才的成长起到积极的推动作用，对加强国内外学

者友好交往,宣传我国学者学术成就起到积极作用,有力地扩大了我国古生物学界在国际上的影响。

去年5月,我会召开了纪念葛利普逝世50周年暨中国古生物学会第十八届学术年会,中国科协书记处高潮同志、北京大学副校长王义遒同志和葛利普生前好友12位中国科学院院士应邀出席了会议。老一辈地质古生物学家满怀深情地缅怀葛利普先生对中国人民的深厚情谊,以及为我国培养一批杰出的地质古生物学人才所做出的巨大贡献。

各分会、专业委员会和部分学科组也分别开展了形式多样的学术交流活动,有效地活跃了学术气氛,特别是有孔虫学科组举办了海峡两岸学术研讨会,增进了两岸学者的合作与交流,这些活动不仅仅促进了学科的发展和人才的培养,也体现了古生物工作者积极进取的良好学风和求实创新的精神。值得指出的是,广大古生物工作者,特别是处在生产第一线的古生物工作者,将古生物学研究与经济建设紧密结合,体现了古生物学研究的实践价值,这种科研与生产相结合的工作愈来愈受到生产部门和政府的重视,是一个重要的发展领域。

我国地层发育全、化石丰富,深受国际古生物学界注目,我们又有一批在国内外有一定威望的地层古生物学家,这是我国开展学术交流和举办会议的有利条件。近年来,在我国召开的古生物学国际学术会议都取得圆满成功,受到外宾的一致赞誉。1996年,由中国地质学会牵头、与我会等单位共同举办的第三十届国际地质大会圆满成功就是一个典范。我会与有关单位主办地质时期陆地植物分异及进化国际学术讨论会、第一届亚洲牙形刺国际讨论会、高山第四纪国际学术讨论会和国际二叠纪地层、环境和资源学术讨论会,无论是我国学者研究成果的水平,还是会议组织工作,都受到了外宾的赞扬。此外,一些国际著名学者不断访问我国,也加深了彼此间的了解。1994年7月,以美国古生物学会秘书长Donald L. Wolberg博士为团长的国际古生物协会代表团一行14人访问了我国,曹瑞骥常务副理事长和穆西南秘书长在南京接待了代表团一行,在友好的座谈中,双方讨论了古生物学者共同关心的问题。通过这次座谈,增强了相互间的了解,也宣传了我国古生物学的成就,为今后进一步交流创造了条件。1996年8月,我会与国际古生物协会在中国科学院古脊椎动物与古人类研究所联合举办了一次联谊会,招待出席第三十届国际地质大会的中外古生物学者,张弥曼理事长主持会议并致欢迎词,来自20多个国家100多位古生物学家欢聚一堂,畅叙友情。此外,1994年,周志毅常务理事代表学会邀请澳大利亚西澳博物馆地球及天体学部主任J. Mc-Namara博士参加了三叶虫学科组的学术年会,并在南京做了两天的学术讲座和讨论;王振理事邀请国际藻类学科组副主席法国学者I. Soulic-Marche博士参加了轮藻学科组第六届学术年会;林宝玉理事邀请西班牙学者Francisco Soto参加了珊瑚学科组第五届学术年会;1995年,穆西南秘书长应邀参加在土耳其安卡拉召开的第六届化石藻类学术讨论会,并当选为国际化石藻类协会主席,会议决定第七届国际藻类学术讨论会将于1999年在中国举行,等等。这些活动对于中外古生物学界的友好交流与合作起到积极的促进作用。

值得提出的是,1996年我会古植物学分会和孢粉分会分别向第五届国际古植物大会(6月在美国加州圣巴巴拉召开)和第九届国际孢粉大会(6月在美国休斯敦召开)申请2000年第六届国际古植物大会和第十届国际孢粉大会在中国举行,并获得成功。两会的筹备工作正在积极进行中。经多方协调,两会中国组织委员会领导班子已成立,李星学院士任古植物大会中国组织委员会主席,宋之琛研究员任孢粉大会中国组委会主席。另外,国际鸟类化石会议也将于1999年在中国召开。

《古生物学报》和《微体古生物学报》是向国际古生物学界宣传我国古生物学术成果的两个重要窗口,是国内活跃学术交流的一个重要手段。在两刊编委会的直接领导和挂靠单位的支持下,经编辑部同志的辛勤工作,四年来《古生物学报》刊出245篇论文,《微体古生物学报》刊出149篇论文,他们积极为广大会员和科技工作者服务,在推广科技成果、扩大影响、沟通海内外联系方面做了积极的努力,为古生物学科的发展做出了贡献。他们从节约经费和保证排版质量考虑,把原在北京铅字排版改为在南京用微机排版,避免了编辑人员定期去北京校稿所耗费的时间、精力和经费;为了适应国际交流的需要,增加了外文摘要的分量;他们还采取了及时刊出国际和国内领先的学术论文的办法,及时宣传我国的成果,等等。1995 年,在江苏省期刊评比中,《古生物学报》获得十佳期刊奖和印刷一等奖,《微体古生物学报》获得优秀期刊奖。1996 年,《古生物学报》获得中国科学院优秀期刊奖。

众所周知,学报出版经费面临的困难是很严峻的,稿源渐少和学术质量把关也是一个严重问题,经常务理事会讨论决定,从今年起《古生物学报》从每年 6 期改为每年 4 期。为了解决经费问题,我们得到了一些单位和部分会员的慷慨援助,在此,我代表六届理事会向支持和资助两个学报的有关单位和会员表示感谢,同时也向辛勤工作的编辑部同志表示感谢。

六届理事会期间,我们还做了以下几方面工作:

(1) 积极配合中国科协组织工作委员会做了两次中国青年科技奖人选推荐工作。经认真、慎重的推荐,我会杨群理事荣获第四届中国青年科技奖。

(2) 1995 年初和 1997 年第一季度两次圆满完成中国科学院院士推荐工作,遵照中国科协有关推荐院士候选人的文件精神,在两届中国古生物学会推荐院士候选人领导工作小组的领导下,经工作小组公正、民主投票、推荐了我会学术造诣深、有突出成就和奉献精神的同志参加评选。1995 年,经有关部门评审,我会推荐的候选人古植物学分会主任周志炎研究员当选为中国科学院院士。

(3) 根据六届二次常务理事会议的决定,建立中国古生物学会基金,以支持学会的正常活动,筹资的原则是理事和常务理事自愿捐赠,金额不限,这一决议得到理事和常务理事的大力支持,共有 20 位理事和常务理事资助,共筹捐资金 28600 元。

微体古生物学分会为了解决活动经费问题,自 1993 年开始以自愿原则筹集基金,用基金利息弥补活动经费不足部分。这一自筹经费方式,值得各分会、专业委员会借鉴。

(4) 为了使学会渡过目前经济困难时期,力争使学会有所收益,1994 年初我会在中国科协八达岭科技园区购地 20 亩(编者注:1 亩合 666.7 平方米),同期与唐山建设集团公司就共同开发八达岭学会科技园区签订了《合作协议书》。1995 年 8 月,唐山建设集团公司来函表示:"……实在抽不出资金投入,为不影响贵方开发前景,我单位经研究,决定不再勉强从事,希望商定时间,商议一个'终止协议'的办法。"为此,我们一方面多次与唐山方面联系解决办法(至今尚未达成协议),另一方面我们继续积极开展招商工作。

(5) 常务理事会呼吁广大会员和古生物工作者要以国家利益为重,做好重要化石的保护工作,遵守国家有关法律、法规中有关禁止脊椎动物化石和珍稀化石出售出口的规定。

各位代表,四年来,我们理事会和学会领导为学会做了一些工作,但由于主观和客观的原因(包括经费紧张、古生物学从业人员减少等等),学会的工作不尽如人意,欢迎大家提出改进学会工作的建议,以便今后把工作做得好些,更好地为广大会员服务,为发展中国古生物学事业做出应有的贡献。

四、会 议 纪 要

中国古生物学会第七届全国会员代表大会暨第十九届学术年会于 1997 年 4 月 21—26 日在山东泰安山东矿业学院举行,来自石油、煤炭、地质行业,高等院校,科研院所,博物馆,出版单位及其他专业共 185 人参加了会议。应邀出席大会的有荣誉理事杨遵仪院士、杨敬之研究员,老一辈古生物学家侯祐堂研究员,中国科协吴亚光同志等,泰安市科协鲁法干主席,山东矿业学院党委书记兼院长曹书刚教授、副院长王明镇教授应邀出席了开幕式。国际古生物协会主席 Talent 发来了贺电。

本次会议的主要任务是:① 选举产生中国古生物学会第七届理事会;② 讨论、通过修改的《中国古生物学会章程》;③ 召开七届一次理事会议和常务理事会议,确定七届理事会任期目标;④ 开展学术交流;⑤ 召开第三届教学讨论会,为古生物学和地史学教改商讨决策;⑥ 颁发第三届尹赞勋地层古生物学奖和

表彰学会活动积极分子等。

会议开幕之前召开了六届四次常务理事扩大会议,在曹瑞骥常务副理事长主持下,审议了第六届理事会工作报告(讨论稿)、章程修改说明、换届选举小组工作汇报、1993－1996 年财务决算报告、《古生物学报》编辑委员会工作汇报,以及第七届全国会员代表大会暨第十九届学术年会筹备工作的汇报。会议肯定了第六届理事会任期内,学会在张弥曼理事长的领导下,克服经费短缺的困扰,在组织学术交流、促进学科发展和培养推荐人才等方面做出的成绩;《古生物学报》编辑委员会在出版成果、提高学报质量、扩大国内外影响等方面为发展古生物学所做出的成绩。会议还通过 6 位地层古生物学工作者荣获第三届尹赞勋地层古生物学奖和表彰 8 位学会活动积极分子的建议。

第七届全国会员代表大会由常务副理事长曹瑞骥主持,到会代表 137 名,选举小组组长朱祥根做了选举小组工作报告和代表资格审查报告,副秘书长赵喜进做了修改《中国古生物学会章程》的工作报告。会议经充分酝酿,无记名投票选举 53 位理事组成了第七届理事会,一致通过第六届理事会工作报告和修改的《中国古生物学会章程》。

会议期间举行了七届一次理事会和七届一次常务理事会议,按章程规定选举产生了常务理事 15 人,理事长 1 人,副理事长 2 人,秘书长 1 人,聘任了《古生物学报》编辑委员会主编、副主编、尹赞勋地层古生物学奖评议委员会和教育与普及委员会主任、副主任、秘书长及委员,聘任了学会副秘书长、办公室主任、副主任、外事秘书等。会议还讨论了七届理事会任期目标:① 1999 年举办第二十届学术年会,举行学会成立 70 周年纪念活动;② 要求分会、专业委员会联合有关单位齐心协力共同筹办好 1999 年在我国召开的国际化石藻类大会、国际鸟类大会、2000 年国际古植物大会和国际孢粉大会,向国际学术界宣传和展示我国古生物学的研究成果;③ 开展会员普查工作,发展新会员,努力做好会员管理和会员服务等工作;④ 发展学会基金,支持学会更多更好地开展学术交流活动;⑤ 收缴会员会费,增加学会经费的来源,等等。

会议指出,树立正派的学风、弘扬社会主义学术道德是我国古生物工作者必须具备的基本素质。会议呼吁广大古生物工作者要热爱祖国,以国家利益为重,做好珍稀和重要化石的保护工作,模范遵守国家法律、法规中有关禁止出售和外销古脊椎动物化石的规定。

大会期间,由 57 名代表做了学术报告,2 名代表在晚上做了专题报告,报告的内容有近几年来我国学术界十分关注的中国中生代鸟类化石的发现、美颌龙(中华龙鸟)和热河动物群以及北京王府井古人类活动遗址的发现等,也有关于生物演化、古地理、古气候、层序地层、界线地层和板块构造的古生物地层证据等研究成果;一部分内容还涉及新技术、新方法在古生物研究中的应用等。这些报告,特别是大会关于"鸟和龙"方面的报告引起了很大的震动,受到与会代表的普遍关注,不少代表说,这次会议学术报告的质量是比较高的,古生物学大有作为,所有古生物工作者应该振奋精神、团结起来、总结经验,把古生物学研究推向一个新阶段。

闭幕式上,穆西南理事长做了鼓舞人心的重要讲话,会上还颁发了第三届尹赞勋地层古生物学奖,表彰了学会活动积极分子,大会取得了圆满成功。

第八届全国会员代表大会期间
（2001－2004）

一、简　　况

2001年5月19日，学会在西安召开七届七次常务理事（扩大）会。中国古生物学会第八届全国会员代表大会暨第二十一届学术年会于5月19－22日在西安举行，近200位代表和工作人员出席了会议。中国科协、中国科学院古脊椎动物与古人类研究所、贵州省古生物学会、北京大学、西北大学、贵州工业大学和中国科学院南京地质古生物研究所发来了贺信。会议选举产生了第八届理事会。5月20日，八届一次理事会召开，选举沙金庚为理事长，朱敏、汪啸风、郝守刚为副理事长，杨群为秘书长；聘任朱祥根为常务副秘书长，孙卫国为外事副秘书长，白志强、尹崇玉、张兆群为副秘书长，聘任朱祥根为学会办公室主任、唐玉刚为学会办公室副主任。5月21日，八届一次常务理事会召开，就授予穆西南、邱铸鼎为荣誉理事和学会学术活动基金管理委员会换届等事项做出了决定。5月，《中国古生物学会讯》第33期——《中国古生物学会第八届全国会员代表大会暨第二十一届学术年会专辑》出版，报道了第二十一届学术年会活动的一些情况。

2001年6月13日，学会荣誉理事、微体古生物学分会理事长、中国科学院学部委员郝诒纯教授逝世。

2001年7月8日，学会荣誉理事、中国科学院学部委员贾兰坡研究员逝世。

2001年8月10－13日，由国家自然科学基金委员会、中国地质调查局、全国地层委员会、中国地质大学、中国科学院南京地质古生物研究所和我会联合发起的二叠系-三叠系界线层型及重大事件国际学术会议在浙江省长兴县召开。8月28日－9月8日，中国科学院南京地质古生物研究所和我会联合承办的第七届国际寒武系再划分野外现场会议分别在我国湖南、贵州和云南举行。10月28－31日，由中国古生物学会和焦作工学院、西北大学、中国地质大学，以及中国地质调查局地层古生物研究中心等单位联合举办的全国古遗迹学及层序地层学研讨会在河南焦作工学院召开。

2002年7月6－10日，首届国际古生物学大会于在澳大利亚悉尼召开，学会沙金庚理事长、朱敏、汪啸风、郝守刚副理事长、杨群秘书长及部分常务理事、理事、副秘书长及中国古生物学者等37人参加了会议，会议决定2006年在北京召开第二届古生物学大会。会议期间，国际古生物协会换届，金玉玕再次当选为副主席。8月5－7日，学会与国家自然科学基金委员会、中国地质大学、恩施土家族苗族自治州及美国Andrew Mellon基金会等单位在武汉联合召开了首届国际水杉会议，外宾25人和20余国内代表参加了会议。9月中旬，在合肥召开孢粉学分会第六届全国会员代表大会暨学术年会。10月24－26日，学会第五届青年古生物工作者学术讨论会在中国地质大学（北京）召开，76名代表到会。12月20－22日，八届二次理事会在南京召开。

中国古生物学会第二十二届学术年会于2003年4月18日－22日在成都举行，来自高校、博物馆、海洋、地矿、石油、煤炭、科学院和出版等系统的152人参加了会议。会议共收到学术论文摘要125篇。学术交流内容丰富多彩，涉及古无脊椎动物学、古脊椎动物学、古植物学、微体古生物学、分子古生物学、地层学及古地理、古气候、古生态等诸多领域，时代跨度从前寒武纪到第四纪。其中有许多新发现、新见解、新认

识,特别是在早期生命起源、各门类生物演化、年代地层及分子古生物等方面取得的成绩,引起了众多古生物工作者的兴趣。会议不仅交流了多个研究成果,还展开了热烈的讨论,充分展示了我国古生物学家近年来取得的成就和进展,达到了会议预期的目的,起到了很好的启发和促进作用。会议期间还召开了中国古生物学会八届五次常务理事扩大会议、古生物学教学工作研讨会、晚古生代地层和古生物学工作会议。2003 年 4 月 20 日,召开了八届五次常务理事扩大会议。5 月,《中国古生物学会讯》第 34 期出版,报道了第十九届学术年会和 2002 年学会活动的一些情况。

2004 年 4 月 24—25 日,中国古生物学会第八届四次理事会在江苏省苏州市举行,出席会议的有荣誉理事金玉玕,理事长沙金庚,副理事长朱敏、汪啸风、郝守刚,秘书长杨群,常务理事万晓樵、朱怀诚、季强、张维、姚建新、曾勇、童金南,理事王向东、王成文、尹崇玉、叶捷、冯伟民、孙卫国、孙柏年、刘武、武涛、赵元龙、张云翔、欧阳辉、袁训来及副秘书长朱祥根、白志强和秘书处工作人员,共 34 人。11 月 6—7 日,由学会和国家自然科学基金委员会、中国地质大学等共同发起的全球重大变化时期生物与环境协同演化学术研讨会在湖北省武汉市中国地质大学召开。

2004 年,我会会员侯亚梅研究员获得了由中华全国妇女联合会、中国科学技术协会、中国联合国教科文组织全国委员会等共同开展评选的中国青年女科学家奖。朱敏研究员获得了由中共中央组织部、人事部、中国科学技术协会评选的第八届中国青年科技奖。

二、第八届理事会及基金委员会组成名单

（以姓氏笔画为序）

理　　事:	万晓樵	王成文	王元青	王向东	王汝建	邓胜徽	尹崇玉	叶　捷	冯伟民
	冯庆来	孙　革	孙卫国	孙柏年	朱　敏	朱怀诚	朱宗浩	刘　武	刘耕武
	李承森	汪啸风	沙金庚	杨　群	杨湘宁	陈木宏	陈建强	季　强	武　涛
	周忠和	赵元龙	张　泓	张　维	张云翔	张师本	欧阳辉	郝守刚	姜　亮
	姚建新	袁训来	曾　勇	童金南	蒋志文	蔡正全			

常务理事:　万晓樵　王元青　朱　敏　朱怀诚　汪啸风　沙金庚　杨　群
　　　　　　杨湘宁　季　强　张　维　郝守刚　姚建新　曾　勇　童金南

理 事 长:　沙金庚

副理事长:　朱　敏　汪啸风　郝守刚

秘 书 长:　杨　群

常务副秘书长:　朱祥根

副秘书长:　白志强　尹崇玉　张兆群

外事副秘书长:　孙卫国

办公室主任:　朱祥根

办公室副主任:　唐玉刚

中国古生物学会学术活动基金管理委员会

主　　任:　沙金庚

副 主 任:　朱　敏　汪啸风　郝守刚

秘 书 长:　杨　群

副秘书长：朱祥根

委　　员：万晓樵　王元青　朱怀诚　杨湘宁　季　强　张　维　姚建新　曾　勇　童金南

三、第七届理事会工作报告

孙　革

各位代表：

在中国科协的领导下，中国古生物学会第七届理事会即将圆满完成任务。四年来，我们依靠会员们的努力，依靠有关部门和挂靠单位的支持，团结全国广大地层古生物科技工作者，在组织学术交流、科普活动、推荐优秀科技人才、坚持为会员服务等各项工作中都取得了一定的成绩。现在，我代表七届理事会就1997年4月泰安会议以来的工作向各位代表汇报如下，不妥之处敬请批评指正。

（一）积极组织学术交流活动，促进古生物学科发展

认真组织学术交流活动，提高学术活动的质量，是我会一贯坚持的中心工作。学术交流不仅仅是交流学术成果，展示科技工作者的科研水平，更可使众多科技工作者拓宽思路、奋发进取，促进新的发现、新的成果和新理论的不断涌现，促进青年古生物学工作者提高研究精度，甚至使之脱颖而出。泰安会议后，我会共举办学术交流活动20次，参加会议人数1865人（次），交流学术论文1327篇（次）。这些活动无疑既活跃了古生物学科的学术气氛，又促进了我国古生物学科的发展和人才的成长。值得提出的是，四年中，百人以上的国内学术交流会议就举办了4次，如1997年古脊椎动物学分会和中国科学院古脊椎动物与古人类研究所联合举办的杨钟健百年诞辰暨第六届古脊椎动物学术年会，1998年微体古生物学分会召开的中国微体古生物学1998年学术年会，1999年总会举办的中国古生物学会70周年纪念暨第二十届学术年会和古脊椎动物学分会组织的第七届学术年会。孢粉学分会、古植物学分会、化石藻类专业委员会等分科学术组织，也分别召开了近百人参加的国内学术会议等。活动中，学术气氛浓厚、报告精彩、题材新颖，有力地推动了古生物学科的发展和有关科研、教学及生产等工作。

四年中，我会广大会员继承先辈的优良传统和学风，努力奋斗，刻苦钻研，取得一系列重大的发现和举世瞩目的学术成果，引起国际学术界的高度重视，在国际上产生重要影响，极大地提高了我国古生物学研究在国际学术界的地位。例如，贵州瓮安动物群的研究（陈均远）、树翼龙的发现（季强）、已知最古老的脊椎动物（舒德干）、中华鸟龙的研究（陈丕基）、早期鸟类适应辐射的研究（侯连海）、硬骨鱼类起源和早期演化（朱敏）、迄今最早的被子植物的发现（孙革），以及热河生物群生物组成的研究等的发现和研究成果的公布均引起国际古生物学界的关注。1997年，澄江动物群研究荣获中国科学院自然科学特等奖和香港求是基金集体成果奖。在生物地层学研究领域中，1998年国际地科联批准确立浙江黄泥塘奥陶系达伦威尔阶界线层型为国际层型剖面。这些成果致使中国成为当代国际古生物研究的热点地区之一，也是中国学术界最繁荣的学科之一，先后在国际著名学术刊物《科学》（Science）、《自然》（Nature）上发表学术论文近20篇，成为我国在这两大国际权威学术刊物发表文章最多的学科。此外，为了参加中国科协组织的中国科协第一、第二届学术年会，我会除以秘书长孙革为首组团参加会议外，还积极组织稿件，共推荐30篇论文摘要提交大会，有12位古生物工作者在会上做了学术报告，展示了我国古生物学科近期一些重大发现和国际"热点"论题及研方面的一些新成果。

（二）积极扩大国际合作与交流

四年来，我会的一大批会员一直活跃在国际性的古生物学的合作与交流，他们中有些在国际古生物学术组织中担任主席、副主席、执行委员、选举委员及主要地质古生物刊物的编委等职务。一大批会员在各类国际古生物学术界舞台上，为宣传我国的学术成果，促进国际交流与合作，增进中外学者间的友谊做出

了贡献,也使我会的国际交流活动日趋频繁。四年中,我会举办国际学术会议 4 次,出席会议外宾达 50 个国家或地区 335 人(次),我会国内的一些学术年会也有外宾应邀参加。

由国际孢粉协会和中国古生物学会孢粉学分会联合主办、中国科学院南京地质古生物研究所承办的第十届国际孢粉大会,于 2000 年 6 月 24—30 日在南京举行。来自 47 个国家和地区的 256 位代表出席了大会,其中外宾 156 人,台湾地区代表 4 人。大会组织安排了 16 个专题、201 个学术报告和 87 幅墙报,会中还成功地组织了一场台湾海峡两岸孢粉学者的学术报告会,加强了两岸学者的交流和情谊。会议交流的学术内容十分广泛,几乎涉及孢粉学的所有研究领域。会议还安排了会前和会后各 3 条地质考察路线。这次会议取得圆满成功,受到中外代表的好评。

由中国古生物学会古植物学分会和中国植物学会古植物专业委员会联合主办的第六届国际古植物学大会,于 2000 年 7 月 31 日—8 月 3 日在秦皇岛举行。来自 30 个国家和地区 210 位代表(其中外宾 130 人)出席了会议,大会组织了 11 个专题,安排了 98 个学术报告和 52 幅墙报,代表提交论文摘要 230 篇,献给大会的专辑论文 67 篇,其中许多论文和报告是当前国际古植物学的前沿领域和研究热点。会议还安排了云南、华中、东北和新疆 4 条路线的野外科学考察。大会的召开对我国古植物学科的发展和人才培养将产生深远影响,对提高我国科学界的国际影响以及进一步扩大国际科学交流与合作,起到了重要的推动作用。各国代表对大会的圆满成功和中国组织委员会的工作给予了高度评价。

第七届国际化石藻类会议和第三届现生和化石轮藻国际学术会议分别是我会 1999 年和 2000 年举办的,这两次国际会议的成功举办对化石藻类学科的发展及进一步的国际交流等均起到了重要的推动作用。

此外,近年来,在我会举办的国内学术会议上,也有外宾出席。2000 年,法国蒙彼利埃第二科技大学 M. Feist 教授和 I. Souli-Marche 教授参加了我会微体古生物学分会第八次学术年会;1999 年,日本地质学会副理事长长坂辛安、日本古生物学会常务理事平野弘道等 3 人参加了我会第二十届学术年会;同年日本京都大学濑户口烈司教授一行 5 人参加了古脊椎动物学分会第七届学术年会;1997 年,俄罗斯自然科学院克拉西洛夫院士参加了古植物学分会举办地庆祝李星学院士 80 华诞学术讨论会等,会上都安排了外宾的学术报告。这些活动不仅促进了我国古生物学科的发展,提高了广大古生物学研究人员的学术水平,对进一步提高我国在国际古生物学界的地位、进一步加强中外古生物学界的友好合作和培养青年古生物学人才都起到了积极的促进作用。

(三)努力做好学报工作

我会的学术刊物《古生物学报》四年内(1997 年 7 月—2001 年 5 月)共出版 18 期,刊出论文 230 篇,其中国家和省部级基金资助科研项目的论文占发表论文总数的 58%。为了及时发布我国领先的研究成果,1999 年增刊一期,刊出 14 篇凯里和台江生物群的内容,这一生物群是我国古生物学界继著名的"澄江生物群"发现后的又一重要发现,为研究早期后生生物的演化提供了重要的证据;为了配合第六届国际古植物学大会在我国召开,2000 年又增刊一期,刊出论文 23 篇,内容涉及从古生代到新生代古植物学近年来的重要新的研究成果。

《古生物学报》为了与国际接轨,出精品期刊,早日进入"SCI",从 2000 年起改成大 16 开本,用 105 克铜版纸,图版紧接正文,封面重新设计,编辑体例也做了相应的变动,从内容到编排都有较大的改进。经一年多的运行,改版是成功的,受到古生物学家和读者的好评。1997 年,《古生物学报》荣获"江苏省十佳科技期刊"称号和"华东地区优秀期刊奖",1999 年再次荣获"江苏省十佳优秀期刊"称号及"中国科学院优秀期刊二等奖"。为了更进一步提高学报的学术质量,学会呼吁各位代表、各位理事和广大古生物学工作者在稿源上多多支持《古生物学报》。

(四)努力做好会员普查工作

实行市场经济的初期,古生物学科的发展曾一度受到经费的困扰,加上其他各方面原因,会员的情况有很大的变动,从而造成会员情况一度不很清楚,联系困难,在一定程度上影响了学会工作的开展。为此,学会七届一次理事会讨论决定开展会员普查工作,以便摸清会员的情况,以利加强学会与会员之间的联系,使学会能更好地为会员服务。为此,秘书处自 1997 年 7 月起,以通讯方式反复联系,历经一年时间基本摸清会员分布现况。据统计,截止 2000 年年底,我会现有在册会员 2401 人,实际上当前仍在古生物学工作岗位上的会员(含离退休后坚持工作的古生物学者)仅有 1000 余人(包括博物馆、教学、实验室分析及管理人员)。就是这批人员,他们艰苦奋斗,渡过难关。经过努力,现今有的已成为国内外著名学者,有的已当选中国科学院院士,还有一批青年古生物工作者已逐渐成长为古生物学科带头人和骨干,现正承担着国家和各部委的各类科研项目,有些在研究上已取得相当丰硕的成果。随着优秀古生物学人才队伍的壮大,我会向国家推荐优秀人才的工作也逐渐频繁起来。四年中,我会两次(1999 年和 2001 年)推荐中国科学院院士候选人,两次(1997 年和 2000 年)推荐全国优秀科技工作者候选人,两次(1997 年和 2000 年)推荐中国青年科技奖候选人。此外,2000 年还向中国科协人才库推荐一批著名学者入库。计划今年还将推荐一些学科带头人入中国科协人才库。

(五) 大力加强科学普及工作

科普宣传是古生物学科的强项,是破除封建迷信、提倡唯物主义的极好教材,以实物宣传生物与人类的起源和进化,可以收到较好的效果。鉴于学会的实际情况,对如何开展科普活动,常务理事会多次讨论研究认为,充分调动社会各方面的积极性和有效资源,办好古生物学的科普公益事业,推动科普工作社会化、群众化。四年来,我会广大会员积极参与科普工作,北京、上海、浙江、宜昌、成都、南京等地的会员和单位积极组织古生物化石展览和史前生命展,收到了良好的效果。此外,建立中国古生物学会科普教育基地,也是我会开展科普活动的一种非常好的方式,目前已得到很多单位的支持。截至目前,经推荐,山东山旺化石博物馆、辽宁北票古生物馆、辽宁义县宜州化石馆、中国科学院古脊椎动物与古人类研究所的中国古动物馆、四川自贡恐龙博物馆、成都理工大学博物馆、大连史前生命博物馆等已成为我会首批和第二批建立的科普教育基地。此外,我会负责人于 2000 年应深圳有关部门邀请,赴深圳参加了深圳古生物馆的设计论证;我会会员所在单位在各地举办的史前生命或古生物化石展的工作,不仅受到当地政府和社会各界的重视,而且取得了较好的社会效益。

(六) 认真做好学会清理整顿工作

根据中国科协等各领导部门的指示,我会自 1997 年第三季度开始了全国性社会团体清理整顿工作。根据国务院颁发的《社会团体登记管理条例》、民政部制定的《社会团体章程示范文本》以及中国科协文件精神,社团清理整顿主要目的是:① 增强规范学会的行为,要按章程示范文本修改学会的章程;② 按法律、法规开展学会活动,不得危害国家的统一、安全和民族的团结,不得损害国家利益和社会公共利益;③ 审计财务,严肃财务管理制度。在中国科协的领导下,通过我会章程的修改,通过会计事务所的财务审计,通过审查学会的行为和理顺组织关系等,使我们进一步认识到社会团体必须按国家法律、法规和章程(1998 年民政部审批后的章程)开展活动,增强规范学会的行为,提高学会遵纪守法的自觉性,才能使学会正常发展。通过清理整顿,也表明了我们学会是按章程依法办事的,政治方向是明确的,活动是积极的,财务管理是严格的。因此,我会是民政部较早公布通过审查的全国性学会之一。在此,我们再次说明:① 全国性学会分支机构的名称不得冠以"中国""中华"字样;② 全国性学会不得设立地方或区域性的分支机构。

各位代表,中国古生物学会第七届理事会圆满地完成了任期目标,这是在挂靠单位和有关部门大力支持下,广大会员热心学会工作、关心学会工作以及理事会共同努力和秘书处工作认真的结果。四年中,我们虽做了一些工作,取得了一些成绩,也深感还有许多不足或欠缺,如理事会不能定期召开,会员的活动还较有限等,也可能还有一些不尽如人意之处。欢迎大家提出批评,也欢迎大家就改进学会工作提出意见或建议,以便第八届理事会把学会工作做得更好。让我们在江泽民总书记"三个代表"伟大思想指引下,在中国科协的直接领导和支持下,依靠广大会员的共同努力,继续把古生物学会办好,努力为发展中国的古生物学科、为"科教兴国"做出新的更大的贡献。

四、会议纪要

中国古生物学会第八届全国会员代表大会暨第二十一届学术年会于 2001 年 5 月 19—22 日在西安市煤院宾馆举行,来自地矿、石油、煤炭、化工、海洋、科研、教学、出版部门和博物馆系统近 200 位代表和工作人员出席了会议,古生物学界老前辈李星学院士、中国地质大学(武汉)校长殷鸿福院士、中国科协学会部吴亚光同志、煤炭科学研究总院西安分院赵学社院长、辽宁国土资源厅吴启成厅长、全国地层委员会秘书长王泽九同志、吉林大学副校长孙春林同志及中国古生物学会前任副理事长、荣誉理事项礼文研究员等应邀参加了会议。中国科协、中国科学院古脊椎动物与古人类研究所、贵州省古生物学会、北京大学、西北大学、贵州工业大学和中国科学院南京地质古生物研究所发来了贺信。

本次会议的主要任务是:① 选举产生中国古生物学会第八届理事会、常务理事会和学会领导人员;② 讨论并通过修改后的《中国古生物学会章程》;③ 召开八届一次理事会议、常务理事会议,确定八届理事会任期目标;④ 开展学术交流;⑤ 召开教学讨论会;⑥ 颁发第四届尹赞勋地层古生物学奖和表彰学会活动积极分子等。

开幕式由穆西南理事长主持,汪啸风副理事长致开幕词,煤炭科学研究总院西安分院赵学社院长致欢迎词,辽宁省国土资源厅吴启成厅长和全国地层委员会秘书长王泽九分别致贺词,白志强副秘书长宣读中国科协等单位的贺信,穆西南理事长发表鼓励性的讲话,孙革秘书长做第七届理事会工作报告和财务报告,赵喜进副秘书长宣布七届七次常务理事扩大会议的决定,表彰了学会活动积极分子,颁发第四届尹赞勋地层古生物学奖。

会议开幕前夕召开了中国古生物学会七届七次常务理事扩大会议,穆西南理事长主持了会议。根据中国科协党组的要求,挂靠单位中国科学院南京地质古生物研究所党委书记沙金庚传达了中国科协文件"关于加强社会团体党的建设工作的意见"。根据文件精神由七届理事会党员理事推选成立临时党委:

书　记:沙金庚

委　员:孙　革　汪啸风　朱　敏　万晓樵

七届七次常务理事扩大会议还审议了孙革秘书长的第七届理事会工作报告和财务报告、章程修改说明、《古生物学报》编委会工作汇报及第八届全国会员代表大会暨第二十一届学术年会筹备工作的汇报。会议肯定了第七届理事会任期内,中国古生物学取得重大的成就,学会在组织学术交流、促进学科的发展、开展科普宣传活动和培养推荐人才、加强国际交流与合作等诸方面做出的成绩。会议希望即将离任的理事继续关心学会的工作,希望留任的理事,在新理事会里有效地搞好学会的改革,为学会的发展做出更大的贡献。会议还肯定了《古生物学报》编辑委员会在主编李星学院士的领导下在扩大国内外影响方面为发展古生物学科做出的成绩,希望改版后的《古生物学报》在质量上还要有进一步地提高。会议还通过了王念忠等 5 位古生物学工作者荣获第四届尹赞勋地层古生物学奖和表彰王春朝等 6 位学会活动积极分子。会议还对中国科协的有力领导和对学会的关心表示感谢,对挂靠单位中国科学院南京地质古生物研究所的无私资助和大力支持表示感谢。会议一致同意将第七届理事会工作报告、财务报告和修改后的《中国古生物学会章程》提交第八届全国会员代表大会表决通过。

第八届全国会员代表大会到会正式代表 120 人,在穆西南理事长的主持下,由换届选举工作小组朱祥根组长做关于推荐第八届理事会理事候选人的工作汇报,白志强副秘书长汇报中国古生物学会章程修改的情况。会议经充分酝酿、无记名投票选举 42 位理事组成第八届理事会,一致同意通过第七届理事会工作报告和财务报告,一致同意通过修改后的《中国古生物学会章程》。

会议期间举行了八届一次理事会议和八届一次常务理事会议。在理事会上,朱祥根同志做了关于推荐常务理事、理事长、副理事长和秘书长候选人人选的工作汇报,夏广胜同志就章程有关规定、发展学术活动基金、缴纳会费等事项做了说明和汇报。此外,按章程规定选举产生了常务理事 14 人及理事长、副理事长、秘书长,名单如下:

常务理事:

万晓樵　王元青　朱　敏　朱怀诚　汪啸风　沙金庚　杨　群　杨湘宁　季　强　张　维　郝守刚　姚建新　曾　勇　童金南

理　事　长: 沙金庚

副理事长: 朱　敏　汪啸风　郝守刚

秘　书　长: 杨　群

聘任了常务副秘书长兼学会办公室主任朱祥根,外事副秘书长孙卫国,副秘书长白志强、尹崇玉、张兆群,学会办公室副主任唐玉刚,会议一致同意聘请已退休的原专职副秘书长兼办公室主任夏广胜同志协助学会工作。会议对八届理事会的任期目标进行了热烈的讨论,提出了许多宝贵的建议,提交常务理事会做出决议。八届一次常务理事会根据理事会讨论的意见,对八届理事会任期目标,归纳做出如下决议:

(1) 在最近一年时间内,按中国科协对全国学会的改革要求,完成学会的基本改革任务,进行适当的学科组织的调整,改进各级学科组织的活动方式,提高活动质量。

(2) 积极筹备、圆满完成 2003 年中国古生物学会第二十二届学术年会、2005 年第九届中国古生物学会换届工作和第二十三届学术年会工作。

(3) 进一步加强教育普及委员会的工作,加大科普工作的投入,加强与全国科普场所和博物馆的联系,联合成立科普教育基地,至 2005 年计划建立科普教育基地 12—20 个。

(4) 加强与国际学术组织的联系,积极开展国际合作交流。

(5) 努力办好《古生物学报》,进一步提高《古生物学报》的学术质量与出版质量,争取在每届学术年会后出一期专辑,希望广大会员踊跃投稿。

(6) 进一步筹集古生物学会学术活动基金,争取在 2005 年基金总额超过 20 万元,要求本届理事长、副理事长、秘书长提供学术活动基金 3000 元,各位常务理事提供 2000 元,理事每人 1000 元。号召广大会员积极交纳会费,标准是每届每人 40 元,多交不限。欢迎广大会员为古生物学会多做贡献,特别希望大家能为古生物学会得到社会的资助献计献策。

会议期间还召开了教学讨论会,就古生物教学和教改方面进行了磋商。

本届学术年会共收到论文摘要 106 篇,会前编印了论文摘要集 1 本。大会学术报告 12 个,分会场学术报告 65 个。交流领域广泛,内容丰富多彩,充分展示了我国古生物学家近年在早期生物的起源、各门类古生物的演化、古生态、古地理、年代地层和界线层型,以及新生学科如分子古生物学等方面取得的进展。特别令人高兴的是,会上如此众多的年青古生物学专家做了精彩的报告,说明中国古生物学研究后继有人,我国的古生物学研究一定能取得新的飞跃,21 世纪的中国古生物学一定更加辉煌。

这是一次团结的大会、胜利的大会、向上的大会,圆满完成了各项预定的任务。八届理事会希望我国广大古生物学工作者团结协作,瞄准国际前沿和国家需求,潜心钻研,奋力拼搏,在基础性、战略性和前瞻性研究领域内做出国际领先水平的原创性成果,为祖国的科学事业和现代化建设,为国家的繁荣昌盛,为我国古生物学理论的发展做出更大的贡献。

第九届全国会员代表大会期间

（2005－2009）

一、简　　况

2005 年 4 月 22 日，八届五次理事会在常州召开。中国古生物学会第九届全国会员代表大会暨第二十三届学术年会于 4 月 23－27 日在江苏省常州市举行，近 300 位代表出席了会议。2005 年 4 月 22 日，八届五次理事会在常州召开，会议选举产生了九届理事会。4 月 24 日，九届一次理事会举行，选举沙金庚为理事长，朱敏、季强、郝守刚为副理事长，杨群为秘书长。4 月 24 日，九届一次常务理事会召开，决定授予汪啸风为荣誉理事；决定聘任朱祥根为常务副秘书长，王永栋、尹崇玉、冯庆来、孙春林、刘建波、张兆群、张鸿斌为副秘书长，聘任朱祥根为学会办公室主任，唐玉刚为学会办公室副主任；决定学会下属教育、科普、组织工作委员会主任分别为童金南、张维、杨群；此外就学会学术活动基金管理委员会换届等事项做出了决定。5 月，《中国古生物学会讯》第 35 期——中国古生物学会第九届全国会员代表大会暨第二十三届学术年会专辑出版，报道了第二十三届学术年会活动的一些情况。

6 月，学会孢粉学分会第七届全国会员代表大会暨学术年会在中山大学广州校区和珠海校区召开，数十名各行业的代表参加了会议。11 月 1－3 日，学会和中国科学院南京地质古生物研究所等单位在南京共同举办了侏罗系界线及地质事件国际学术研讨会。

2006 年 1 月九届二次理事会在广东河源召开。6 月 17－21 日，学会主办的以“远古生命和现代研究途径”为主题的第二届国际古生物学大会在北京大学举行，800 余人参加了会议，其中外宾 403 人。会前出版了 555 页的《远古生命和现代研究途径——第二届国际古生物学大会论文摘要集》（英文版）。6 月 19 日，第二届古生物学名词审定委员会在北京大学成立，委员 24 名，由李星学任主任，李传夔任副主任，王鸿祯、张弥曼、戎嘉余等 6 位专家为委员会顾问。

2006 年 6 月 26 日，学会前理事、国际古生物协会副主席、学会古生态学专业委员会主任、中国科学院学部委员金玉玕研究员逝世。

2006 年 8 月 31 日，学会前理事、中国科学院学部委员吴汝康研究员逝世。

2007 年 1 月 28－29 日，九届三次理事会在山东平邑召开，决定学会第二十四届学术年会在平邑举行，决定接纳山东天宇自然博物馆和重庆自然博物馆为学会全国科普教育基地，并为天宇自然博物馆举行了挂牌仪式。

6 月上旬，学会孢粉学分会七届二次学术年会在河北省石家庄市河北师范大学召开，近百名代表参加了这次会议。6 月 21－24 日，学会协办的第十六届国际石炭纪与二叠纪大会在南京召开，24 日学会在南京召开了古生物学名词审定委员会第二次工作会议。6 月下旬，学会协办的第十届国际奥陶系大会及第三届国际志留系大会在我国召开，来自几十个国家的外宾来中国参加了会议并进行了野外考察，7 月初部分外宾去湖北宜昌参加了宜昌黄花场“金钉子”揭碑仪式。

9 月 14 日，九届四次理事会在平邑召开。9 月 14－17 日，学会第二十四届学术年会在山东省平邑县召开,近240位代表参加了会议。10月,《中国古生物学会讯》第36期出版,报道了第二十四届学术年会和第二届国际古生物大会的一些情况。

10月中旬,学会化石藻类专业委员会第六届全国会员代表大会暨第十三次学术年会在贵州省贵阳市召开,几十名代表从全国各地来到贵阳参加会议。

2008年元月12日,在北京西苑饭店召开学会九届四次理事会,布置落实2008年工作要点;同时召开了第二届古生物学名词审定委员会第三次工作会议。

2008年8月,古植物学分会五届三次学术年会在沈阳召开。9月,古脊椎动物分会第十一次学术年会在山西太原召开。10月,微体古生物学分会第八届全国会员代表大会暨第十二次学术年会在广西北海市召开。11月12—15日古生态学专业委员会联合江苏省古生物学会、河南省古生物学会、安徽省古生物学会、湖北省古生物学会、江苏省地质学会地层古生物专业委员会在焦作河南理工大学共同举办关于"地质历史上的大规模海进和生命演化过程"学术交流会。

2009年1月5日,九届五次理事会在南京状元楼宾馆召开,会议讨论了召开第八届全国会员代表大会暨第二十五届学术年会、理事会换届以及庆祝中国古生物学会成立80周年等事项。

2009年8月8日,九届六次常务理事会在南京召开,主要讨论了理事会换届工作事宜。9月中旬,学会孢粉学分会在南京召开第八届一次学术年会。

二、第九届理事会组成名单

(以姓氏笔画为序)

理　　　事:	万晓樵　尹崇玉　王　恬　王　强　王元青　王文利　王伟铭　王向东　王成文　王汝建　邓胜徽　冯伟民　冯庆来　卢立伍　史晓颖　白志强　刘　武　刘家润　华　洪　孙　革　孙卫国　孙柏年　朱　敏　朱怀诚　吴亚生　张　维　张云翔　张敏强　张喜光　李承森　杨　群　杨湘宁　沈　波　沙金庚　陈木宏　陈孝红　周忠和　季　强　欧阳辉　武　涛　郑　卓　金昌柱　洪天求　姚建新　赵元龙　郝守刚　袁训来　黄智斌　黄清华　曾　勇　童金南
常务理事:	万晓樵　王元青　王向东　刘　武　朱　敏　朱怀诚　张　维　张云翔　杨　群　杨湘宁　沙金庚　陈孝红　季　强　姚建新　郝守刚　曾　勇　童金南
理 事 长:	沙金庚
副理事长:	朱　敏　季　强　郝守刚
秘 书 长:	杨　群
副秘书长:	王永栋　尹崇玉　冯庆来　朱祥根　孙春林　刘建波　张兆群　张鸿斌

中国古生物学会学术活动基金管理委员会

主　　　任:沙金庚

副 主 任:朱　敏　季　强　郝守刚

委　　　员:万晓樵　王元青　王向东　刘　武　朱　敏　朱怀诚　张　维　张云翔　杨　群　杨湘宁　沙金庚　陈孝红　季　强　姚建新　郝守刚　曾　勇　童金南

中国古生物学会教育工作委员会

主　　　任:童金南

中国古生物学会科普工作委员会
主　　任：张　维
成　　员：孙卫国　沈　波　卢立伍　金昌柱

中国古生物学会组织工作委员会
主　　任：杨　群

三、第八届理事会工作总结

杨　群

在中国科协的领导下，中国古生物学会团结广大古生物学科技工作者，依靠会员们的努力、有关部门和挂靠单位的支持，在组织学术交流、科普活动、推荐优秀科技人才、办好学术刊物、坚持为会员服务等工作中取得了一定的成绩。现在，受中国古生物学会第八届理事会的委托，我就 2001 年 5 月西安会议以来的学会工作简要地汇报如下，不妥之处敬请各位代表批评指正。

（一）积极组织学术交流活动

组织学术交流活动，努力提高学术活动的质量，是学会的中心工作。2001 年西安会议后，我会举办或与有关单位联合举办了国内学术活动 13 次，参加会议人数 1042 人次，收到论文或论文摘要 554 篇，出版论文集 1 册。学术交流内容涉及古生物学许多领域，时代跨越由前寒武纪至第四纪，有许多新发现、新认识、新见解，充分展示了我国古生物学近年来取得的成就，显示了我国古生物学研究的新进展。例如，近年来我国古生物工作者在澄江动物群、瓮安生物群、热河生物群、关岭生物群、南京直立人等研究中，发现了世界上最早的多细胞动物、脊椎动物、被子植物等化石，在地球早期生命、鸟类、鱼类、被子植物、银杏等生物类群的起源与演化，以及带毛恐龙的研究中都取得了举世瞩目的成果；在国际年代地层和界线层型研究中，建立了包括二叠-三叠系界线、二叠系和寒武系内部界线层型在内的全球界线层型（"金钉子"）和年代地层单元。这些成果为我国科学界赢得了重要的国际荣誉。我国古生物地层工作者还在全国地层志研究、各门类古生物的系统学研究以及能源开发和勘探研究中做出了突出贡献。

（二）广泛开展国际学术交流活动

开展国际学术交流是我国古生物研究成果推向世界、提高研究水平、拓展学术视野的重要途径之一。我国具有丰富的古生物与地层资源，有一批在国际上有威望的古生物学家、老中青科研工作者在国际交流和组织国际学术活动的能力日益增强。四年来，我会与有关单位或团体联合举办了 3 次重要国际学术会议，包括二叠系-三叠系界线层型重大事件国际学术会议、第七届国际寒武系再划分野外现场会议和首届国际水杉会议。古脊椎动物学分会第八届学术年会还邀请了澳大利亚、加拿大、日本等外国学者，有力地将我国的研究成果融入国际古生物研究领域。

2002 年 7 月，在澳大利亚悉尼召开了首届国际古生物学大会，我会众多学者和领导，共计 35 人，参加了此次会议，在会上交流了 40 余篇学术报告和展板，展示了中国古生物学的研究成果，并得到国际古生物学界的赞誉。大会还进行了国际古生物协会的换届，我国著名古生物学家金玉玕院士再次当选为国际古生物协会副主席。会议期间，在沙金庚理事长的主持下，召开了临时理事会议，积极支持金玉玕院士等学者的倡议，经努力，争取到第二届国际古生物学大会于 2006 年在中国北京召开。

第二届国际古生物学大会将全面反映当代古生物研究的新成就、新途径和新挑战，促进学科发展，为密切众多学术组织及研究机构的联系，推动各学科的综合研究提供了机会。大会筹备工作正在顺利地进行。目前就大会的学术活动，包括分支学科讨论会、专题讨论会、野外考察路线等落实的情况做了安排，并作为第一轮通知的主要内容向各国古生物学家公布。这次大会是国际古生物学界的一次盛会，也是中国古生物学界的一件盛事。我们相信，在中国科协等部门和广大古生物学工作者的大力支持下，一定能够使第二届国际古生物学大会取得大的成功。

（三）努力办好学术刊物

《古生物学报》《古脊椎动物学报》和《微体古生物学报》是中国古生物学会及其分支机构向国内外学术交流的重要窗口。2001—2004 年，《古生物学报》共出版 16 期和增刊 1 期，刊出论文 198 篇，平均每年 66 篇。编辑部紧紧围绕当今古生物学热点课题及时组织文章发表，如配合第七届国际寒武系再划分现场会议及时刊出一期增刊，受到国内外专家的好评，产生一定的社会效益。学报刊出国外作者的稿件呈增多的趋势，刊出论文的质量有一定的提高。在 2002 年江苏省期刊评比中，《古生物学报》再次荣获优秀期刊奖。

由于政策的倾向，我国古生物学许多高质量的论文投向国外刊物，我们相信此种现象不久将有所改变。借此机会，我们呼吁广大中国古生物学会广大会员积极支持学报工作，踊跃投稿，以不断提高学报的学术水平和在国际学术界中的地位。

（四）积极推动科普工作

倡导科普宣传工作是学会的一项重要任务。古生物学领域的许多发现和研究成果是广大民众喜闻乐见的，是破除封建迷信、提倡唯物主义的好教材。我会根据多年经验，在积极推动广大会员参与科普工作的同时，努力建立和发展中国古生物学会全国科普教育基地，这对调动社会各方面的积极性和发挥社会资源的效用是一种好的方式。迄今为止，我们已建立了包括常州中华恐龙园（即将挂牌）、中国科学院北京中国古动物馆、南京古生物博物馆在内的 14 个中国古生物学会全国科普教育基地。组织了一系列面向社会的科普报告活动。本次会议期间，也组织了由古生物学专家主讲的面向公众系列科普报告会。我会科普基地的丰富多彩的展示，以及我会会员开展的许多科普报告，普遍受到了广大群众特别是青少年的欢迎，取得较好的社会效益。

（五）积极参与中国科协的活动

我会积极组织参加了中国科协举办的大型学术年会。2001 年向中国科协年会提交论文摘要 20 篇，2002 年提交会议论文摘要 16 篇，并组团参加了会议。对于推动多学科交叉、联合起了积极的作用。中国科协自 2002 年起，每年编写年度《科学发展蓝皮书》，目的是总结各学科发展的基本情况，展示一年来出现的学科新进展、新成果、新见解、新观点，为促进学科发展、人才成长和科技进步做出贡献。2002 年我会提供了《国际古生物学研究的几个亮点》、2003 年提供了《中国古生物学的探索与研究》、2004 年提供了《中国古生物学研究新进展》共 3 篇论文，大多入选中国科协年度《科学发展蓝皮书》。为扩大我会的影响起到了一定的作用。

（六）发展中国古生物学会学术活动基金

发展学会学术活动基金，是我会吸取兄弟学会经验并经过多年实践探索发展起来的、适应形势发展的要求、使学会在改革中求发展、进一步增强活力的一项措施。设立"中国古生物学术活动基金"的目的是，资助古生物学科技工作者的学术活动、参加国内外学术会议及有关重大活动，尤其优先考虑对优秀中青年科技工作者的支持，为促进学会的学术交流和人才培养，为繁荣和发展我国的古生物学事业做出贡献。这是一项较长远的发展，当前由于本金较少，利息又低，因此还没有正式实施资助。从学会的发展来看，我们相信学会学术活动基金将在今后学会的发展中起到很好的作用。在 2001 年 5 月西安会议召开时，中国古生物学会学术活动基金有 14.67 万元，由于八届理事会各位理事、常务理事的大力支持，截止到目前基金已发展到 20 万元。

（七）推荐优秀人才

向有关部门推荐优秀科技人才也是我会重点工作之一。我会坚持按文件精神认真开展推荐工作。四年中，先后开展全国优秀科技工作者、中国青年科技奖候选人及中国科学院院士初选候选人等优秀人才的

推荐工作。经评选,我会推荐的周志毅研究员荣获"2001 年全国优秀科技工作者"称号,朱敏研究员荣获"第八届中国青年科技奖"。侯亚梅研究员荣获"首届中国青年女科学家"称号,沙金庚研究员荣获"2004 年全国优秀科技工作者"称号。2003 年中国科协为国家制定政策提供基础信息依据,加强和科技工作者之间的联系,我会进行了"全国性学会学科带头人和科技专家库"的推荐工作。

各位代表,中国古生物学会第八届理事会基本圆满完成了任期目标。这是在中国科协的领导下,有关部门和挂靠单位的大力支持,广大会员热心学会工作和理事会共同努力的结果。四年中,我们虽做了一些工作,取得一些成绩,但也存在一些缺点和错误,欢迎大家提出批评,也欢迎大家对学会工作的改革提出意见和建议,以便第九届理事会把学会工作做得更好。我们相信,在第九届理事会的领导下,依靠广大会员的共同努力,一定会把中国古生物学会办得更好,为中国古生物学科发展做出新的贡献。

四、会 议 纪 要

中国古生物学会第九届全国会员代表大会暨第二十三届学术年会于 2005 年 4 月 23—27 日在江苏省常州市举行,来自地矿、石油、煤炭、化工、海洋、科研、教学、出版和博物馆系统近 300 位代表出席了会议。中国科协书记处书记冯长根同志、江苏省人民政府张桃林副省长、江苏省科技厅王秦副厅长、中国科协学会学术部学会管理处孙铭处长、江苏省科协徐耀新副主席、江苏省科协学会部王安宁部长、南京市政协穆西南副主席、常州市人民政府居丽琴副市长,以及中国科学院院士李星学、吴新智、戎嘉余、殷鸿福、金玉玕、陈旭和中国古生物学会荣誉理事项礼文研究员等应邀参加了会议。

本次会议的主要任务是:① 选举产生中国古生物学会第九届理事会、常务理事会和学会领导人员;② 讨论并通过修改后的《中国古生物学会章程》;③ 召开九届一次理事会议、常务理事会议,确定九届理事会任期目标;④ 学术交流活动;⑤ 召开科普讨论会和讲座;⑥ 颁发第五届尹赞勋地层古生物学奖和表彰学会活动积极分子等。

开幕式由汪啸风副理事长主持,沙金庚理事长致开幕词,中国科协书记处书记冯长根同志、江苏省人民政府张桃林副省长、江苏省科技厅王秦副厅长、江苏省科协徐耀新副主席、南京市政协穆西南副主席、常州市人民政府居丽琴副市长先后在开幕式上致辞或做了重要讲话。中国古生物学会秘书长杨群做了第八届理事会工作报告。

会议开幕前夕召开了中国古生物学会八届五次理事会,沙金庚理事长主持了会议。按《中共中央组织部关于加强社会团体党的建设工作的意见》,"今后,各学会、协会、研究会在召开全国会员代表大会、理事会或举行经中国科协批准的重要活动期间,应根据工作需要成立临时党组织,临时党组织组成人员报学会办事机构挂靠单位党委(党组)批准"这一指示精神,经党员理事推选下列同志组成本次大会的临时党支部:

书　记:白志强

副书记:张　维

委　员:沙金庚　汪啸风　朱　敏

八届五次理事会议审议了第八届理事会工作报告、财务汇报、章程修改说明、《古生物学报》编委会工作汇报,以及第九届全国会员代表大会暨第二十三届学术年会筹备工作的汇报,会议充分肯定了第八届理事会期间,中国古生物学会在组织学术交流,促进学科的发展,开展科普宣传活动和培养、推荐人才,加强国际交流与合作等诸方面所做出的成绩,肯定了《古生物学报》编辑委员会在主编李星学院士的领导下,在增进学术交流、扩大国内外影响方面为我国古生物学科做出的成绩,希望编委会换届后的《古生物学报》在质量上有进一步地提高。希望将不再连任的理事们继续关心学会的工作,为学会的发展做出更大的贡献。会议还通过了袁训来等 4 位古生物学工作者荣获第五届尹赞勋地层古生物学奖和表彰华洪等 6 位学会活动积极分子的决定。八届理事会对中国科协的有力领导和关心表示感谢,对常州中华恐龙园以及挂靠单位中国科学院南京地质古生物研究所的无私资助和大力支持表示感谢。

第九届全国会员代表大会到会正式代表 260 人,在选举大会上,换届选举工作小组朱祥根同志做了关于第九届理事会换届的工作汇报,杨群秘书长汇报了中国古生物学会章程修改的情况。会议代表们经充分酝酿,通过无记名投票方式选举产生了第九届理事会,一致同意通过第八届理事会工作报告和财务报告,一致同意通过修改后的《中国古生物学会章程》。

会议还对九届理事会的任期目标进行了热烈的讨论,提出了许多宝贵的建议,根据理事会讨论的意见,对九届理事会任期目标,归纳做出如下决议:

(1)继续按中国科协对全国学会的改革要求,完成学会的基本改革任务,进行适当的学科组织的调整,改进各级学科组织的活动方式,提高活动质量。

(2)积极筹备,圆满完成 2006 年第二届国际古生物学人会。

(3)进一步加强教育普及委员会的工作,加大科普工作的投入,加强与全国科普场所和博物馆的联系,联合成立科普教育基地,使中国古生物学会全国科普教育基地总数达到 20 个。

(4)加强与国际学术组织的联系,积极开展国际合作交流,以 2006 年在我国召开的第二届国际古生物学大会为契机,扩大我国古生物学在国际上的影响。

(5)在《古生物学报》编委会换届后,进一步提高《古生物学报》的学术质量与出版质量,争取在每届学术年会后出一期专辑。

(6)认真学习中国科协所发布的《科技团体接受政府职能转移与对策建议调研报告》,扩展公共服务和社会管理的质量,增强自我发展能力,扩大社会影响,树立中国古生物学会在社会的良好形象,获得政府的信任和支持,争取学会在职称评定方面有所建树和突破。

(7)进一步筹集古生物学会学术活动基金,要求本届理事长提供学术活动基金 10000 元,副理事长、秘书长每人提供学术活动基金 8000 元,常务理事每人提供 6000 元,理事每人提供 3000 元。号召广大会员按照《中国古生物学会章程》第三章第十一条的规定积极缴纳会费,本届的会费缴纳标准是:资深会员 1000 元,普通会员每人 400 元,初级会员每人 200 元。欢迎广大会员为古生物学会多做贡献,特别希望大家能为古生物学会得到社会的资助献计献策。

会议期间,常州中华恐龙园有限公司领导及其各职能部门人员与出席会议的国内博物馆系统的代表召开了科普座谈会,就大家广泛关心的问题和热点进行了研讨。公司董事长沈波做了《坚持产业化动作思路拓展文博事业市场空间——常州中华恐龙园发展之路探究》的大会报告。使中国古生物学会积累了通过开展科学技术普及,为社会提供有效的服务,多渠道筹集学会发展资金,在组织制度、活动方式和运行机制等方面长远发展的经验。

本届学术年会共收到论文摘要 106 篇,会前编印了论文摘要集和第九届理事会理事候选人简介。本次大会组织了大会学术报告 5 个,分会场学术报告 79 个。交流领域广泛,内容丰富多彩,充分展示了我国古生物学家近年来在早期生物的起源、各门类古生物的演化、古生态、古地理、年代地层和界线层型及新生学科如分子古生物学等方面取得的进展。特别令人高兴的是,会上有众多的年轻古生物学专家做了精彩的报告,说明中国古生物学研究后继有人,相信我国的古生物学研究一定能取得新的飞跃,21 世纪的中国古生物学一定更加辉煌。

这是一次团结的大会、胜利的大会、向上的大会,圆满完成了各项预定的任务。九届理事会希望我国广大古生物学工作者团结协作,瞄准国际前沿和国家需求,潜心钻研、奋力拼搏,在基础性、战略性和前瞻性研究领域内做出国际领先水平的原创性成果,为祖国的科学事业和现代化建设,为国家的繁荣昌盛,为我国古生物学事业的发展做出更大的贡献。

第十届全国会员代表大会期间
（2009－2013）

一、简　况

2009 年建立了中国古生物学会的一个重要的里程碑。从 1929 年至 2009 年，中国古生物学会走过了漫长而辉煌的 80 年，是我国为数不多的具有悠久历史的自然科学学术团体，同时又是国际古生物学协会具有重要影响的一员，在国内外享有很高的学术声誉。成立 80 年来，中国古生物学会在团结广大会员、组织学术交流和服务社会、弘扬科学文化以及科学普及等方面发挥了积极而不可替代的重要作用。

2009 年 10 月 14－16 日，中国古生物学会第十届全国会员代表大会暨第二十五届学术年会——纪念中国古生物学会成立 80 周年活动在南京召开。来自中国科学院、中国地质科学院等科研院所，高校，国土资源、石油、煤炭、化工、海洋行业，出版部门和博物馆系统的人员，以及部分海外学者等近 600 余人出席了这次会议。开幕式由中国古生物学会副理事长朱敏主持，中国古生物学会理事长沙金庚致开幕词，中国古生物学会秘书长杨群做第九届理事会工作报告。第十届理事会换届工作小组组长王永栋副秘书长做了理事候选人推荐工作报告，刘建波副秘书长做关于《中国古生物学会章程》修改草案的报告，张兆群副秘书长做第九届理事会财务工作报告。经过大会投票选举，来自各地高等院校、科研院所以及石油、煤炭、地质矿产、博物馆、出版和管理等系统共 61 人当选为中国古生物学会第十届理事会理事，完成了理事会的新老交替。在 15 日晚举行的第十届理事会第一次会议上，选举产生了由 19 人组成的常务理事会，常务理事会随后召开第一次会议，选举产生了理事会领导机构和秘书处组成。杨群当选为中国古生物学会第十届理事会理事长，周忠和、孙革、季强和童金南当选为副理事长，王永栋当选为秘书长。会议编辑出版了纪念中国古生物学会成立 80 周年论文专辑——《世纪飞跃》，编辑出版了反映中国古生物学会 80 年历史的《中国古生物学会 80 周年图集》。

2009 年 9 月 17－19 日，中国古生物学会孢粉学分会八届一次学术会议暨分会成立 30 周年纪念活动在南京召开。来自全国教育、科研、能源、企业等单位共 100 余名代表参加了这一盛会。会议期间进行了换届工作。

2010 年 7 月 10－12 日，中国古生物学会微体古生物学分会第十三次学术年会暨化石藻类专业委员会、第十四次学术讨论会在新疆维吾尔自治区库尔勒市召开。来自科研院所、大学和油田等 27 家单位共 102 名代表参加了会议。会议期间进行了换届工作。

2010 年 9 月 13－15 日，中国古生物学会古脊椎动物学分会第十二次年会暨第四纪古人类-旧石器考古专业委员会在山东省平邑县顺利召开。来自全国各科研院所、高校、文博系统等 80 多家单位 190 余名代表参加了会议。会议期间进行了换届工作。

2010 年 6 月 28－7 月 3 日，第三届国际古生物学大会在英国伦敦召开，来自 40 多个国家的近 500 名代表参加了会议。我国著名古生物学戎嘉余院士等担任国际学术委员会委员，我会理事长杨群研究员担任大会执行委员会委员。大会设"中国古生物学新发现和新进展"的专题分会，由中国古生物学会作为会议发起人,由杨群理事长和戎嘉余院士共同担任分会召集人,并就我国近年来古生物学新发现的生物群和重大事件等展开交流。

以中国科学技术协会主编、中国古生物学会编著的名义出版的《古生物学学科发展报告》于 2010 年 3 月正式向全国发布。《古生物学学科发展报告》是我国古生物学界的一项重要工作,将进一步推动我国古生物学的学科发展,为国家基础科学研究、人才培养、科普教育以及国家能源战略需求等提供决策依据。

中国古生物学界两年一次的大型学术交流活动——中国古生物学会第二十六届学术年会于 2011 年 10 月 21-23 日在贵州省关岭布依族苗族自治县召开。来自全国各地高等院校、科研院所以及石油、煤炭、地质矿产、博物馆和出版等系统共计 90 多个单位的近 400 多位专家学者出席了会议。本次会议以"古生物科学研究与化石保护"为主题,共设学术专题 20 个,安排学术报告 24 场计 193 个,收到参会代表的科研论文摘要 324 篇,评选颁发了中国古生物学会首届青年古生物学奖和研究生优秀学术报告奖。

2011 年 9 月 15-18 日,中国古生物学会孢粉学分会八届二次学术年会在河北任丘召开,会议到会人员超过了 140 人,是近 20 年来规模最大的一次。

2012 年 7 月 8-10 日,中国古生物学会古生态学专业委员会第六次会议暨第六届学术年会在兰州市召开。来自全国各科研院所、高校系统及能源生产勘探等 16 家单位 50 余位代表参加了会议。会议期间进行了换届选举,组成了新一届委员会。

2012 年 8 月 25-27 日,中国古生物学会古脊椎动物学分会第十三届学术年会在内蒙古自治区二连浩特市圆满召开。来自全国各科研院所、高校、文博系统等 80 多家单位的 200 余代表参加了会议。

2012 年 10 月 14 日,中国古生物学会第十届第六次常务理事会议在南京召开。

《中国古生物学科史》开题会于 2012 年 10 月 14 日在南京市召开。

2012 年 10 月 19-21 日,应我会邀请,德国古生物学会会长、哥廷根大学古生物专家 Joachim Reitner 教授及德国古生物学会一行 6 人访问了我会。

2012 年 9 月 17-22 日,首届全国地质古生物科普工作研讨会在辽宁古生物博物馆召开。来自全国 30 多家自然博物馆、科普基地、国家地质公园、网络媒体、书刊杂志等单位的近百名专家学者参加了研讨会。

2013 年 5 月 17-19 日,中国古生物学会古植物学分会 2013 年学术年会在兰州大学举行。

2013 年 5 月 25-26 日,中国古生物学会科普工作委员会第二次委员工作会议在桂林举行。

2013 年 10 月 20-23 日,中国古生物学会孢粉学分会在广西桂林召开了第九届一次学术年会暨理事会议。来自各科研院所、高等院校、石油、花粉资源开发等不同单位和部门 170 余人参加了本次会议。

王永栋秘书长代表中国古生物学会第十届理事会做工作报告。他总结了第十届理事会自 2009 年 10 月成立以来,学会在组织学术活动、积极举荐人才、开展国际交流、组织学科发展、学术出版、推动科学普及和传播、加强古生物化石保护以及提升学会工作能力等 9 个方面所取得的进展,并对今后的学会工作提出了展望。

会议收到论文摘要近 300 篇,除了大会报告外,还设立 23 个分会场并安排主题报告近 40 个,口头学术报告 195 个,展版报告 25 个,有 50 多位专家担任工作会议和分会场主持人。年会研讨内容反映了我国古生物学在近年来取得的新进展和新成果,涉及早期生命和多细胞演化,特异化石库及埋藏学,早古生代生物多样性及其演化,晚古生代生物多样性变化,二叠-三叠纪之交生态系演变,热河与燕辽生物群研究进展,重大地史时期生物的绝灭与复苏,中生代生物多样性变化及环境背景,白垩纪生物群与 K-T 界线,新生代生物多样性与环境变化(含古人类学),古生态学、古地理学以及古气候学,综合地层学、旋回地层与高分辨率地层,古植物学与孢粉学,微体古生物学及其应用,古脊椎动物类群的起源与演化,地球生物学与环境,分子古生物学,古生物化石数据库,古生物学教学与人才培养,古生物学博物馆与科普教育以及古生物化石及其保护等。

本次会议选举产生了由 65 位理事组成的中国古生物学会第十一届理事会,以及由 21 人组成的常务理事会。选举产生了第十一届理事会负责人,杨群担任理事长,孙革、童金南、邓涛、姚建新担任副理事长,王永栋担任秘书长。会议还确定了学会组织委员会、教育委员会、科普工作委员会负责人以及学会办公室负责人等。

在 11 月 17 日举行的会议闭幕式上,学会为舒德干院士和周忠和院士颁发了中国古生物学会荣誉理事证书。向中国地质大学(武汉)楚道亮等 15 位同志颁发了研究生优秀口头报告奖,向 4 位同志颁发了研究生优秀展板报告奖,还表彰了 8 位学会活动积极分子。

经过一年的筹备工作,第一届中德古生物学会国际学术研讨会于 2013 年 9 月 20－29 日在德国哥廷根大学召开。来自 16 个国家包括 80 余位中国学者在内的 320 位古生物学领域的专家学者参加了大会,会议共收到来自 34 个国家包括 80 篇中国学者提交的 275 篇论文摘要和展板。

二、第十届理事会组成名单

(以姓氏笔画为序)

理　　事:	万晓樵	尹崇玉	王　军	王元青	王文利	王永栋	王训练
	王伟铭	王向东	王宇飞	王成文	王汝建	邓胜徽	冯伟民
	冯庆来	卢立伍	白志强	任　东	刘　武	刘　羽	刘家润
	华　洪	孙　革	孙元林	孙春林	孙柏年	巩恩普	吴亚生
	张　维	张兆群	张兴亮	张喜光	李　勇	李　奎	杜品德
	杨　群	沈　波	沈树忠	陈木宏	陈孝宏	周传明	周忠和
	欧阳辉	季　强	武　涛	郑　卓	郑晓廷	金昌柱	姚建新
	施贵军	洪天求	姬书安	袁训来	高　星	黄清华	黄智斌
	彭　进	曾　勇	童金南	谢树成	詹仁斌		
常务理事:	万晓樵	王元青	王永栋	王向东	白志强	刘家润	华　洪
	孙　革	孙柏年	张　维	杨　群	陈孝红	周忠和	季　强
	姚建新	袁训来	高　星	曾　勇	童金南		
理 事 长:	杨　群						
副理事长:	周忠和	季　强	童金南				
秘 书 长:	王永栋						

三、第九届理事会工作报告

杨　群

各位来宾、各位代表:

受中国古生物学会第九届理事会的委托,(现在)我就 2005 年 4 月常州会议以来的学会工作向各位代表进行汇报,不妥之处敬请批评指正。

四年来,中国古生物学会在中国科协的领导和挂靠单位的大力支持下,依靠理事会和广大会员的共同努力,围绕九届一次理事会制定的工作目标,认真学习贯彻中国科协"七大"会议精神,继续深化学会的改革,促进学会的发展。在组织学术交流、加强国际合作、开展科普活动、推进学报出版、推荐优秀人才以及学会化建设等各项工作都取得了一定的成绩。现重点就以下几个方面的工作进行总结和汇报。

（一）积极组织学术交流活动，推动古生物学研究的发展

中国古生物学会作为一个全国性的学术团体，其工作重点历来是围绕组织学术交流活动，为广大科技工作者提供展示科研成果，拓展研究思路的舞台，从而促进研究领域内的新发现、新成果和新理论的不断涌现。

2005 年常州会议至今，我会共组织和参与组织各类学术会议 18 次，参加会议人数 2600 人次，收到论文及论文摘要 1400 余篇，大会及分会报告 1100 余个，展板报告 300 个，出版论文集 3 部，论文摘要集 6 册。其中，较大规模的会议包括中国古生物学会第二十四届学术年会（2007 年山东平邑）、古脊椎动物分会第十届学术年会暨第四纪古人类-旧石器考古专业委员会首届年会（2006 年福建三明）、第十一届学术年会暨贾兰坡院士百年诞辰纪念会议（2008 年山西太原）、微体古生物分会第十一次学术年会（2006 年青海西宁）、第八次全国会员代表大会暨第十二次学术年会（2008 年广西北海）、古植物学分会 2008 年学术年会（辽宁沈阳）、孢粉学分会第七届二次学术年会（2007 年河北石家庄）、化石藻类分会第十三次学术年会（2007 年贵州贵阳）、古生态学专业委员会第三次和第四次学术年会（2006 年深圳和 2008 年河南焦作）等。这些会议从多角度和多层次探讨了早起生命起源、地质时期生物多样性、进化与发育古生物学、过去和现在的全球变化与生物演化等进行了深入的研讨，系列学术报告涵盖了古生物学各分支学科的新进展，包括古植物学、孢粉学、古无脊椎动物学、古脊椎动物学、化石库、古生态，古生物地理和古气候学、高分辨率地层学、微体古生物学等。上述会议除了组织学术交流外，还安排了丰富多彩的野外地质考察路线。

（二）加强国际合作，促进国际学术交流

我会一直是国际国生物学协会（IPA）的会员，2005 年以来积极参加了 IPA 的学术组织和有关国际会议。国际古生物协会上届主席 Richard Aldridge（英国）、副主席 Else Marie Friis（瑞典）、现任主席 David Harper（丹麦）等均先后多次访问中国并开展了学术交流。IPA 原副主席、我国学者金玉玕院士代表国际古生物学会赴开罗参加国际生物科学联合会第二十八届大会，侯先光教授现任 IPA 副主席。

尤其是中国古生物学会于 2006 年在北京成功主办了备受国内外注目、被誉为国际古生物学界“奥林匹克盛会”的第二届国际古生物学大会。来自我国和美国、俄罗斯、日本、英国、德国、法国、瑞典、丹麦、挪威、加拿大、意大利、比利时、西班牙、荷兰、捷克、波兰、印度、蒙古、韩国、马来西亚、伊朗、巴西、阿根廷、埃及等近 40 个国家的 800 余位古生物学工作者和来宾出席了本次盛会（其中国外代表 403 人）。此次大会基本囊括了当今国际古生物学界最知名的学者和最活跃的学术权威。

中国科协名誉主席周光召院士，中国科协党组书记、副主席、书记处第一书记邓楠，国家自然科学基金委员会主任陈宜瑜院士，中国科学院副院长李家洋院士，国际地球科学联合会主席张宏仁教授等出席了大会开幕式。邓楠书记和李家洋副院长分别代表中国科协和中国科学院向大会致辞。全国人大常委会副委员长、中国科学院院长路甬祥向大会发来了贺信。邓楠书记在开幕式致辞中指出，经过几代人的努力，中国的古生物学科已发展成为我国最繁荣的自然科学学科之一。特别是近 20 年来，我国古生物学家在若干重要基础和前沿研究领域内做出了一系列具有影响的原创性成果，在国内外科学界和公众中产生了重要影响。

会议设有一系列学术报告分会，包括特别报告会 5 个，综合报告会和专题研讨会 30 个。会间共交流口头学术报告 505 个，展板报告 200 个，内容涉及古生物学研究的各个研究领域、热点研究方向、新的研究技术和方法、学科前沿问题以及最新的科学发现等。大会特别报告会对地球历史的古胚胎学和发育生物学、地质生物多样性、进化与发育古生物学、过去和现在的全球变化与生物演化等进行了深入的研讨。近10 个综合报告会的系列学术报告涵盖了古生物学各分支学科的最新进展，包括古植物学、孢粉学、古无脊椎动物学、古脊椎动物学、化石库、古生态，古生物地理和古气候学、高分辨率地层学、微体古生物学等。

会议共收到论文摘要 690 篇，共计 152 万多字，555 页，在会前由中国科学技术大学出版社以《远古生

命和现代研究途径——第二届国际古生物学大会论文重要专辑》(英文)为题正式出版,并向国内外公开发行。

第二届国际古生物学大会规模大、代表性广,是一次备受国内外注目、被誉为国际古生物学界"奥林匹克盛会"的大型国际会议,为全面展示我国古生物学研究水平和新成果提供了一个绝佳的国际学术舞台。众多国际知名专家和国内学者纷纷盛赞本次会议取得了圆满的成功,对本次会议浓郁的学术气氛、众多高质量的学术报告以及细致高效和国际化的组织工作给予了高度评价,并对我国古生物学取得的举世瞩目的成就表示钦佩和赞赏。

除此之外,我会参与主办和协办了多次具有重要影响的国际学术会议,包括第四届国际寒武纪地质大会(2005 年南京)、侏罗纪界线和重大地质事件国际学术研讨会(2005 年南京)、第十届国际奥陶系和第三届国际志留系联合大会(2007 年南京)、第十六届国际石炭系-二叠系大会(2007 年南京)、生物地质学国际研讨会(2008 年武汉)等,引起了国际学术界的积极评价和赞许,同时也展示了我国古生物学在上述学科分支领域所取得的重大进展和成果。

另外,在国际交流方面,我学会的一大批科学家赴国外参加了诸多的国际地质、古生物学以及相关学术会议。近 4 年内,我会理事和科学家负责、参与了多项联合国教科文组织国际地球科学计划 IGCP 项目,并分别举行了多场学术研讨会或野外现场考察活动。主要包括由理事长沙金庚研究员担任主席的 IGCP506 项目"海相和非海相侏罗系对比及重大地质事件",由副理事长朱敏担任主席的 IGCP499 项目,常务理事万晓樵教授担任共同主席的 IGCP507 项目,常务理事童金南担任共同主席的 IGCP572 等。我国还获得了 2010 年第八届国际侏罗纪大会的主办权,并将于 2010 年主办地球生物学国际研讨会,今年将主办放射虫国际学术会议。这些国际学术活动的开展从侧面反映了中国古生物学界在国际学术界的地位在日益提高,影响力在日趋增强。

(三)不断进取,努力办好学术刊物

《古生物学报》是我们国家古生物学界的重要学术刊物,是宣传和交流我国古生物学研究成果的重要窗口,改进学报编辑出版工作,不断提高学报的学术水平是编辑部的主要任务。经过与挂靠单位协商,中国古生物学会聘请了戎嘉余院士为《古生物学报》的新任主编。在戎院士的主持下,编委会进行了调整。制定了明确的发展目标和刊物改革方向,以更好得应对目前科技期刊飞速发展的新趋势和由于国内大量稿件流向国外 SCI 刊物后面临的优质稿源等问题。重点是调整了编委会的力量,发挥和依靠各位编委,吸收了国内外十分活跃的年轻科研骨干充实编委会。重视审稿过程,至少两至三人审稿,让在国外发表论文、经验积累的中青年专家参与稿件的审稿。重视稿件的质量,充分发挥编辑部的作用,以敏锐的眼光捕捉学科新的亮点并积极组织稿源和约稿,以便提高稿件质量,每一期都有较为重要的约稿发表。充分利用新技术、新方法,借鉴国内部分刊物成功的经验,正在尝试实行和建设网上投稿和审稿系统,还筹建了 100 期全文数据库,注册了学报的专用网站名称,为使学报全面信息化打下了基础。编辑部还制定了《古生物学报》优秀论文奖的实施细则。于 2008 年 12 月召开了学报编辑和编委会工作会议。四年来,《古生物学报》共出版 18 期,含专辑 2 部,发表论文 210 篇。《古生物学报》2008 年又被评为江苏省"双十佳期刊",这是自 1995 年以来连续四届被评为"双十佳期刊"。

(四)集思广益,推进古生物学名词审定工作

由中国古生物学会推荐,并经全国科学技术名词审定委员会批准,第二届古生物学名词审定委员会于 2006 年 6 月 1 在北京大学正式成立。该委员会的任务是代表国家负责审定和发布《古生物学名词》(第二版),这不仅是一项重要的基础工作,也将对于促进古生物学的学术交流和推动学科发展具有重要意义。委员会由 24 人组成,我会名誉理事李星学院士担任主任,李传夔研究员任副主任,委员来自中国科学院南京地质古生物研究所及古脊椎动物与古人类研究所、北京大学、南京大学、中国地质大学(北京、武汉)、吉林大学、西北大学以及中国地质科学院等研究机构和高等院校。成员中绝大多数为中国古生物学会的理事、常务理事、秘书长或副秘书长等;另聘请王鸿祯、张弥曼、戎嘉余等6位院士和专家担任委员会顾问,以便对古生物学名词的审订工作进行指导。

学会分别聘请了国内50余位学者担任名词条目的编写专家和执笔人,涉及古生物学的各个分支学科和新兴分支学科,遴选学术条目近2746条。在北京和南京等地组织召开了六次古生物学名词审定委员会工作会议,完成了所有各分支学科的名词编写工作,并组织部分专家对各学科名词进行了讨论和审定,有些条目还由有关专家经过多次商议、反复推敲、几易其稿才最终完成。目前此项工作进展顺利,全部名词术语的稿件已经于6月底前送达国内权威专家终审,并提交全国科学技术名词审定委员会出版。这项工作涉及的学科面广,参与的专家人数众多,凝聚了许多专家学者的心血,是古生物学界多年来认真工作的产物,是集体智慧的结晶,将对今后我国古生物学名词规范化起到重要指导作用,进一步推动了古生物学科的发展。

(五)启动古生物学科发展战略研究工作

根据中国科协学科发展战略研究项目总体规划,中国古生物学会申报的"学科发展战略研究项目"获得中国科协的批准并于2009年近期启动执行,时间为一年。届时将以中国科学技术协会主编、中国古生物学会编著的名义提交和出版《古生物学学科发展报告(2009—2010)》。中国科协要求于2009年12月底完成学科发展报告全文(30万字左右),由科协于2010年4月和其他学科报告一起正式向全国发布。

《古生物学学科发展报告(2009—2010)》将是2009年中国古生物学会召开第十次全国会员代表大会和举办第二十五届学术年会、庆祝学会成立80周年之外,我国古生物学界的又一项重要工作之一,并将进一步推动我国古生物学的学科发展,为国家基础科学研究、人才培养、科普教育以及国家能源战略需求等提供决策依据。学会秘书处根据中国科协的要求,于2009年6月在南京召开了项目启动工作会议,邀请国内相关专家,组成专题编写小组,由戎嘉余院士担任首席科学家。来自国内有关高校、科研院所等40余位专家组成编写专家组。按照工作计划,项目将在10月份中国古生物学会第二十五届学术年会上召开专题研讨会进行讨论。

(六)全方位推进科普工作

遵照中国科协关于加强建立各全国性学会科普教育基地的指示精神,中国古生物学会按照"精心组织、讲究实效、持之以恒"的要求,切实加强对这项工作的领导,先后在中国科学院古脊椎动物与古人类研究所的中国古动物馆、中国科学院南京地质古生物研究所的南京古生物博物馆、山东山旺化石博物馆、辽宁北票中华龙鸟化石馆、辽宁宣州化石馆、四川自贡恐龙博物馆、大连史前生命博物馆、成都理工学院博物馆、深圳古生物博物馆、云南澄江古生物站、浙江长兴"金钉子"剖面、浙江常山"金钉子"剖面、常州中华恐龙园、中国地质大学(武汉)的逸夫博物馆、辽宁义县鸟化石博物馆、辽西四合屯、四川射洪的硅化木地质公园、山东天宇自然博物馆、重庆自然博物馆建立了19个全国科普教育基地。这些科普教育基地的建立和发展,对充分调动社会各方面的积极性和发挥现有社会资源的效用,推进我会科普工作的社会化、群众化、经常化及提高公众科学文化素质都起到了积极重要的作用。

为进一步推进学会科普教育主力军的职能,我会鼓励广大会员积极参与科普工作,努力建立和发展科普教育基地,充分调动社会各方面的积极性和发挥社会资源的效用。理事单位也从多角度和多渠道积极投入到科普工作中,主办科普刊物《化石》和《生物进化》,开办了在国内具有重要影响的化石网(www.uua.cn)。值得指出的是,化石网目前已经成为国内最大的、面向广大互联网读者的古生物化石知识传播与交流平台,不但是国内点击量最大的古生物科学网站、最大的地球科学类网站,也是国内最大的科普网站之一,也是向更多的人特别是青少年介绍与化石有关的科学知识的重要场所。

(七)积极推荐优秀人才和成果

向有关部门推荐优秀科技人才是学会的重要工作。几年来,我会一直采取积极争取、认真操办的态度,严格按照文件的要求办理,取得了较好的效果。先后于2005年、2007年和2009年进行了院士推荐工

作。于 2005 年、2006 年、2007 年和 2008 年推荐了中国青年女科学家奖（中国科学院古脊椎动物与古人类研究所侯亚梅、南京地质古生物研究所冷琴两位会员分别获奖）。进行了每两年一次的中国青年科技奖推荐，中国地质大学（武汉）谢树成和中国科学院古脊椎动物研究所周忠和、徐星会员分别获奖。另外，开展了每一年度的中国基础研究十大新闻及国家科技奖励项目推荐工作。

（八）加强学会组织工作

学会近年来分别在常州、河源、平邑、北京和南京每年召开一次理事会会议，讨论和总结学会工作的年度进展，部署和安排学会下一年度的工作内容。理事会会议就以下事项做出了一系列决定：① 中国古生物学会作为《古生物学报》的主办单位，理事会成员对学报的发展有着重要的责任，每位理事每年有必要向学报编辑部至少提交或推荐一篇论文。② 继续加强中国古生物学会教育工作委员会和科普工作委员会的工作，进一步推进学会作为科普教育主力军的职能。③ 成立领导小组，对 2009 年第十届中国古生物学会全国会员代表大会、纪念中国古生物学会成立 80 周年纪念活动，以及第二十五届学术年会的工作进行指导和安排。目前这项工作的进展顺利，正在积极筹备之中，并将于 2009 年 10 月中旬在南京召开。

理事会讨论了中国古生物学会第十届全国会员代表大会暨第二十五届学术年会筹备、中国古生物学会成立 80 周年庆祝活动、2009 年中国古生物学会换届事宜、学会组织建设等多项重要议题，就学会组织工作提出了诸多建设性意见。大家认为，考虑到目前学会工作的实际现状，应该加强古生物学博物馆和科普工作的力度，加强古生物学教育和教学工作，成立古无脊椎动物的分支组织等。因此在征询中国科协有关规定和要求的基础上，如有可能，建议考虑成立以下 3 个分会：① 成立中国古生物学会博物馆与科普分会；② 成立中国古生物学会教育与教学分会；③ 成立中国古生物学会古无脊椎动物学分会。

（九）学会日常事务、会员管理和信息化建设

学会秘书处的日常工作主要是围绕中国科协各主管部门下达的各项工作，包括民政部社团管理处年检、中国科协布置的年度工作总结、年鉴、综合统计工作、国际交流项目和国际会费的缴纳等。

近一年来在中国科协和学会理事等大力支持下，启动了学会会员数据库平台建设项目，本项工作旨在进一步强化和规范、管理工作，定期开展和吸收会员发展新会员。同时发挥有关高校和科研机构等理事单位的人才优势，积极发展学生会员并颁发会员证书；建立和定期更新会员数据库，建议按照专业会员、资深会员、终生会员、学生会员等类别进行会员管理工作，并在会费缴纳、学术年会注册费用以及获赠《古生物学报》等方面分别制定出有激励机制的相关实施办法。

另外，学会近年来一直强调和加强学会网站信息化建设，改进、充实和完善网页内容，建立和完善了中国古生物学会会员信息资料库，以新的手段加强同国内外古生物工作者的联系，随时为理事会及其他各部门提供最新的资料，以更好地为会员服务。经过秘书处的辛苦工作，学会网站建设工作取得积极进展并于 2009 年 3 月建成投入使用。学会的网站使用了独立域名和虚拟服务器，内容丰富，设有学会组织机构、历史资料、会员信息、国际交流、相册、政策条例、专业分会、科普基地、出版物、学术会议、学会动态、工作进展、相关链接等功能和栏目。学会的有关工作进展和最新会议消息等均能够及时上传到网络上，增强了服务全体会员的实效性。下一步将开通学会网站的英文版本。

（十）今后展望

各位代表，中国古生物学会第九届理事会基本圆满地完成了任期目标。这是中国科协各级领导热情关心和指导的结果，也是有关部门和挂靠单位、理事会和全体会员大力支持和共同努力的结果。四年中，我们虽做了一些工作，取得一些成绩，但我们也深感还有许多方面存在不足或欠缺，如理事会的联系还不够经常，会员管理的水平有待提高，科普工作还欠制度化和多样化，学会信息工作和组织工作有待加强等等。我们欢迎大家提出批评，也欢迎大家对学会工作的改革提出意见和建议，以便第十届理事会把学会工作做得更好。我们相信，在新一届理事会的领导下，依靠广大会员的共同努力，不断完善工作程序，改革创新，将学会工作引向一个新的阶段。一定会把中国古生物学会办得更好，为中国古生物学科发展做出新的贡献。

四、会 议 纪 要

中国古生物学会第十届全国会员代表大会暨第二十五届学术年会——中国古生物学会成立 80 周年纪念活动开幕式于 2009 年 10 月 14 日在南京隆重举行。本次大会是我国古生物学界近年来举行的规模最大的国内学术交流活动,有来自中国科学院、中国地质科学院等科研院所,高校,国土资源、石油、煤炭、化工、海洋行业,出版部门和博物馆系统人员,以及部分海外学者等近 600 人出席了这次会议。出席大会的专家和领导有中国科学院院士殷洪福、周志炎、戎嘉余、陈旭、邱占祥、江苏省政协副主席、中国科学院南京分院院长周健民教授、江苏省科技厅副厅长杨锐、江苏省国土资源厅副厅长刘聪、全国科技名词审定委员会副主任刘青、中国科学院资源环境科学局周少平处长、国际古生物学协会副主席侯先光教授、国际地层委员会副主席彭善池教授和日本古生物学会前理事长、早稻田大学平野弘道教授等。开幕式上,中国古生物学会理事长沙金庚致开幕词,周建民、侯先光和平野弘道分别致辞,中国古生物学会秘书长杨群做第九届理事会工作报告。

2009 年是中国古生物学会 80 周年华诞。从 1929 年至 2009 年,中国古生物学会走过了 80 年的漫长历程,是我国为数不多的具有悠久历史的自然科学学术团体,同时又是国际古生物学协会具有重要影响的一员,在国内外享有很高的学术声誉。成立 80 年来,特别是改革开放 30 年以来,中国古生物学会在团结广大会员、组织学术交流和服务社会、弘扬科学文化以及科学普及等方面发挥了重要作用。近 10 年来,我国古生物学界在重大地史时期生物的起源、辐射、灭绝与复苏,地球早期生命起源与演化,瓮安生物群、澄江生物群、热河生物群等重要化石生物群研究,全球年代地层系统和界线层型、地质生物学与生态系统重建及旧石器考古学与古人类学等研究领域内做出了一系列具有重大国际影响的原创性成果,先后获得多项国家自然科学奖,10 多项古生物学科研成果入选年度"中国十大科技新闻"和"中国十大科技进展",在国际顶级学术杂志如 *Science*、*Nature*、*PNAS* 上发表数十篇文章,在国际学术界产生了重要影响,为国家争得了荣誉。

国际古生物学及相关学科许多重大科学难题的解决都依赖于中国资料的新发现以及深入研究。例如,在我国云南距今 5.3 亿年前的早寒武世地层中发现的澄江动物群是一个举世罕见的化石宝库,现已发现并描述的化石共 120 余种,分属 10 多个动物门。这一发现表明,几乎所有的现生动物门在寒武纪开始后不久都已有了各自的代表,与之形成鲜明对照的是前寒武纪地层中动物化石的极度贫乏。更令人不解的是,在迄今发现的以埃迪卡拉生物群为代表的各种前寒武纪末期的化石中,还没有发现已知动物门的直接祖先。如此惊人的反差,证实了"寒武纪大爆发"的客观存在,表明"寒武纪大爆发"是生物史上最重大的演化辐射事件。通过对澄江动物群化石深入系统的研究,诠释并回答了"寒武纪大爆发"这一重大疑难科学问题,探索了脊椎动物、真节肢、螯肢和甲壳等动物的起源,证实了现生动物门和亚门以及复杂生态体系起源于早寒武世,挑战了自下而上的倒锥形进化理论模型,为自上而下的爆发式理论模型提供了化石证据。这一研究成果修正和完善了达尔文进化论,在国际上被誉为"二十世纪最惊人的科学发现之一",并因此获得了国家自然科学一等奖。

近年来,国际学术界十分关注的热河生物群拥有多项世界之最,如世界上保存最好的早期哺乳动物骨架——张和兽、热河兽;地球上第一枝花——辽宁古果的发现;世界上第一批被发现长有羽毛的恐龙:中华龙鸟、意外北票龙、原始祖鸟和尾羽鸟;保存最完整的早期蛙类三燕丽蟾距今至少 1.2 亿年,是世界上迄今已知骨骼保存得最为完整、精美的早期蛙类化石之一;最早的最庞大的鸟类化石群——孔子鸟、娇小辽西鸟、辽宁鸟、朝阳鸟等早期鸟类化石的发现,打破了始祖鸟一统天下的局面;近年还发现了四只翅膀的恐龙化石和鸟类胚胎化石以及鸟的腿羽化石等。这些发现对探讨鸟类的起源、羽毛的起源、被子植物的起源、

哺乳动物的早期分化等理论问题具有重要意义。

以漫长的地质历史时期中生物的起源、辐射、灭绝和复苏,以及生物多样性演变为研究内容的古生物学国家重点基础研究发展计划(973 计划)取得了累累硕果,其代表成果之一——《生物的起源、辐射与多样性演变——华夏化石记录的启示》获得了我国新闻出版行业国家级最高奖项首届"中国出版政府奖"。

在与古生物学密切相关的地层学领域,国际上采用全球界线层型剖面和点位(GSSP,即"金钉子")来定义年代地层单位、建立起国际地层表,使得全世界科学家在叙述地质历史时有一种共同的语言和全球性标准。"金钉子"的获取标志着一个国家在这一领域的地学研究成果达到世界领先水平,其意义绝不亚于奥运金牌。自 1997 年获得首枚"金钉子"以来,中国科学家已经在中国确立了 9 枚"金钉子"。

近年来,由中国古生物学会参与主办和协办了多次具有重要影响的国际学术会议,尤其是 2006 年在北京成功主办了被誉为国际古生物学界"奥林匹克盛会"的第二届国际古生物学大会,来自近 40 个国家的 800 余位古生物学工作者和来宾出席了该次盛会,得到了国际学术界的高度评价和赞许。全国人大常委会副委员长、中国科学院院长路甬祥在大会的贺词中说:"古生物学研究不仅在人类探索自然及其变化规律中发挥重要作用,而且在地质矿产和化石能源的勘探和开发中起到积极的作用,它的研究成果还是对社会公众进行科学教育的重要素材,是广大公众喜闻乐见的科学内容。""中国科学家在古生物学及相关研究领域中,做出了许多引人注目的研究成果。"此外,先后有数以百计的中国古生物学家在相关国际学术组织中担任了主席、副主席、秘书长、委员等职务,积极参与并负责了多项联合国教科文组织国际地球科学计划(IGCP)项目,在国际学术活动中发挥了重要作用,极大地提升了我国在国际古生物学界的声誉、影响力和话语权。

中国古生物学会鼓励广大会员积极参与科普工作,依托中国古动物馆、南京古生物博物馆等国内知名博物馆和地质公园,先后建立了几十个全国科普教育基地;主办和出版了《化石》《生物进化》等优秀的科普杂志和科普书籍,向更多人特别是青少年学生介绍与化石有关的科学知识,取得了丰硕的科普成果。在科技日新月异的今天,中国古生物学会非常重视通过非传统媒介进行科普宣传和普及,特别是创建了目前国内科普网站排名前列的化石网,后者于 2009 年获得了唯一由联合国组织专门针对数字内容的全球互联网领域的最高奖项——世界信息峰会大奖(World Summit Award,简称 WSA)。总之,中国古生物学会为中国古生物学的发展和人才培养、促进国际交流与合作、传播科学知识、发展国民经济都起到了积极的推动作用,做出了应有的贡献。

本次大会以"中国古生物学 80 年——进展与创新"为主题,围绕古生物学科发展、研究成果、科普教育和人才培养等,从回顾与瞻望、传统与创新以及继承与发展等多方面和多角度进行广泛而深入的研讨,为我国古生物学家充分总结和展示近年来所取得的新成果、新进展以及广泛进行学术交流提供了一个良好的舞台。我们相信,在国家和各级政府的大力支持下,在国家科协的正确领导下,在我国古生物工作者们的齐心努力下,中国古生物学会一定会更兴旺,中国古生物学研究必将在新世纪再创辉煌!

五、第十届理事会第一次会议纪要

中国古生物学会第十届理事会第一次会议于 2009 年 10 月 15 日晚举行,出席会议的有荣誉理事汪啸风研究员、项礼文研究员,第十届理事万晓樵、尹崇玉、王军、王元青、王文利、王永栋、王训练、王向东、王伟铭、王成文、邓胜徽、冯伟民、冯庆来、卢立伍、白志强、任东、刘武、刘家润、华洪、孙革、孙柏年、孙元林、吴亚生、张维、张喜光、李奎、李勇、杨群、沈树忠、周传明、陈木宏、陈孝红、季强、欧阳辉、武涛、郑卓、金昌柱、姚建新、袁训来、黄智斌、黄清华、曾勇、谢树成、詹仁斌、姬书安、施贵军、高星、彭进,秘书处和学会工作人员列席了会议,会议就第十届理事会的任期目标、学会的改革、学术活动以及理事会会议提出的其他事宜进行了深入的讨论并做出如下决议：

（1）深入贯彻科学发展观，继续按中国科协对全国学会的改革要求，完成学会的基本改革任务，进行适当的学科组织的调整，改进各级学科组织的活动方式，提高活动质量。

（2）认真组织，圆满完成《古生物学科发展报告》。

（3）加强与全国科普场所和博物馆的联系，联合成立科普教育基地，使中国古生物学会全国科普教育基地总数达到25个。

（4）加强与国际学术组织的联系，积极开展国际合作交流，以2010年在英国伦敦召开的第三届国际古生物学大会为契机，继续扩大我国古生物学在国际上的地位和影响。

（5）进一步提高《古生物学报》的学术质量与出版质量，继续开展每年一次的《古生物学报》优秀论文评选工作。

（6）同意中国古生物学会微体古生物学分会、孢粉学分会、古植物学分会、化石藻类专业委员会的换届方案，同意袁训来研究员任微体古生物学分会及化石藻类专业委员会负责人、孙革研究员任古植物学负责人、王伟铭研究员任孢粉学负责人的各分会全国会员代表大会的选举结果。

（7）进一步筹集古生物学会学术活动基金，要求本届理事长提供学术活动基金20000元，副理事长、秘书长每人提供学术活动基金10000元，常务理事每人提供8000元，理事每人提供4000元。号召广大会员按照《中国古生物学会章程》第三章第十一条的规定积极交纳会费，本届的标准是：资深会员1000元，普通会员每人400元，初级会员每人200元。

十届一次理事会议希望广大会员发扬优良传统，在科研、教学、生产、科学普及等岗位上做出更大成绩，为我国古生物学在国际学术界占有一席之地做出新的贡献。

随后选举产生了由19人组成的常务理事会以及理事会领导机构和秘书处。杨群同志当选为中国古生物学会第十届理事会理事长，周忠和、季强和童金南同志当选为副理事长，王永栋同志当选为秘书长。

六、第十届理事会第二次会议纪要

中国古生物学会第十届理事会第二次会议于2010年12月11—12日在沈阳市召开，出席会议的有荣誉理事汪啸风，第十届理事会理事长杨群，副理事长童金南，秘书长王永栋，第十届理事万晓樵、尹崇玉、王军、王元青、王向东、王伟铭、王成文、邓胜徽、冯伟民、冯庆来、卢立伍、白志强、任东、刘家润、华洪、孙革、孙柏年、孙元林、孙春林、洪天求、吴亚生、张维、张喜光、张兴亮、李勇、周传明、陈木宏、姚建新、曾勇、谢树成、姬书安、施贵军、彭进，副秘书长王丽霞、纪占胜、孙跃武、尹士银。国家古生物化石专家委员会副主任、中国地质博物馆馆长贾跃明、辽宁省国土资源厅副厅长张殿双、辽宁省国土资源厅化石保护局局长孙永山、中国古生物化石保护基金会秘书长单华春等应邀出席了会议，秘书处和学会工作人员列席了会议。

12日上午的会议由杨群理事长主持，国家古生物化石专家委员会副主任贾跃明首先讲话，就国务院颁布并即将实施的《古生物化石保护条例》的重要意义进行了阐述，并就成立国家古生物专家委员会的目的、意义、职能及其相关工作做了说明。辽宁省国土资源厅副厅长张殿双、辽宁省国土资源厅化石保护局局长孙永山分别致欢迎词。

会议听取了王永栋秘书长所做的中国古生物学会2010年工作总结和2011年工作计划。学会教育工作委员会主任孙柏年、科普工作委员会主任张维分别介绍了过去一年学会的教育和科普工作概况。会议讨论了关于成立中国古生物学会分支机构（分会）事宜。听取学会副秘书长、国家古生物化石专家委员会办公室王丽霞关于古生物化石保护和国家古生物化石专家委员会的有关工作介绍。学会秘书处就第十届理事活动基金的缴纳情况进行了汇报。11月11日晚，召开了第十届常务理事会第二次会议。

中国古生物学会十届二次理事会就相关学会工作做出如下决议：

（1）根据当前古生物学科发展和学会工作需要，按照民政部和中国科协关于全国学会负责人增补的有关规定，在 2009 年 10 月 14 日中国古生物学会第十届常务理事会第一次会议一致表决通过的基础上，十届二次理事会通过并决定增补孙革常务理事为第十届理事会副理事长。根据学会工作需要，经秘书长提名，增补中国古生物化石保护基金会秘书长单华春同志和沈阳师范大学古生物学院胡东宇同志为中国古生物学会第十届理事会副秘书长。

（2）理事会决定 2011 年 10 月中下旬在贵州关岭召开中国古生物学会第二十六届学术年会。建议由中国地质调查局武汉地矿所、中国地质大学（武汉）、贵州大学等和贵州关岭县人民政府等联合承办或协办。学会理事会将组成年会组委会，邀请理事和专家积极参与学术专题或分会的召集组织工作。

（3）积极筹备成立中国古生物学会古无脊椎动物学分会。建议由有关单位专家（王传尚、张兴亮、王训练、彭进、任东、王成文、詹仁斌、孙元林、张喜光、曾勇、刘家润、何卫宏、洪天求、巩恩普等）共同组成筹备工作小组，由挂靠单位中国科学院南京地质古生物研究所牵头筹备成立事宜，按照中国科协和民政部有关规定报送提交相关材料，争取在第二十六届学术年会期间成立该分会。

（4）重视和加强青年人才工作。考虑定期组织有关青年古生物学术会议或者论坛等形式，活跃学术气氛。完善和优化学会奖励项目，建议设立中国古生物学会青年科学家奖，着手制定起草有关章程。

（5）加强学会的教育和科普工作。由有关理事和专家组成工作委员会，强化在大学古生物学和基础本科教学、教材建设和课件交流等方面的沟通与协作，促进学会教育工作的健康发展，不断满足科研和人才培养的需要。继续重视和加强学会科普工作，调动各方面的积极性，联合博物馆、科普基地、国家地质公园、网络媒体、书刊杂志以及实践探索等方面的力量，充实和建立学会科普工作委员会，建议适时召开全国古生物学科普工作研讨会等。

（6）学会理事会要积极宣传和贯彻《古生物化石保护条例》，配合国家古生物化石专家委员会的工作，参与制定有关的实施细则，促进条例的落实和执行，更好地为科研、教学、科普和化石保护工作服务。

（7）继续做好会员管理工作，完善会员服务措施，实施会员分类管理，规范会费缴纳，探索海外会员模式，改进和完善学会网页信息建设，增强为会员服务的实效性。

七、第十届理事会第三次会议纪要

中国古生物学会第十届理事会第三次会议于 2011 年 10 月 20 日在贵州关岭县召开，出席会议的有：荣誉理事郑守仪院士、汪啸风研究员、沙金庚研究员，第十届理事会理事长杨群，副理事长季强、周忠和、童金南，秘书长王永栋，第十届理事万晓樵、尹崇玉、王元青、王伟铭、王成文、邓胜徽、冯伟民、冯庆来、卢立伍、白志强、任东、刘家润、华洪、孙革、孙柏年、孙元林、孙春林、洪天求、吴亚生、张维、张喜光、张兴亮、李勇、欧阳辉、姚建新、曾勇、谢树成、詹仁斌、姬书安、施贵军、彭进、郑晓廷，副秘书长王丽霞、单华春、尹士银，秘书处及学会工作人员。

20 日的会议由杨群理事长主持，会议听取了王永栋秘书长的工作汇报，学会秘书处就第十届理事活动基金的缴纳情况进行了汇报。

中国古生物学会十届三次理事会就相关学会工作做出如下决议：

（1）根据当前古生物学科发展和学会工作需要，理事会决定 2012 年 1 月在合肥市召开第十届理事会第四次会议。

（2）积极筹备成立中国古生物学会古无脊椎动物学分会。建议由有关单位专家（王传尚、张兴亮、王训练、彭进、任东、王成文、詹仁斌、孙元林、张喜光、曾勇、刘家润、何卫宏、洪天求、巩恩普等）共同组成筹备工作小组,以及挂靠单位中国科学院南京地质古生物研究所牵头筹备成立事宜,按照中国科协和民政部有关规定报送提交相关材料,争取在第二十六届学术年会期间成立该分会。

(3)重视和加强青年人才工作,考虑定期组织有关青年古生物学术会议或者论坛等形式,活跃学术气氛。完善和优化学会奖励项目,建议设立中国古生物学会青年科学家奖,着手制订起草有关章程。

(4)加强学会的教育和科普工作。由有关理事和专家组成工作委员会,强化在大学古生物学、基础本科教学、教材建设和课件交流等方面的沟通与协作,促进学会教育工作的健康发展,不断满足科研和人才培养的需要。继续重视和加强学会科普工作,调动各方面的积极性,联合博物馆、科普基地、国家地质公园、网络媒体、书刊杂志以及实践探索等方面的力量,充实和建立学会科普工作委员会,建议适时召开全国古生物学科普工作研讨会等。

(5)学会理事会要积极宣传和贯彻《古生物化石保护条例》,配合国家古生物化石专家委员会的工作,参与制定有关的实施细则,促进条例的落实和执行,更好地为科研、教学、科普和化石保护工作服务。

(6)继续做好会员管理工作,完善会员服务措施,实施会员分类管理,规范会费缴纳,探索海外会员模式,改进和完善学会网页信息建设,增强为会员服务的实效性。

八、第十届理事会第四次会议纪要

中国古生物学会第十届理事会第四次会议于2012年1月7－8日在合肥市召开,出席会议的理事包括:荣誉理事穆西南、汪啸风、沙金庚,第十届理事会理事长杨群,副理事长童金南、孙革,秘书长王永栋,第十届理事白志强、华洪、刘家润、孙柏年、万晓樵、陈孝红、王元青、姚建新、袁训来、曾勇、邓胜徽、冯庆来、冯伟民、洪天求、姬书安、李奎、李勇、卢立伍、任东、沈树忠、施贵军、孙春林、孙元林、王军、王成文、王汝建、王伟铭、王宇飞、吴亚生、武涛、谢树成、尹崇玉、詹仁斌、张喜光、张兴亮、张兆群、周传明,以及来自国家古生物化石专家委员会办公室王丽霞、骆团结,安徽省古生物学会秘书长姜立富,安徽古生物化石博物馆馆长蒋立爱等嘉宾应邀出席了会议,学会常务副秘书长蔡华伟,副秘书长王丽霞、吴勤、何卫红、孙跃武、王博及学会工作人员列席了会议。中国古生物化石保护基金会安徽代表处胡继贵同志对会议给予了协助。

会议开幕式由杨群理事长主持,安徽省国土资源厅俞风翔副厅长,地质环境处过仕伟处长,安徽省古生物学会理事长,合肥工业大学副校长洪天求,安徽省古生物化石博物馆馆长蒋立爱等分别致辞,对本次理事会在安徽合肥的召开表示欢迎和祝贺,并希望与会的理事和专家对安徽的地质古生物资源以及博物馆建设提出积极指导意见。我会荣誉理事穆西南、汪啸风、沙金庚分别在会议上致辞,对我国近年来古生物学蓬勃发展局面给予积极肯定,并展望我国和安徽古生物博物馆事业的可喜前景。

随后,在孙革副理事长和童金南副理事长的主持下,理事会召开专题工作会议。会议听取了王永栋秘书长所做的中国古生物学会2011年工作总结和2012年工作计划以及分会负责人的工作汇报。孢粉学分会理事长王伟铭、古植物学分会秘书长王军、微体古生物学分会理事长袁训来、化石藻类专业委员会主任华洪、古生态学专业委员会副主任孙柏年、童金南,古脊椎动物学分会常务理事王元青等分别介绍了过去一年各分会和专业委员会的学术活动和组织发展概况,并进行了积极讨论。古无脊椎动物分会筹备小组沈树忠和詹仁斌等介绍了该分会的筹备情况。会议讨论了学会刊物《古生物学报》的稿件质量及刊物提高的相关措施。听取了学会副秘书长、国家古生物化石专家委员会办公室王丽霞关于古生物化石保护和国家古生物化石专家委员会的有关工作介绍,讨论了我会科普工作委员会的工作进展、中德双边古生物学研讨会筹备事宜,并进一步审定了有关《学会青年古生物学奖条例》和《分支机构管理条例(草案)》,审议了安徽古生物化石博物馆提出地关于加入中国古生物学会团体会员和全国科普教育基地的申请。学会秘书处就2011年会员组织发展和会费缴纳情况进行了汇报。最后,讨论了2012年度学会工作及下一届学术年

会活动计划等。

中国古生物学会十届四次理事会就相关学会工作做出如下决议：

（1）根据当前古生物学科学普和学会工作需要，按照学会的有关规定，十届四次理事会审议并一致通过了安徽古生物化石博物馆成为中国古生物学会团体会员和全国科普教育基地的申请。

（2）积极筹备成立中国古生物学会古无脊椎动物学分会。建议由沈树忠理事负责，有关单位专家共同组成筹备工作小组，由挂靠单位中国科学院南京地质古生物研究所牵头筹备成立事宜，制定分会组成的相关原则，提出成员名单并征求理事会意见，按照中国科协和民政部有关规定报送提交相关材料，争取在2012年正式成立该分会。

（3）加强学会的教育和科普工作，调整充实科普教育工作委员会。由有关理事和专家组成教育工作委员会，强化在大学古生物学和基础本科教学、教材建设和课件交流等方面的沟通与协作，促进学会教育工作的健康发展，不断满足科研和人才培养的需要。继续重视和加强学会科普工作，调动各方面的积极性，联合博物馆、科普基地、国家地质公园、网络媒体、书刊杂志以及实践探索等方面的力量，推进我会的科普工作。会议决定接受张维常务理事因退休辞去学会科普工作委员会主任的请求，决定由孙革副理事长兼任科普委员会主任，冯伟民、王原、李奎等专家或理事担任副主任，我会相关理事和专家担任委员。建议在2012年搭建完成领导班子，并争取召开一次全国古生物学科普工作研讨会。

（4）采取积极措施，进一步提高《古生物学报》的稿件质量。积极争取学会理事成员将优秀稿件投往学报。向其他期刊学习，在编委国际化、英语语言提高、优秀稿件约稿等方面大力推进，尽快提高学报的稿件质量。要发挥编委会作用，强化编辑部职能，采取切实举措，制订工作计划，使得《古生物学报》在未来几年有实质性的提高和发展。

（5）进一步加强中德两个古生物学会的学术交流，定期在中国和德国召开双边研讨会，争取在2012年启动此项工作，2013年召开第一次中德双边古生物学研讨会。

（6）学会理事会要积极宣传和贯彻《古生物化石保护条例》，配合国家古生物化石专家委员会的工作，参与制定有关的实施细则，促进条例的落实和执行，更好地为科研、教学、科普和化石保护工作服务。

（7）继续做好会员管理工作，完善会员服务措施，实施会员分类管理，规范会费缴纳，探索海外会员模式，改进和完善学会网站（包括分会网页）和英文网页的建设，增强为会员服务的实效性。

会后，参会代表参观了正在建设的安徽古生物化石博物馆，对该馆的进一步布展和准备情况提出了积极建议。本次理事会的召开得到了安徽省国土资源厅和安徽古生物化石博物馆的大力支持和协助，在此，学会理事会与秘书处深表感谢。

九、第十届理事会第五次会议纪要

中国古生物学会第十届理事会第五次会议于2013年2月25—26日在杭州市召开，出席会议的理事包括：荣誉理事穆西南、汪啸风，第十届理事会理事长杨群，副理事长周忠和、季强、童金南、孙革，秘书长王永栋，第十届常务理事万晓樵、王向东、白志强、刘家润、陈孝红、姚建新、袁训来、曾勇，理事尹崇玉、王军、王成文、王汝建、王伟铭、王宇飞、邓胜徽、冯伟民、冯庆来、卢立伍、任东、孙春林、吴亚生、张兆群、张兴亮、张喜光、周传明、郑卓、洪天求、姬书安、施贵军、黄清华、彭进、谢树成、詹仁斌。来自国家古生物化石专家委员会办公室王丽霞、浙江自然博物馆严洪明馆长和金幸生副馆长等嘉宾应邀出席，学会常务副秘书长蔡华伟、副秘书长张翼、许晓音及学会工作人员列席了会议。

会议开幕式由周忠和副理事长主持，杨群理事长在讲话中指出，中国古生物学近年来发展势头很好，国家部署的重点科研项目、古生物学院的成立以及人才培养局面喜人，应用古生物学成果突出，科普工作进展显著,这些成绩的取得无不得益于学会各单位的大力支持和协作。荣誉理事汪啸风在会议上致辞,对我国近年来古生物学蓬勃发展局面以及近年来学会工作给予积极肯定。

随后,在孙革副理事长、季强副理事长和童金南副理事长的主持下,理事会召开专题工作会议。蔡华伟常务副秘书张报告了学会第十一届全国会员代表大会和第二十七届学术年会筹备工作以及第十一届理事会换届工作方案的工作报告,会议就本次年会举办的时间、地点和学术议题等进行了讨论,对第十一届理事会换届的原则、程序和新建议理事单位等进行了酝酿。

会议听取了王永栋秘书长所做的关于中德古生物学会 2013 年古生物国际会议筹备情况的汇报,对本次国际会议的学术议题、研讨分会、野外考察、会务准备、参会人数以及中德古生物化石展览等进行了讨论,并提出了诸多建议。

会议审议通过了中国古生物学会第十一届理事会换届方案。

会议同意微体古生物学分会第十届全国会员代表大会新一届理事会换届结果,同意中国科学院南京地质古生物研究所罗辉研究员任新一届理事会理事长。

我会荣誉理事、《中国古生物学学科史》首席专家穆西南对"学科史"项目的立项过程、编写大纲、工作进展和下一步编写工作要点等进行了全面介绍。会议认为,《中国古生物学学科史》编写工作是我会承担的一项重要科协项目,在学会理事会领导下和首席专家主持下进展顺利,理事会成员和相关理事单位将对学科史的编写工作给予积极的支持和配合。

王永栋秘书长报告了中国古生物学会 2012 年工作总结和 2013 年工作计划。过去的一年,学会在学术交流、筹备中德古生物学国际会议、学科史编写、成立科普工作委员会等方面做了许多工作,在增强学会科学传播能力、推动学术期刊出版、参与推动古生物化石保护工作、开展人才举荐,以及学会日常组织管理工作等诸多方面取得了积极成果。随后各分会负责人交流了工作进展,孢粉学分会理事长王伟铭、古植物学分会秘书长王军、微体古生物学分会理事长袁训来、化石藻类专业委员会周传明委员、古生态学专业委员会副主任童金南、委员吴亚生、古脊椎动物学分会秘书长张翼、科普工作委员会秘书长冯伟民等分别介绍了过去一年各分会和专业委员会的学术活动、工作进展以及 2013 年的工作计划。会议还听取了学会副秘书长、国家古生物化石专家委员会办公室王丽霞关于《古生物化石保护条例》实施办法和全国重点保护古生物化石标本数据库的搭建有关工作介绍。

本次理事会通过了浙江自然博物馆提出的加入中国古生物学会团体会员的申请,并举行了科普教育基地授牌仪式。杨群理事长向浙江自然博物馆授予了"中国古生物学会全国科普教育基地"牌匾。

会议认为,2013 年学会工作头绪较多,涉及学术交流、理事会换届、国际合作、人才举荐、科普教育和化石保护等多个方面。要重点抓好几项工作,包括精心筹办中国古生物学会第十一届全国会员代表大会暨第二十七届学术年会,积极筹备在德国召开的中国和德国古生物学会 2013 年国际研讨会,并按期完成《中国古生物学学科史》的编写工作,并提交中国科协。

会议得到了浙江自然博物馆的大力支持,会议期间,参会理事参观了浙江自然博物馆,并对新馆建设规划提出了积极建议。

第十一届全国会员代表大会期间
（2013－2018）

一、简　　况

中国古生物学会第十一届全国会员代表大会暨第二十七届学术年会于 2013 年 11 月 15－17 日在浙江东阳市召开，来自全国各地高等院校、科研院所、能源与地质勘探和生产部门、博物馆、地质公园、化石保护以及出版等行业近 80 个单位的 450 多名专家学者、科技工作者和研究生代表参加了这次年会。

会议由中国古生物学会主办，中国科学院南京地质古生物研究所、浙江自然博物馆和东阳市人民政府承办，并得到中国科学技术协会、中国科学院、国土资源部地质环境司、国家自然科学基金委员会地球科学部、国家古生物化石专家委员会以及浙江省国土资源厅的支持。

大会开幕式于 11 月 15 日上午举行，中国科学技术协会学会学术部部长宋军，中国科学院院士、西北大学舒德干教授，美国科学院院士、印第安纳大学大卫·迪尔切（David Dilcher）教授，中国科学院院士和美国科学院外籍院士、中国古生物学会副理事长周忠和，中国古生物学会理事长杨群、副理事长童金南、副理事长孙革和秘书长王永栋，国家古生物化石专家委员会办公室主任王丽霞，浙江省国土资源厅副厅长潘圣明，东阳市人民政府常务副市长郭慧强等领导和嘉宾出席了开幕式。出席开幕式的代表还包括：中国古生物学会第二十七届学术年会组委会委员，第十届理事会成员，孢粉学分会、古植物学分会、微体古生物学分会、古脊椎动物学分会、古生态学专业分会、化石藻类专业委员会以及中国植物学会古植物学分会负责人，浙江省东阳市有关部门领导以及 10 多家新闻媒体记者等。

杨群理事长在开幕词中指出，中国古生物学会第十一届全国会员代表大会暨第二十七届学术年会是中国古生物学界的一大盛事，也是中国古生物学会近 30 年来第一次在浙江举办全国代表大会暨学术年会。浙江省化石资源丰富，国际标准层型剖面和点位（GSSP，又称"金钉子"）和恐龙化石举世闻名。本次会议将展示中国古生物学和相关学科近年在科学研究、人才培养、科普教育以及古生物化石保护等领域取得的新进展，展望新时期古生物学科的发展趋势，总结中国古生物学近年来的研究成果，探讨古生物学科如何更好地为社会经济可持续发展服务的有效途径。中国科学技术协会宋军部长在致辞时指出，中国的古生物学科已发展为我国最繁荣的自然科学学科之一，尤其是近年来，我国古生物学家在多细胞生物起源与早期演化、澄江动物群、热河生物群等重要特异埋藏生物群、重要地质时期生物的起源、辐射、灭绝与复苏、全球年代地层系统和界线层型等研究领域内做出了一系列具有影响的原创性成果，并且获评国家自然科学奖和中国科学十大进展，在国际科学界和公众中产生了重要影响。中国古生物学会还积极参与了国务院《古生物化石保护条例》及其实施办法的起草，以及国家古生物化石专家委员会的组建，充分说明中国古生物学会在国家相关法规、政策制定中发挥了重要的作用。王丽霞代表国土资源部地质环境司和国家古生物化石专家委员会致辞。浙江省国土资源厅领导潘圣明副厅长、东阳市常务副市长郭慧强也分别致辞，对会议的召开表示欢迎和祝贺。

大会宣读了国际古生物学会主席米歇尔·本腾（Michael Benton）教授为本次会议发来的贺信。他在贺信中指出,中国古生物学发展迅速,尤其在最近20年具有重大的国际影响。中国的古生物学成果显著,震惊世界。大量的来自中国各地的化石新发现让古生物学家和公众激动不已。德国古生物学会主席约基姆·莱特纳(Joachim Reitner)教授在贺信中指出,几周前,首届中德古生物学会联合学术研讨会在哥廷根大学成功召开,我们感到由衷的自豪和荣幸!可以相信古生物学在中国前途远大。地球生物学的概念和方法在中国发展越来越壮大,将成为传统古生物学发展的新推动力。

会议上,王永栋秘书长代表中国古生物学会第十届理事会做工作报告。他总结了第十届理事会自2009年10月成立以来,在组织学术活动、积极举荐人才、开展国际交流、组织学科发展、学术出版、推动科学普及和传播、加强古生物化石保护以及提升学会工作能力等9个方面所取得的进展,并对今后的学会工作提出了展望。

大会向3位科学家颁发了尹赞勋地层古生物学奖,向4位青年学者颁发了青年古生物学奖。中国科学院古脊椎动物与古人类研究所徐星研究员、中国科学院南京地质古生物研究所沈树忠研究员和中国地质大学(武汉)谢树成教授获得第七届尹赞勋地层古生物学奖。西北大学刘建妮、中国地质大学(武汉)宋海军、中国科学院南京地质古生物研究所林曰白、沈阳师范大学周长付获得第二届中国古生物学会青年古生物学奖。

大会特邀舒德干院士、美国David Dilcher院士以及季强、袁训来、万晓樵和邓涛等6位知名学者做了大会学术报告,内容涉及蓝田生物群、寒武纪生物群、早期被子植物、古脊椎动物学、侏罗-白垩系海陆相地层对比和白垩纪温室气候研究等主题。会议收到论文摘要近300篇,除了大会报告外,还设立23个分会场并安排主题报告近40个,口头学术报告195个,展版报告25个,有50多位专家担任工作会议和分会场主持人。年会研讨内容反映了我国古生物学在近年来取得的新进展和新成果,涉及早期生命和多细胞演化,特异化石库及埋藏学,早古生代生物多样性及其演化,晚古生代生物多样性变化,二叠-三叠纪之交生态系演变,热河与燕辽生物群研究进展,重大地史时期生物的绝灭与复苏,中生代生物多样性变化及环境背景,白垩纪生物群与K-T界线,新生代生物多样性与环境变化(含古人类学),古生态学、古地理学以及古气候学,综合地层学、旋回地层与高分辨率地层,古植物学与孢粉学,微体古生物学及其应用,古脊椎动物类群的起源与演化,地球生物学与环境,分子古生物学,古生物化石数据库,古生物学教学与人才培养,古生物学博物馆与科普教育以及古生物化石及其保护等。

本次会议选举产生了由65位理事组成的中国古生物学会第十一届理事会以及由21人组成的常务理事会。选举产生了第十一届理事会负责人,杨群担任理事长,孙革、童金南、邓涛、姚建新担任副理事长,王永栋担任秘书长。

在11月17日举行的会议闭幕式上,学会为舒德干院士和周忠和院士颁发了中国古生物学会荣誉理事证书。向中国地质大学(武汉)楚道亮等15位同志颁发了研究生优秀口头报告奖,向4位同志颁发了研究生优秀展板报告奖,还表彰了8位学会活动积极分子。

来自新华社、中新社、浙江日报、钱江晚报、金华日报、东阳日报等10多家中央和省市媒体参加了大会开幕式和新闻发布会,并采访了浙江奥陶纪和二叠-三叠系"金钉子"、白垩纪恐龙化石研究等领域的专家学者,以及第七届尹赞勋地层古生物学奖和第二届青年古生物学奖的获奖者等。

本次大会还组织了浙江长兴"金钉子"地质公园(煤山二叠-三叠系全球界线层型)、浙江常山及江山奥陶纪"金钉子"、浙江新昌硅化木地质公园等3条野外地质考察活动。

2014年4月18—21日,中国古生物学会古脊椎动物学分会第十四届学术年会、中国第四纪古人类-旧石器专业委员会第五次学术会议在贵州省黔西县顺利召开,本次年会完成了换届选举工作,确定了组织构架和内部分工。

2014年7月14—16日,中国古生物学会微体学分会第十五届学术年会、中国古生物学会化石藻类专业委员会第八届全国会员代表大会暨第十六次学术讨论会在吉林省长春市召开。

2014 年 9 月 28 日－10 月 3 日，第四届国际古生物学大会在阿根廷门多萨市召开。来自全球 40 多个国家的 900 余名古生物学者参加了此次大会。包括中国古生物学会理事长杨群和秘书长王永栋在内的 35 名国内科学家和研究生代表参加了本次会议并开展了相关学术交流活动。本次会议选举产生了国际古生物协会新一届委员会，中国古生物学会周忠和荣誉理事当选为国际古生物协会主席。

2014 年 10 月 9 日－11 日，由中国古生物学会科普工作委员会主办的第二届全国地质古生物科普工作研讨会在深圳举行。

2014 年 11 月 29－12 月 1 日，中国古生物学会古植物分会和古生态学专业委员会在广州市中山大学召开 2014 年学术年会。

2015 年 1 月，《中国古生物学学科史》一书由中国科学技术大学出版社正式出版发行。全书 328 页，50 万字，是国内首部系统回顾我国古生物学近百年来的发展历史和取得的辉煌成就的自然学科历史研究丛书。

2015 年 1 月 15－16 日，中国古生物学会科普工作委员会在沈阳举办第二届全国地质古生物博物馆馆长专业培训班，学员达到 50 名。

2015 年 8 月 10 日，中国古生物学会第十一届理事会第三次会议在沈阳召开。

2015 年 8 月 11－14 日，中国古生物学会第二十八届学术年会在沈阳市召开，来自 90 个单位的 450 余名代表参加了会议。会议共设学术专题 24 个，安排学术报告 21 场计 267 个，收录近 300 篇论文摘要。

2015 年 8 月 16－20 日，由中国古生物学会等单位发起的第十二届中生代陆地生态系统国际学术研讨会在沈阳举行。

2015 年 9 月 17 日，德国古生物学会理事长 Joachim Reitner 教授一行来我会访问，商讨了和我会继续举办第二届中德古生物学国际研讨会事宜。

2015 年 10 月 16－19 日，中国古生物学会孢粉学分会在贵阳召开第九届二次学术年会。

2015 年 11 月 21－22 日，中国古生物学会科普工作委员会第四次全体委员（扩大）会议在上海举行。

2016 年 4 月 3－9 日，中国古生物秘书长王永栋研究员和常务副秘书长蔡华伟研究员出访俄罗斯圣彼得堡，代表中国古生物学会出席俄罗斯古生物学会第六十二届年会暨纪念俄罗斯古生物学会成立 100 周年国际会议。

2016 年 5 月 3－7 日，由国土资源部地质、北京大学、国家古生物化石专家委员会和中国古生物学会共同发起主办的北京大学首届化石文化周活动在北京大学百年讲堂和英杰交流中心举行。

2016 年 5 月 15－17 日，国际古生物学协会理事会工作会议在北京召开，来自中国等 10 多个国家的国际知名古生物学者和代表参会，共同探讨国际古生物学组织发展大计，促进学科发展并推动国际合作。

2016 年 6 月 24－27 日，中国古生物学会微体学分会第十届全国会员代表大会暨第十六次学术年会、中国古生物学会化石藻类专业委员会第十七届学术年会在甘肃省和政县召开。

2016 年 8 月 21－25 日，古脊椎动物学分会组织的中国古脊椎动物学第十五次学术年会在黑龙江省大庆市顺利召开。

2016 年 9 月 10－11 日，由中国古生物学会科普工作委员会主办的第三届全国地质古生物科普研讨会在重庆自然博物馆召开。

2016 年 9 月 11 日，四川省射洪县硅化木国家地质公园核心区所在地王家沟被中国古生物学会授予"化石村"。

2016 年 10 月 23－28 日，第十四届国际孢粉学暨第十届国际古植物学联合大会在巴西巴伊亚州首府萨尔瓦多顺利召开。

2016 年 11 月 5－10 日，德国古生物学会会长 Joachim Reitner 教授及德国古生物学会一行 3 人访问了我会。

2016 年 11 月 18—20 日，中国古生物学会古植物学分会 2016 年学术年会在云南大学召开。

2016 年 12 月 15—18 日，中国古生物学会古生态学专业委员会和古无脊椎动物学分会在贵州大学召开 2016 年学科高端学术年会。

2016 年 12 月 17 日，根据中国科协科技社团党委的批复，中国古生物学会党委成立。由朱怀诚同志担任党委书记，姚建新同志担任副书记，邓涛同志、白志强同志、王永栋同志担任委员。根据挂靠单位党委的批复，我会成立办事机构党支部，由学会秘书长王永栋同志担任党支部书记，蔡华伟同志为副书记，张翼、纪占胜和吴德明同志为支部委员。

2017 年 3 月 22 日，中国古生物学会在北京中国科技会堂发布了"2016 年度中国古生物学十大进展"评选结果。"2016 年度中国古生物十大进展"是中国古生物学会首次举行科技进展发布活动，集中反映了我国科学家在古生物学及相关研究领域所取得的具有重大科学成果，具有一定的科学传播力和社会影响力。

2017 年 5 月 13—14 日，中国古生物学会第十一届理事会第五次理事会议暨 2017 年化石战略研讨会在湖北省黄石市召开。

2017 年 5 月 27 日，中国古生物学会科普工作委员会第六次委员会议在南京召开，并发布了"2016 年中国古生物科普十大新闻"。

中国古生物学会孢粉学分会于 2017 年 6 月 26—7 月 2 日在内蒙古赤峰市组织召开了十届一次学术年会，以及以"中国北方半干旱区植被与环境演变"为主题的野外现场会。

2017 年 9 月 28 日，中国古生物学会中国恐龙科普成果专题发布会暨中国恐龙景观园全国科普教育基地揭牌仪式在三亚国家水稻公园举行。

2017 年 10 月 10—14 日，第二届中德古生物学国际会议在宜昌成功召开。来自德国、西班牙、波兰、法国、日本及中国等国家的科研机构、高等院校、地质古生物博物馆、科普教育和化石保护等领域的专业工作者、专家学者和青年学生等 400 余人出席会议。

2017 年 10 月 11 日，在宜昌召开的第二届中德古生物学国际会议开幕式上，中国古生物学会、国家古生物化石专家委员会、中国古生物化石保护基金会共同举行了 2017 年国际化石日中国纪念活动的启动仪式。中国、德国、西班牙、波兰、日本等国家近 400 多位中外嘉宾共同见证了这次启动仪式。

2018 年 2 月 8 日，中国古生物学会在南京发布了"2017 年度中国古生物学十大进展"评选结果。

2018 年 3 月 20 日，日本古生物学会理事长、日本国立科学博物馆 Makoto Manabe（真锅真）教授，日本古生物学会前理事长、名古屋大学 Tatsuo Oji（大路树生）教授应邀访问中国古生物学会。

2018 年 4 月 13—14 日，三亚古生物科普论坛暨第四届全国地质古生物科普研讨会在三亚举行。

2018 年 7 月 9—13 日，第五届国际古生物学大会（IPC5）在法国巴黎召开，共有来自 60 多个国家的 1000 余名代表参会。中国古生物学会理事长杨群、副理事长邓涛、秘书长王永栋等 60 余名会员参加了大会。

2018 年 7 月 20—26 日，中国古生物学会微体学分会第十七届学术年会、中国古生物学会化石藻类专业委员会在内蒙古自治区赤峰市成功召开。

2018 年 8 月 12—17 日，第十届欧洲古植物学与孢粉学大会在爱尔兰都柏林大学召开，来自全球 43 个国家的 400 余位代表参加了此次大会。我会王永栋秘书长等 28 人参加此次大会并分别做了学术报告。

中国古生物学会第十二届全国会员代表大会暨第二十九届学术年会于 2018 年 9 月 17—19 日在河南省郑州市成功召开。

二、第十一届理事会组成名单

（以姓名笔画为序）

理　　事：牛志军　王　怿　王　原　王元青　王永栋　王训练　王向东　王宇飞　王汝建
　　　　　王丽霞　邓　涛　邓胜徽　冯　卓　冯庆来　白志强　任　东　刘　羽　刘家润
　　　　　华　洪　同号文　向　荣　吕厚远　孙　革　孙元林　孙春林　孙柏年　巩恩普
　　　　　朱怀诚　权　彪　许晓音　吴亚生　张兆群　张兴亮　张志军　李　勇　杨　群
　　　　　沈树忠　苏　新　陈木宏　周传明　孟庆金　季　强　欧阳辉　武　涛　罗　辉
　　　　　郑　卓　郑晓廷　金幸生　金建华　姚建新　姜宝玉　胡东宇　赵丽君　姬书安
　　　　　徐　星　袁训来　贾志海　高林志　黄清华　黄智斌　彭　进　彭光照　童金南
　　　　　谢树成　詹仁斌
常务理事：牛志军　王元青　王永栋　王向东　邓　涛　白志强　刘家润　华　洪　吕厚远
　　　　　孙春林　孙柏年　孙　革　朱怀诚　杨　群　苏　新　季　强　郑　卓　姚建新
　　　　　徐　星　袁训来　童金南
理 事 长：杨　群
副理事长：孙　革　童金南　邓　涛　姚建新
秘 书 长：王永栋
常务副秘书长兼学会办公室主任：蔡华伟
学会办公室副主任：唐玉刚

三、第十届理事会工作报告

王永栋

各位来宾、各位代表：

　　受中国古生物学会第十届理事会的委托，现在就 2009 年 10 月在南京召开的第十届全国会员代表大会以来学会工作向各位代表进行汇报，不妥之处敬请批评指正。

　　四年来，中国古生物学会广大会员和理事会在中国科协的领导和挂靠单位的大力支持下，以党的十八大以及中国科协"八大"精神为指导，深入贯彻落实科学发展观，紧密围绕中国科协"八大"发展目标和本会工作要点，在做好各项常规工作的同时，进一步提高科研水平和人才培养质量，圆满完成了本届工作目标任务。现重点就以下几个方面的工作进行总结和汇报。

（一）积极开展前沿高端学术会议，提高学术交流和服务创新的质量水平

　　为提高学术水平和促进学科发展，四年来我会重点加强了前沿高端学术会议的开展，促进了我国古生物学领域近几年来所取得丰硕成果的广泛交流。其间，共组织和参与组织各类学术会议 20 次，参加会议人数 2000 人次，收到论文及论文摘要 1000 余篇，大会及分会报告 670 余个，展板报告 220 个，出版专著、论文集 7 部，论文摘要集 8 册。会议包括中国古生物学会第二十五届、第二十六届学术年会（2009 年江苏南京、2011 年贵州关岭）、古脊椎动物学分会第十一届、第十二届学术年会（2010 年山东平邑、2012 年内蒙古二连浩特）、微体古生物分会及化石藻类专业委员会第十二次、第十三次学术年会（2010 年新疆库尔勒、2012 年云南腾冲）、古植物学分会 2010 学术年会（2010 年云南昆明）、孢粉学分会 2011 年、2013 年学术年会(2011 年河北任丘、2013 年广西桂林),古生态学专业委员会第五次、第六次学术年会(2010 年黑龙江哈尔滨、2012 年甘肃兰州)等。这些会议从多角度和多层次探讨了早起生命起源、地质时期生物多样性、进化与发育古生物学、过去和现在的全球变化与生物演化等进行了深入的研讨,系列学术报告涵盖了古生物学各分支学科的新进展,包括古植物学、孢粉学、古无脊椎动物学、古脊椎动物学、化石库、古生态、古生物地理和古气候学、高分辨率地层学、微体古生物学等。上述会议除了组织学术交流外,还安排了丰富多彩的野外地质考察路线。

(二) 加强国际民间科技组织合作,促进国际科技合作与交流

在积极执行进一步加强国际民间科技组织合作及人才队伍建设的任期目标工作中,学会积极开展了多项国际民间科技合作与交流活动。

1. 积极寻求社会公益组织的支持与合作

组团参加了 2010 年 6 月 28 日—7 月 3 日在英国伦敦召开的第三届国际古生物学大会。国际古生物学大会是由国际古生物学协会(IPC)主办的全球性学术会议,每四年举办一次,已经于 2002 年和 2006 年分别在澳大利亚悉尼和中国北京成功举办了两届,在国际古生物学届产生重大影响,成为全球古生物学家展示研究成果的新舞台,被称为国际古生物学界的"奥林匹克大会"。本次大会设立了 26 个学术专题,8 个学术研讨。来自世界五大洲 40 多个国家的近 500 名代表参加了大会,其中包括国际和国内的著名学者及专家,我国著名古生物学戎嘉余院士等担任国际学术委员会委员,我会理事长杨群研究员担任大会执行委员会委员。中国古生物学会组团参加了此次盛会,大会设有一个"中国古生物学新发现和新进展"的专题分会,由中国古生物学会作为会议发起人,由杨群理事长和戎嘉余院士共同担任分会召集人,并就中国近年来古生物学新发现的生物群和重大事件等展开交流,包括新元古代瓮安生物群及其胚胎化石、寒武纪澄江生物群及其软体化石、早白垩世热河生物群及其带毛恐龙、前寒武纪和寒武纪转折期、奥陶系生物大幅射、志留纪 F-F 事件、二叠纪末生物大绝灭及复苏以及古生物学的系统学、古生态、古地理、分子古生物学和地球生物学等。会议期间,除了讨论国际古生物学大会期间的有关日程安排和学术专题外,还召开专门会议讨论国际国生物学协会(IOP)的换届任选、IOP 主席和副主席提名和选举等,我会副理事长周忠和研究员当选副主席。

为鼓励我国青年学者积极参与国际学术活动,中国古生物化石保护基金会出资 15 万元资助中国古生物学会国内部分 40 岁以下青年学者参加会议。我国青年学者在会议上的积极表现得到了国际学术界的积极评价和赞许。

2. 第八届国际侏罗系大会

第八届国际侏罗系大会在四川射洪开幕,来自全球 33 个国家的近 300 名专家学者围绕侏罗纪岩石地层学、生物地层学等方面开展学术研讨。此次会议是国际侏罗系大会自 1984 年创办以来,首次在亚洲举办。

国际侏罗系大会是得到联合国教科文组织资助的地球科学会议,每四年举办一次,是全球地质科学界最高规格的会议,被誉为全球侏罗系地球科学界的"奥林匹克大会"。第八届国际侏罗系大会由国际地质科学联合会、国际地层委员会及国际侏罗系底层分会发起,由国土资源厅、中国科学院及四川省人民政府主办。

国际地质科学联合会侏罗纪地层分会主席约瑟夫·帕尔非表示,侏罗纪时代距今约有 1.6 亿年,该时期发生过一些明显的地质、生物事件,如最大的海侵事件、环太平洋带的内华达运动等。研究侏罗纪等地质科学有利于更好地保护地球家园。

四川省省长蒋巨峰出席了第八届国际侏罗系大会开幕式,他表示,中国拥有发育完好、在世界上不多见的侏罗系地层剖面,射洪更以保存科研价值巨大的侏罗纪硅化木化石群著称,这是大会得以在射洪召开的基础。他向记者介绍,2003 年射洪发现了在地下沉寂了 1.5 亿年的侏罗纪硅化木化石群;2005 年,规划

面积达 12 平方千米的四川射洪中华侏罗纪公园得以开建,截至目前,该公园已发现硅化木遗址达 20 余处,发掘硅化木 550 余根,同时还发现了 3 处恐龙化石遗址、8 处地质地貌景观等。

来自法国里昂第一大学的雷蒙德·埃雷表示,射洪发现的侏罗纪硅化木化石群令人称奇,具有极高的科研价值。"一直以来,我对硅化木化石群有浓厚地兴趣,并希望有机会研究,此次会议让我有机会和它亲密接触,非常高兴。"他说。参加此次大会的国内外专家还实地参观了中华侏罗纪公园,并前赴都江堰、汶川"5·12"地震灾区考察四川灾后重建工作。

3. 第一届中德古生物学会国际学术研讨会

第一届中德古生物学会国际学术研讨会于 2013 年 9 月 20—29 日在德国哥廷根大学胜利召开。来自 16 个国家包括 80 余位中国学者在内的 320 位古生物学领域的专家学者参加了大会,会议共收到来自 34 个国家包括 80 篇中国学者提交的 275 篇论文摘要和展板。在会议结束时,揭晓了会议各项学术奖项。其中德国两名学生获得 Tilly Edinger 优秀报告奖。经过分会场学术主持专家的评审,Young Scientist Awards 评选结果出炉,中方和德方共 6 人获奖,其中中方 3 人获奖名单为:楚道亮(中国地质大学)、董重(兰州大学)和关成国(中国科学院南京地质古生物研究所)。经过全体参会代表的投票,评选出了 3 位优秀展版奖,前两名为德国学者,第三名为中国的谭笑(沈阳师范大学)。

第二届中德古生物学国际学术研讨会定于 2017 年在中国召开。

(三) 努力提高学会能力建设,开展"古生物学学科发展史"和"中国古生物学学科史"研究

根据中国科协学科发展战略研究项目总体规划,中国古生物学会申报的"学科发展战略研究项目"获得中国科协的批准并于 2009 年启动执行,以中国科学技术协会主编、中国古生物学会编著的名义提交和出版《古生物学学科发展报告(2009—2010)》。已于 2010 年 3 月正式向全国发布。

《古生物学学科发展报告(2009—2010)》是我国古生物学界的又一项重要工作之一,并将进一步推动我国古生物学的学科发展,为国家基础科学研究、人才培养、科普教育以及国家能源战略需求等提供决策依据。

为体现学科发展的特点和规律,按照中国科协《科协学函〔2012〕78 号》文件精神,我会申报的"中国古生物学学科史研究项目"得到了中国科协的立项批准。这是继我会在 2010 年成功组织实施《古生物学科发展报告》编写工作之后取得的又一重要项目。目前,40 万字的修改稿已经交付出版社。

(四) 参加《古生物化石保护条例》的起草,促进古生物科研与化石保护相结合

随着国家《古生物化石保护条例》在 2011 年 1 月 1 日的正式实施,中国古生物学会作为国内唯一的古生物专业社会团体,如何有效地普及古生物知识、提高全民保护古生物化石及产地意识是新形势下的新的工作任务。

为适应新时期提高全民科学素质的国家战略要求,整合学会科普资源,面向社会开展科学普及古生物化石保护和传播活动,由我会部分理事和有关专家 31 人组成了中国古生物学会科普工作委员会,并于 2012 年 9 月 17—22 日在辽宁古生物博物馆召开了首届全国地质古生物科普工作研讨会。

科普委员会的成立将更好地发挥地质古生物学在科学传播上的优势,推动我国地质古生物科普和古生物化石保护工作的开展,为推进全民科学素质的提高发挥起积极引领作用,同时也为博物馆的展示、收藏及科普教育不断注入了新的理念。

为了共同推动中国古生物化石的科学研究、科普教育和古生物化石保护事业的和谐与健康发展,更好地搭建古生物和地质环境保护公益平台,更加合理地发挥专家作用,有效使用社会资金,产生最大的社会效益。2011 年,中国古生物学会和中国化石保护基金会决定开展进一步全面合作,签署了两会战略合作协议。双方就古生物化石及地质环境保护、开展公益科普宣传等,进行广泛的合作。学会积极支持基金会的各项工作,发挥自身专业优势、人才优势、资源优势,为双方合作项目提供专业技术支持与专业人才支持等。基金会与学会共同主办学术年会,共同商定学术年会的形式、主题以及资金来源等。

（五）加强学会组织工作，实施"党建强会"工程

中国古生物学会认真贯彻中国科协"八大"关于加强全国学会党建工作的精神，2011年在中国科协学会服务中心党委的具体指导下，依托挂靠单位南京古生物所党委，在学会开展创先争优活动。以期达到更好地推动学会核心工作，实现"党建强会"目标，进一步为广大科技工作者服务。充分认识学会人加强党组织建设有利于更好地服务全国古生物学科技工作者，提高服务意识和工作效能，更好地凝聚和团结广大会员为古生物学科研、科普和化石保护等工作服务，挂靠单位党委表示对学会建立党组织工作将给予积极支持和联系指导。

为加强与各有关方面在大学古生物学和基础本科教学、教材建设和课件交流等方面的沟通与协作，由理事会有关理事和专家组成了学会专门的教育工作委员会，调动各方面的积极性，联合博物馆、科普基地、国家地质公园、网络媒体、书刊杂志以及实践探索等方面的力量，不断满足科研和人才培养的需要，积极举荐人才，为科技工作者展示才能搭建平台。

四年来，理事会继续做好大力表彰举荐优秀科技人才，充分发挥我会广大会员在国内古生物领域的领军作用。在国家科技奖励和两院院士推荐工作、担任国际民间科技组织领导职务推荐工作、创新群体、全国优秀科技工作者、中国青年科技奖、中国青年女科学家奖等奖项推荐工作中，拓宽科技工作者成长成才的渠道。

理事会充分认识到青年古生物科技工作者对今后我国古生物学事业发展的重要性，根据中国古生物学会十届二次理事会决议，制定了中国古生物学会《青年古生物学奖条例和实施细则》，设立中国古生物学会青年古生物学奖，以表彰年龄在40岁以下、在古生物学科研领域做出突出成绩、在青年同行中可树为榜样的优秀青年古生物学科技工作者。首届青年古生物学奖在2011年10月21日召开的中国古生物学会第二十六届学术年会开幕式上颁发。经过学会常务理事和部分院士组成的评委会评审，并经十届三次理事会通过，决定授予以下4位同志中国古生物学会青年古生物学奖，并进行表彰，他们是：中国科学院古脊椎动物与古人类研究所李淳副研究员、中国科学院南京地质古生物研究所樊隽轩研究员、中国科学院南京地质古生物研究所黄迪颖研究员和西北大学地质系张志飞副教授。

学会理事会、常务理事会每年都按时召开会议，讨论和总结学会工作的年度进展，部署和安排学会下一年度的工作内容。

（六）学会日常事务、会员管理和信息化建设

学会秘书处的日常工作主要是围绕着中国科协各主管部门下达的各项工作，包括民政部社团管理处年检，中国科协布置的年度工作总结、年鉴、综合统计工作，国际交流项目申请及完成，国际会费的缴纳等。

近一年来在中国科协和学会理事等大力支持下，启动了学会会员数据库平台建设项目，对于本项工作，旨在进一步强化和规范会员管理工作，定期开展和吸收会员发展新会员。同时发挥有关高校和科研机构等理事单位的人才优势，积极发展学生会员，并颁发会员证书；建立和定期更新会员数据库，建议按照专业会员、资深会员、终生会员、学生会员等类别进行会员管理工作，并在会费缴纳、参加学术年会注册费用以及获赠《古生物学报》等方面分别制定出有激励机制的相关实施办法。

另外，学会近年来一直强调和加强学会网站信息化建设，改进、充实和完善网页内容，建立和完善中国古生物学会会员信息资料库，以新的手段加强同国内外古生物工作者的联系，随时为理事会及其他各部门提供最新资料，更好地为会员服务。经过秘书处的辛苦工作，学会网站建设工作取得积极进展并建成投入使用。学会的网站使用了独立域名和虚拟服务器，内容丰富，设有学会组织机构、历史资料、会员信息、国际交流、相册、政策条例、专业分会、科普基地、出版物、学术会议、学会动态、工作进展、相关链接等功能和栏目。学会的有关工作进展和最新会议消息等均能及时上传到网络上，增强了服务全体会员的实效性。下一步将开通学会网站的英文版本。

（七）今后工作展望

各位代表，中国古生物学会第十届理事会基本圆满完成了任期目标。这是中国科协各级领导热情关心和指导的结果，也是有关部门和挂靠单位、理事会和全体会员大力支持和共同努力的结果。四年中，我们虽做了一些工作，取得一些成绩，但我们也深感还有许多方面还存在不足或欠缺，如理事会的联系还不够密切，会员管理的水平有待提高，科普工作还欠制度化和多样化，学会信息工作和组织工作有待加强，等等。我们欢迎大家提出批评，也欢迎大家对学会工作的改革提出意见和建议，以便第十届理事会把学会工作做得更好。我们相信，在新一届理事会的领导下，依靠广大会员的共同努力，不断完善工作程序，改革创新，将学会工作引向一个新的台阶。一定会把中国古生物学会办得更好，为中国古生物学科发展做出新的贡献。

四、第十一届理事会第一次理事及常务理事会议纪要

中国古生物学会第十一届理事会第一次会议于 2013 年 11 月 15 日在浙江省东阳市召开。出席会议的新一届理事会成员包括：王元青、王永栋、王宇飞、王向东、王汝建、王丽霞、王怿、王原、牛志军、邓胜徽、邓涛、白志强、冯庆来、冯卓、巩恩普、同号文、吕厚远、朱怀诚、任东、华洪、向荣、刘羽、刘家润、郑卓、郑晓廷、许晓音、孙革、孙元林、孙春林、孙柏年、苏新、李勇、杨群、吴亚生、陈木宏、张兆群、张兴亮、张志军、沈树忠、武涛、欧阳辉、罗辉、季强、金辛生、金建华、周传明、孟庆金、赵丽君、胡东宇、姜宝玉、姚建新、袁训来、徐星、高林志、姬书安、黄清华、黄智斌、彭光照、彭进、童金南、谢树成、詹仁斌。学会工作人员列席了会议。

上届理事会杨群理事长在讲话中简要回顾了过去一届理事会围绕学术活动、国际交流、学科史以及科普教育等取得的成绩，总结了第十届理事会期间我会在组织开展国内学术交流、积极参加国际学术会交流、圆满完成学科史研究、推进科普工作、学术刊物出版、成立新一届教育工作委员会、积极参与和推动古生物化石保护工作、积极开展人才举荐等诸多方面取得的新进展。

会议以无记名方式选举了中国古生物学会第十一届常务理事会，王元青、王永栋、王向东、牛志军、邓涛、白志强、吕厚远、朱怀诚、刘家润、郑卓、孙革、孙春林、孙柏年、苏新、杨群、张兆群、季强、姚建新、袁训来、徐星、童金南等 21 人当选第十一届理事会常务理事。

十一届一次常务理事会会议选举产生了第十一届理事会负责人，杨群担任理事长，孙革、童金南、邓涛、姚建新担任副理事长，王永栋担任秘书长。

会议通过了进一步筹集古生物学会学术活动基金的决定，要求本届理事长提供学术活动基金 20000 元，副理事长、秘书长每人提供学术活动基金 10000 元，常务理事每人提供 8000 元，理事每人提供 4000 元。

五、第十一届理事会第二次会议纪要

中国古生物学会第十一届理事会第二次会议于 2014 年 12 月 2—3 日在广州市中山大学召开。出席会议的理事会成员包括：理事长杨群，副理事长孙革、童金南、邓涛、姚建新，秘书长王永栋，常务理事牛志军、王向东、白志强、华洪、孙春林、孙柏年、朱怀诚、郑卓、袁训来，理事王原、王怿、邓胜徽、冯庆来、冯卓、孙元林、任东、同号文、陈木宏、向荣、张志军、沈树忠、周传明、欧阳辉、武涛、罗辉、金建华、姜宝玉、胡东宇、赵丽君、陶庆法、姬书安、高林志、黄智斌、彭进。学会常务副秘书长蔡华伟、副秘书长单华春、孙跃武、刘建波、张宜及学会工作人员列席了会议。

广东省国土资源厅张超群副巡视员、地质环境处陈厚松处长、广东省地质学会林希强秘书长以及中山大学地球科学与地质工程学院张珂院长等应邀参加了会议。张超群副巡视员代表广东省国土资源厅向理事会在广东召开表示祝贺,并感谢学会历年来对广东省在古生物化石科研和保护方面所给予的大力支持。林希强秘书长代表广东省地质学会向理事会的召开表示祝贺,张珂院长致欢迎词,并介绍了中山大学在古生物学领域的科研、教学以及学科发展等工作。

杨群理事长在讲话中简要回顾了过去一年学会围绕学术活动、国际交流、学科史以及科普教育等取得的成绩,并对广东省国土厅和中山大学对古生物学会各项工作的支持表示感谢。孙革副理事长介绍了2015年8月在沈阳召开中国古生物学会第二十八届学术年会有关筹备情况。王永栋秘书长报告了中国古生物学会2014年工作总结和2015年工作计划。过去的一年,我会在组织开展国内学术交流、积极参加国际学术会交流、圆满完成学科史研究、推进科普工作、学术刊物出版、成立新一届教育工作委员会、积极参与和推动古生物化石保护工作、积极开展人才举荐等诸多方面取得了新的进展。会议听取了王永栋秘书长关于我会参加第四届国际古生物学大会并积极组织有关学术议题、中国专题分会场学术活动等方面的工作汇报。《中国古生物学学科史》秘书组蔡华伟组长向与会理事做了关于《中国古生物学学科史》编撰工作的总结报告。

会议传达了民政部和中国科协关于全国学会分支机构登记审批有关事项的精神,认为要严格遵照学会章程,完善和制定相应的分支机构管理和变更等手续,在条件成熟的情况下成立相关分会并上报中国科协备案。理事会讨论了关于成立中国古生物学会古无脊椎分会和学科史分会等分支机构的相关事项,决定由沈树忠理事负责组织古无脊椎分会的筹备事项,由袁训来常务理事负责学科史分会的筹备事项。会议还讨论了我会推荐2015年中国科学院院士的相关工作事项。

会上,各分会和专业委员会负责人交流了年度工作进展。古脊椎动物学分会副理事长邓涛、古植物学理事长王怿、孢粉学分会理事长朱怀诚、微体古生物学分会理事长罗辉、化石藻类专业委员会华洪主任、古生态学专业委员会王向东主任、科普工作委员会孙革主任、科普教育工作委员会孙柏年主任等分别介绍了过去一年各分会和专业委员会的学术活动、工作进展以及2015年的工作计划。会议还听取了中国古生物化石保护基金会陶庆法理事长有关古生物化石保护方面的工作介绍。另外,相关理事还介绍了所在理事单位2014年在科研、科普、教育及化石保护等领域的主要工作进展。

会议得到了中山大学和中山大学地球科学与地质工程学院的大力支持,会议期间,部分理事还参观了中山大学地球科学与地质工程学院和地质古生物博物馆,并对博物馆的发展建设规划提出了积极建议。

六、第十一届理事会第三次会议会议纪要

2015年8月10日,中国古生物学会第十一届理事会第三次会议在沈阳召开。共有45位理事会成员参加了会议,包括理事34人(其中常务理事12人),副秘书长9人。主要参会成员包括:荣誉理事穆西南、理事牛志军、王怿、王原、王永栋、王丽霞、邓涛、邓胜徽、任东、华洪、同号文、向荣、孙革、孙春林、孙柏年、朱怀诚、吴亚生、张志军、杨群、孟庆金、季强、武涛、罗辉、金建华、姚建新、姜宝玉、胡东宇、赵丽君、陶庆法、黄智斌、彭进、彭光照、童金南、詹仁斌,副秘书长蔡华伟、孙跃武、张宜、吴勤、阎德飞、尹士银、何卫红等。

会议由杨群理事长主持。他对大家参加中国古生物学会第二十八届学术年会以及第十一届三次理事会表示欢迎,并感谢沈阳师范大学和辽宁古生物博物馆对筹备本届学术年会提供的大力支持。王永栋秘书长首先传达了中国科协关于中央群团工作会议文件以及中央政治局委员李源潮在科协讲话的主要精神,并传达了中国科协关于全国学会有序承接政府转移职能扩大试点的相关文件。他就学会2015年主要工作做了报告,包括中国科学院院士候选人推荐、第十二届中国青年女科学家奖候选人推荐、《中国古生物

学学科史》出版发行、举办第二届全国地质古生物博物馆馆长培训班、提名世界杰出女性人物、创新人才推进计划推荐、第二十八届学术年会筹备以及我会全国科普基地申报等方面的工作进展。会议通过了关于授予我会五个单位全国科普教育基地的决定。进一步讨论和确定了第二十八届学术年会的相关议程,并成立了研究生优秀口头报告奖和优秀展板奖评选小组。蔡华伟常务副秘书长做了《关于第三届青年古生物学奖评选工作》的报告,并在此基础上通过了获奖者名单和关于表彰第三届青年古生物学奖获奖者的决定。会议讨论了学会下一阶段的工作计划,通过了中国古生物学会法人证管理制度、中国古生物学会印章管理制度、中国古生物学会财务管理制度及中国古生物学会固定资产管理制度,并就下一次理事会和学术年会的举办地点进行了商定。

七、第十一届理事会第四次会议会议纪要

中国古生物学会第十一届理事会第四次理事会议于 2016 年 12 月 17—18 日在贵阳市花溪迎宾馆召开。出席会议的理事包括:第十一届理事会理事长杨群,副理事长孙革、童金南、邓涛、姚建新,秘书长王永栋,常务理事朱怀诚、王向东、白志强、华洪、孙春林、王元青,前任理事赵元龙,学会理事罗辉、彭进、詹仁斌、孙元林、张兆群、欧阳辉、同号文、黄智斌、谢树成、金幸生、金建华、姜宝玉、武涛、姬书安、陈木宏、冯卓、巩恩普、彭光照、赵丽君、王宇飞、王汝建、邓胜徽、张志军、吴亚生、袁训来、周传明、王原、孟庆金、王丽霞、孙柏年、吕厚远、季强、郑卓、胡东宇、陶庆法等。学会常务副秘书长蔡华伟,副秘书长单华春、张志飞、何卫红及学会秘书处人员列席了会议。

贵州大学副校长谢田凯、资源与环境学院院长吴攀、资源与环境学院党委书记滕兆华参加了理事会开幕式。

本次理事会有 6 个议题,包括总结学会 2016 年度工作、举行学会党组织成立仪式、筹备 2017 年第二届中德古生物学会国际学术研讨、创建 2017 年我会工作计划、审定学会工作条例及开展学会分支机构工作进展交流。杨群理事长在致辞中指出,2016 年学会在党建工作上取得了实质性进展,重点加强了前沿高端学术会议的开展,积极参与国际合作与交流,成功举办了微体古生物学分会、古脊椎动物学分会、古植物学分会年会,特别是在北京成功召开了国际古生物学会(IPA)理事会工作会议。杨群理事长还指出,学会在科普、化石保护、学报及学会组织等工作上也取得新进展。他对各位常务理事、理事和理事单位对于学会一年来的工作所给予的大力支持表示感谢。贵州大学谢田凯副校长和资源与环境工程学院吴攀院长致辞,对理事会在贵州召开表示欢迎,并介绍了贵州大学及资源与环境工程学院在古生物学科建设、人才培养、研究成果以及学术交流等方面取得的成绩。

在杨群理事长和童金南、邓涛、姚建新副理事长的分别主持下,理事会听取了王永栋秘书长关于 2016 年我会在党建工作、学术交流、古生物化石科普与保护、人才举荐、学术出版、学会组织等方面的工作报告。会议传达了万钢、尚勇、王春法同志在 2016 年科协系统深化改革工作电视电话会议上的讲话,深入学习了中共中央、国务院及中国科协下发的《中国科协所属学会有序承接政府转移职能扩大试点工作实施方案》,以及中国科协贯彻落实《中共中央办公厅国务院办公厅关于印发〈中国科协所属学会有序承接政府转移职能扩大试点工作实施方案〉的通知》的意见,就我会承接政府职能转移事项进行了讨论,认为我会可积极组织参与相关工作,如科技项目评审、行业标准制定、社会组织职称评定、化石鉴定培训、国家化石公园认定、第三方评估和科技奖励评审等。

其后,新成立的中国古生物学会理事会功能型党委在会议上举行了庄严的党组织成立仪式,宣布经中国科协科技社团党委审议,同意成立中国古生物学会党委,由朱怀诚同志担任党委书记,姚建新同志担任副书记,邓涛同志、白志强同志、王永栋同志担任委员。在党组织成立仪式上,学会挂靠单位中国科学院南

京地质古生物研究所党委副书记詹仁斌致辞,学会党委副书记姚建新副理事长介绍了中国科协党建工作精神,王永栋秘书长汇报我会党组织组建情况并宣读中国科协社团党委批文。各位代表就学会党建工作进行了热烈的探讨。

会议还在童金南副理事长的主持下,讨论了 2017 年第二届中德古生物学会国际学术研讨会的筹备工作,最终确定了国际学术研讨会将于 2017 年 10 月在湖北宜昌举行,以 *Critical Intervals in Earth History* 和 *Palaeobiological Innovations* 为主题,拟定会前、会后共 6 条野外路线,并将《摘要集》和《野外考察手册》正式付诸出版。会议拟定了中德研讨会的代表费、交通、学生奖励等事务标准,确定了特邀和主题报告形式及会议通知发布时间,为研讨会的顺利召开打下了坚实的基础。

会议讨论了进一步完善我会奖励机制和增设奖励项目的建议。随着我国古生物学事业的不断发展,学会在科技奖励方面所面对的需求也逐渐增加,需要我们更好地利用全国学会的平台,进一步优化科技奖励结构,设立多样化的奖励项目,全面反映和表彰中国古生物学事业所取得的新成就。有鉴于此,建议进一步扩大学会的奖励项目覆盖面,在学科领域方面,不仅包含科研、人才培养和学术交流等传统领域,还需要照顾到科学普及或科学传播、化石保护等。从年龄结构方面,除了已经有的优秀学生学术报告奖、青年古生物学奖和尹赞勋地层古生物学奖外,还需要考虑到对取得杰出科学成就的知名学者、对推动学会工作做出重要贡献者、在科学传播领域成绩突出者等,对他们进行表彰和宣传。此前常务理事会决定,我会新增设两个奖项:① 中国古生物学会终生成就奖,该奖项是中国古生物学会层面的最高学术性荣誉奖。② 中国古生物学会特别贡献奖,该奖项是表彰为学会发展事业做出重要贡献的非学术性荣誉奖,涵盖科学传播、教育教学、人才培养、化石保护和学会发展等领域。由学会秘书处草拟制定以上奖项的奖励章程和实施细则。本次理事会对两个奖项的人选进行了初步讨论,并决定会后审定并于第二十九届学术年会上进行表彰。会议提出了完善尹赞勋地层古生物学奖的建议,将该奖细化为科研奖、教学奖、科普奖三个奖项,正确覆盖古生物研究与传播的不同领域,奖励做出不同贡献的人士,增加古生物研究与传播工作人员的参与感和积极性。

会议指出,近 20 年来,我国古生物学工作者相继发现和研究了诸多世界级的化石宝库和产地,使得中国的古生物学科研成果在国际上占有举足轻重的地位。会议根据 2016 年 1 月在西安召开的中国古生物学会第六届五次常务理事会会议精神,就"中国古生物学年度十大进展"的评选细则进行了审定,拟开展"十大进展"的评选和新闻发布活动,及时向全社会展示中国古生物学取得的重大发现和重要研究成果,让科技创新与科学普及如鸟之双翼,一并振展。

鉴于古生物化石保护工作的重要性,我会拟筹建新的分支机构——化石保护工作委员会。该委员会宗旨是体现中国古生物学会特色,团结和带领广大化石保护工作者,研讨化石保护工作新进展,探讨化石保护技术方法,制定化石产地保护的规范和标准,交流工作经验,提供咨询服务、专业培训和业务指导,为政府更好地保护古生物化石提供科学咨询和建议。理事会就筹建的新分支机构进行了讨论。学会的其他9 个分支机构(其中包括新成立的古无脊椎动物学分会)在姚建新副理事长的主持下汇报了各自的工作进展,并开展了广泛而深入的交流。

会议讨论了 2017 年工作计划以及学会自身能力提升工作。为了更好地服务广大会员,学会将在完善中英文网站的基础上,建立中国古生物学会微信公众号平台,并建立理事会微信群,发布学会及理事会重要工作进展,及时向广大会员传达学会信息和动态。

与会人员还参观了贵州大学自然博物馆古生物厅,考察了青岩镇以西的三叠纪剖面。会议对贵州大学及其资源与环境工程学院提供的热忱支持和协助表示感谢。

八、第十一届理事会第五次会议纪要

中国古生物学会第十一届理事会第五次理事会议于 2017 年 5 月 13—14 日在湖北省黄石市召开。出席会议的理事会成员包括：第十一届理事会理事长杨群，荣誉理事穆西南、汪啸风，副理事长孙革、童金南、邓涛、姚建新，秘书长王永栋，常务理事白志强、孙春林、孙柏年、吕厚远、牛志军、苏新、刘家润，理事王丽霞、陶庆法、詹仁斌、罗辉、周传明、孙元林、谢树成、金建华、姬书安、赵丽君、王宇飞、王汝建、邓胜徽、王原、黄智斌、胡东宇、任东、何平（欧阳辉理事的代表）、吴亚生。学会常务副秘书长蔡华伟，副秘书长单华春、蒋青，国家古生物化石保护专家委员会郭昱，中国科学技术大学出版社高哲峰及学会秘书处人员列席了会议。湖北省国土资源厅地质环境处曹微处长，黄石市政协副主席兼黄石市科协主席杨晓梅、黄石市科协副主席方世江、黄石市科协学会部主任梅玫、黄石市国有资产公司黄大寒董事长，湖北鄂东市场发展经营有限公司郭庆总经理、曹祥庆，黄石市园博园祝其义总经理、张敏副总经理应邀参加了理事会开幕式。

本次理事会主要议题包括学习"中国科协 2017 年学会改革工作要点"及《中国科学技术协会全国学会组织通则》，总结我会 2017 年前四个月的工作，2017 年第二届中德古生物学会国际学术研讨会筹备工作，中国古生物学会第十二届全国会员代表大会换届事宜等。会议由杨群理事长、孙革、童金南、邓涛、姚建新副理事长分别主持。杨群理事长在 13 日上午的理事会开幕式致辞中指出，在理事会成员和理事单位支持下，2017 年学会工作取得了诸多新进展，他对各位理事和理事单位对于学会工作所给予的大力支持表示感谢。湖北省国土资源厅地质环境处曹微处长、黄石市政协副主席兼黄石市科协主席杨晓梅、黄石市国有资产公司黄大寒董事长分别致辞，对理事会在黄石召开表示欢迎，并介绍了黄石在国民经济、全民科学素质、环境保护等方面取得的成绩。

在杨群理事长主持下，会议听取了王永栋秘书长关于包括 2017 年院士候选人推荐工作、2016 年度中国古生物学十大进展发布工作、积极组织参加中国科协创新争先奖和各部门召开的会议及项目经费的申报工作等方面的工作报告。

会议一致同意十一届四次理事会提议的关于延期召开中国古生物学会第十二届全国会员代表大会的决议（延期时间不超过一年），延期的原因是：一直以来，按照《中国古生物学会章程》关于学会负责人的任职要求和便于开展学会的各项工作，我会的法人都是由挂靠单位中国科学院南京地质古生物研究所所长担任，目前我会在中国科学院所属单位领导班子由四年一届改为五年一届后，学会换届早于挂靠单位及主要依托单位一年，由此出现学会换届一年后可能面临更换法人的现象，延期后，上述现象将可以避免。

13 日上午，在孙革副理事长的主持下，学会秘书处向与会理事汇报了 2017 年第二届中德古生物学国际学术研讨会的筹备进展情况。第二届中德古生物学大会是继第一届中德古生物学国际会议 2013 年 9 月在德国哥廷根大学成功举办之后，为了总结近四年的合作成果、展望未来并交流工作，由中国古生物学会和德国古生物学会决定于 2017 年 10 月在中国宜昌举办的国际大会。本次会议的主题是：*Critical Intervals in Earth History: Palaeobiological Innovations*（地球历史的关键时期与古生物革新），将由中国、德国以及德语区国家科研机构、高等院校、古生物博物馆、科普教育和化石保护等领域的专业工作者、专家学者、青年学生等参会，会议规模在 250—300 人。

会议初步确定了 24 个学术会议分会场的主题及召集人，并计划组织 2 条会前野外考察路线和 4 条会后野外考察路线。

会议还将出版《论文摘要集》《野外考察手册》和会后出版物，组织科普展览及优秀论文奖、优秀展板奖以及优秀报告奖。

为贯彻《中国科协、科技部关于开展 2017 年"全国科技工作者日"活动的通知》文件精神（科协发厅字

〔2017〕21 号），准备我国首个"全国科技工作者日"和"全国科普日"相关事宜。第十一届理事会成员会后在中国古生物学会理事长、中国科学院南京地质古生物研究所杨群所长的带领下，一行 47 人，于 2017 年 5 月 14 日赴湖北省黄冈市李四光纪念馆开展了学习调研活动。此行的目的既深切缅怀了我会创建人之一、世界著名科学家、地质学家、教育家和社会活动家，我国现代地球科学和地质工作的奠基人之一和主要领导人李四光先生，又通过学习参观扩大了地质古生物学科普工作的影响面，得以使学会理事与政府、社会各界共同探索"地球科学知识科普产业化"的创新路径，使古生物专家及科研成果更好服务于社会大众科学素质和国家软实力的提升。本次活动为推进落实中央"要把科学普及放在与科技创新同等重要的位置"的重大部署和新时期对科研科普工作的新要求，为使之更好地服务于社会精神文明和物质文明提供了新思路。

本次理事会的顺利召开得到了黄石市政府、黄石国有资产公司、湖北鄂东市场发展经营有限公司、黄石市园博园、黄石市矿博园等单位的积极支持，理事会对此表示衷心感谢！

九、第十一届理事会第六次会议纪要

中国古生物学会第十一届理事会第六次理事会议于 2017 年 12 月 15—17 日在河北省石家庄市召开。出席会议的理事包括：第十一届理事会理事长杨群，副理事长孙革、童金南、姚建新，秘书长王永栋，常务理事朱怀诚、王向东、白志强、季强、孙春林、孙柏年，学会理事陶庆法、王怿、彭进、詹仁斌、孟庆金、孙元林、张兆群、周传明、欧阳辉、同号文、黄智斌、金建华、姜宝玉、冯卓、彭光照、高林志、胡东宇、王汝建、邓胜徽、冯庆来、张志军、任东、吴亚生等。学会常务副秘书长蔡华伟，副秘书长张翼、纪占胜、单华春、张志飞、何卫红、孙跃武、吴勤、张培及学会秘书处人员列席了会议，河北地质大学王凤鸣校长、毛磊副校长、校博物馆吴文盛馆长以及河南省地质博物馆徐莉馆长应邀参加了理事会开幕式。

本次理事会总结了学会 2017 年度学会主要工作、党建工作，做了第二届中德古生物学国际会议总结，介绍了学会参加第五届国际古生物学大会计划，商议了 2017 年度中国古生物学十大进展评选事宜以及学会奖项（终生成就奖、特别贡献奖、尹赞勋奖、青年奖）评选计划、第十二届全国会员代表大会及第二十九届学术年会筹备工作、第十二届理事会换届工作计划、地球生物学分会筹备工作。各分会及专业委员会做了年度工作交流。

杨群理事长在致辞中指出，2017 年学会在党建工作上取得了实质性进展，重点加强了前沿高端学术会议的开展，积极参与国际合作与交流，成功举办了第二届中德国际古生物学国际会议。他对各位常务理事、理事和理事单位对于学会一年来的工作所给予的大力支持表示感谢。

王凤鸣校长发表致辞，对理事会在石家庄召开表示热烈欢迎，并介绍了河北地质大学在古生物学科建设、人才培养、研究成果以及学术交流等方面取得的成绩。

在杨群理事长和孙革、童金南、姚建新副理事长的分别主持下，理事会听取了王永栋秘书长关于 2017 年我会在党建工作、国内、国际学术交流、古生物化石科普与保护、人才举荐、学术出版、学会组织等方面的工作报告。

中国古生物学会党委朱怀诚书记、姚建新副书记汇报了 2017 年党建工作，对本年度 3 月、5 月、6 月、9 月及 10 月共五次党建工作会议进行了总结，贯彻了要把力量凝聚到实现党的十九大确定的各项任务上来的决心，为加快推进实现"四个率先"目标的进程、努力建设科技强国提供强有力的政治保证。

作为承办单位，河南省地质博物馆徐莉馆长向理事会报告了 2018 年 9 月将在郑州召开的第十二次全国会员代表大会暨第二十九届学术年会的筹备情况，经学会秘书处和河南省地质博物馆人员共同考察，建议选择郑州市黄河迎宾馆为会议地点。

与会人员还参观了河北地质大学地球科学博物馆和钱圆金融博物馆，会议对河北地质大学及地球科学博物馆提供的热忱支持和协助表示感谢。

第十二届全国会员代表大会期间
（2018 至今）

一、简　　况

中国古生物学会第十二届全国会员代表大会暨第二十九届学术年会于 2018 年 9 月 17—19 日在河南省郑州市成功召开。来自全国科研院所、高等院校、博物馆、化石保护、科普基地、出版文创和地质公园等行业以及地质、石油、煤炭等系统的 190 个单位（包含台湾地区），以及日本、英国、波兰、俄罗斯、奥地利等国家的外宾专家等近 750 余人参加了大会。

本次会议由中国古生物学会主办，河南省地质博物馆、中国科学院南京地质古生物研究所、河南理工大学以及河南省古生物学会联合承办，会议得到中国科学技术协会、国家古生物化石专家委员会、中国古生物化石保护基金会以及国家自然科学基金委员会地球科学部、中国科学院前沿科学与教育局和河南省国土资源厅的大力支持。

9 月 17 日上午，在河南省黄河迎宾馆举行了大会开幕式，参加开幕式的领导和嘉宾有：中国科学院院士、中国地质大学（武汉）教授殷鸿福，中国科学院院士、西北大学教授舒德干，中国科学院院士、中国地质大学（北京）教授王成善，中国科协学会学术部副处长唐昆仑，国家古生物化石专家委员会办公室副主任王丽霞，中国古生物化石保护基金会理事长陶庆法，河南省国土资源厅副厅长杨士海，河南省科协副巡视员陈萍，国际古生物学协会（IPA）秘书长詹仁斌，日本古生物学会代表东京大学教授远藤一佳和京都大学教授生形贵男，以及中国古生物学会理事长杨群，学会党委书记朱怀诚，副理事长孙革、邓涛、姚建新和秘书长王永栋等。出席开幕式的还有中国古生物学会理事会成员、各分会负责人、大会特邀报告人、国内外嘉宾、会议承办单位负责人以及会员代表和新闻媒体等。

开幕式由孙革副理事长主持。杨群理事长致开幕词，他代表中国古生物学会理事会向来自全国各地的参会代表和中外嘉宾表示热烈的欢迎。他在讲话中总结了我国古生物学近五年来的主要工作进展和取得的新成就，并预祝通过这次大会进一步推动古生物学科发展和学会工作取得更加辉煌的成就。唐昆仑副处长代表中国科协对大会的召开表示热烈祝贺，并宣读了中国科协发来的贺信。殷鸿福院士发表了热情洋溢的讲话，王丽霞、杨士海和陈萍分别代表国家古生物化石专家委员会办公室、河南省国土资源厅以及河南省科学技术协会致辞。詹仁斌代表国际古生物协会（IPA）致辞并宣读了 IPA 主席 Sylvie Crasquen 发来的贺信。德国古生物学协会主席 Joachim Reitner 教授也发来热情洋溢的贺信，对本次会议的召开表示热烈祝贺。日本古生物学会代表、东京大学教授表远藤一佳致辞，并向学术年会的召开表示祝贺。

开幕式上，颁发了中国古生物学会第八届尹赞勋地层古生物学奖、第四届青年古生物学奖和 2017 年度中国古生物学十大进展。王向东、邓涛、姬书安和邓胜徽 4 位专家获得第八届尹赞勋地层古生物学奖，王敏、冯卓、泮燕红和罗根明 4 位青年学者获得第四届青年古生物学奖。会上还举行了全国科普基地授牌仪式，授予北京延庆地质博物馆、云南禄丰恐龙科普教育基地、重庆綦江国家地质公园博物馆、辽宁朝阳化石谷、大连星海古生物化石博物馆和四川崇州天演博物馆 6 家单位"中国古生物学会全国科普基地"称号。

本次大会围绕"新时代古生物学——学科交叉与技术创新"这一主题开展了一系列内容丰富而广泛的学术交流活动。舒德干院士、王成善院士、日本学者生形贵男,以及詹仁斌、张水昌、姬书安、吴秀杰、徐莉共8位国内外专家学者做了特邀大会报告,涉及广义人类起源、深时气候、无脊椎动物宏演化、奥陶纪大辐射、元古宙生态与油气资源、鹦鹉嘴龙动物群、中国古人类研究新发现以及河南古生物研究新进展等具有前沿性和高水平的最新成果,体现了学科交叉和技术创新的会议主题。会议共设置学术专题34个,收录论文摘要422篇,安排学术报告54场,包括72个主题报告、320个口头学术报告、42个展板报告等。内容涵盖了古无脊椎动物学、微体古生物学、古植物学和孢粉学、古脊椎动物学、古人类学、地层学、生物地理学和古气候学、分子古生物学、地球生物学以及沉积学和地球化学等学科分支。大会的研讨内容涉及早期生命演化、寒武纪大爆发、寒武纪特异化石库、古生物多样性演化及环境、热河与燕辽生物群、综合地层学、古生物大数据、微生物沉积与生物礁、微体古生物学及应用、古植物学与演化、地球生物学、青藏高原地层古生物等多个学科门类,以及古生物研究的新技术和新方法、化石保护研究论坛、博物馆与科普教育、古生物学教学与人才培养、古生物化石与地质公园创新发展等主题。这是中国古生物学会成立89周年以来,参会人数最多、学术交流最活跃、研讨领域最广泛的高水平盛会,既是对全国古生物学事业和成就的一次集中展示和检阅,又是展望未来我国古生物学发展趋势、迎接中国古生物学会成立90周年(2019年)前的一次承上启下的重要盛会。

本次会议举行了中国古生物学会第十二届全国会员代表大会,听取了第十一届理事会工作报告、第十二届理事会换届方案报告以及学会财务工作报告,表决通过了《中国古生物学会章程修改草案》和《中国古生物学会会员会费标准修改草案》。与会代表通过无记名投票选举产生了中国古生物学会第十二届理事会和第一届监事会。

会议期间举行了"守护远古生命——追缴海外化石特展"及新闻发布仪式。学会秘书长王永栋、国家古生物化石专家委员会办公室副主任王丽霞,以及河南省国土资源厅冯进城处长、河南省地质博物馆徐莉馆长等负责人分别向媒体介绍了会议和特展的重要意义,舒德干院士、王丽霞副主任和国际古生物协会詹仁斌秘书长等共同为特展揭幕。

会议期间举行了地球生物学分会成立大会,选举产生了分会第一届理事会负责人,讨论并原则通过了关于成立化石保护工作委员会的决定,召开了《门类古生物学科学丛书》编写工作会议。

在9月19日下午举行的大会闭幕式上,詹仁斌理事长代表新一届理事会致辞,他对第十一届理事会的工作给予高度评价,对理事单位和全体会员的大力支持表示感谢,对本次大会的会议组织者表示感谢,并对新一届理事会的工作提出了展望。闭幕式上,举行了优秀报告颁奖仪式,向柴珺等16名同学颁发了优秀学生口头报告奖,向崔璨等8位同学颁发了优秀学生展板报告奖。随后,参会单位的代表还举行了文艺表演和才艺展示等联欢活动。

会后组织了4条野外考察路线,共有约150名参会代表赴河南汝阳、栾川、淅川、南阳、登封和焦作,以及宜阳和济源等地进行古生物群和地层剖面的野外地质考察。

会议期间,新华社、人民日报、中新社、科技日报、中国科学报、中国自然资源报、河南日报、河南电视台以及新浪网、腾讯网等新闻媒体对会议的各项活动进行了多角度的报道。

二、第十二届理事会组成名单

(以姓名笔画为序)

理　　事：丁　旋　王元青　王训练　王永栋　王向东　王汝建　王　军　王孝理　王丽霞
　　　　　王　怿　王　原　邓胜徽　邓　涛　牛志军　白志强　冯庆来　冯　卓　孙柏年

	巩恩普	成俊峰	同号文	朱怀诚	任　东	华　洪	向　荣	全　成	刘建波
	刘　煜	齐永安	许晓音	孙跃武	苏　涛	李大庆	杨兴莲	吴文盛	吴亚生
	吴秀杰	何卫红	宋海军	张廷山	张兆群	张兴亮	张志军	张　宜	张建平
	张健平	金小赤	周传明	郑　卓	金建华	单华春	孟庆金	欧阳辉	罗　辉
	胡东宇	姜宝玉	赵丽君	姚建新	姚轶峰	徐　星	袁训来	徐　莉	唐　烽
	陶庆法	黄建东	黄智斌	续　颜	彭光照	詹仁斌	蔡华伟	樊隽轩	
常务理事：	王元青	王训练	王永栋	王向东	王　原	牛志军	邓　涛	白志强	冯庆来
	朱怀诚	华　洪	孙柏年	孙跃武	吴亚生	金小赤	郑　卓	胡东宇	姜宝玉
	姚建新	徐　星	袁训来	詹仁斌	蔡华伟				
理 事 长：	詹仁斌								
副理事长：	邓　涛	王永栋	姚建新	白志强	华　洪				
监 事 长：	杨　群								
副监事长：	孙　革								

新当选的理事长詹仁斌向第十二届常务理事会成员分别颁发常务理事证书。他随后发表致辞,代表第十二届理事会向第十一届理事会全体成员表示感谢,向大家的信任和支持表示谢意,并提出了今后学会理事会的近期工作目标和任务。

同时,第十二届常务理事会决定,授予第十一届理事会理事长杨群、副理事长孙革、副理事长童金南、前副理事长季强,以及中国科学院院士沈树忠为"中国古生物学会荣誉理事"称号。詹仁斌理事长向他们颁发了荣誉理事证书。

三、第十一届理事会工作报告

王永栋

各位代表:

受中国古生物学会第十一届理事会的委托,现在我就 2013 年 11 月在浙江省东阳市召开的第十一届全国会员代表大会以来的学会工作向各位代表进行汇报,不妥之处敬请批评指正。

在报告之前先说明一点,按照 2016 年 12 月召开的中国古生物学会十一届四次理事会关于延期召开中国古生物学会第十二届全国会员代表大会的决定,以及中国科协《关于同意中国古生物学会延期换届的批复》(科协学函管字〔2017〕163 号)和民政部《社会团体延期换届通知书》(民社登〔2017〕第 8023 号)的要求,本届理事会于 2018 年 10 月任期届满。

五年来,中国古生物学会依靠各方的大力支持和热忱协助,积极组织全国地质古生物学工作者,在进行国内外学术交流和人才教育培养、促进地质古生物学科学普及和传播、贯彻落实国家古生物化石保护条例,以及进一步推进古生物学和科普教育事业的健康发展方面,开展了一系列的工作,尤其在积极贯彻落实中央"要把科学普及放在与科技创新同等重要的位置"重大部署和新时期对科研科普工作的新要求方面,圆满完成了本届工作的目标和任务。现重点就以下几个方面的工作进行总结和汇报。

(一)认真学习贯彻党对新时代群团工作要求,加强学会党建工作

2016 年,中国古生物学会在中国科协学会党建工作领导小组和中国科协科技社团党委的领导下,在学会党建工作上取得了实质性进展,按照中国科协所属学会党建"两个全覆盖"专项工作方案要求,研究并提出了中国古生物学会党委和办事机构党支部组织架构和组成人选,得到了中国科协科技社团党委和中国科学院南京地质古生物研究所委员会批准,使中国古生物学会有了真正的党组织。

2017 年,中国古生物学会在中国科协科技社团党委的领导下,在学会党委和办事机构党支部的引领下,认真学习与宣传贯彻党的十九大精神和习近平总书记系列重要讲话精神,落实中央办公厅《关于加强社会组织党的建设工作的意见(试行)》和中国科协《关于加强科技社团党建工作的若干意见》工作部署,扎实推动"两个全覆盖"工作,充分发挥学会党委在政治引领、思想引领和组织保障方面的作用,学会党建工作取得了较大工作进展。先后于 2017 年 3 月、5 月、6 月和 9 月间,召开了四次党建工作会议,结合学会重大事项,例如,2016 年度中国古生物学十大进展发布仪式(2017 年 3 月,北京)、中国古生物学会十一届五次理事会(5 月,湖北黄石)和中德国际会议筹备(6 月和 9 月)等,围绕学会党建工作的任务和目标,就如何发挥支部作用、加强支部组织建设和学习活动等进行研讨和部署,支部成员还多次参加了中国科协社团党委组织的学会党建学习等系列活动。

(二) 积极开展前沿高端学术会议,提高学术交流和服务创新的质量水平

按照国家对全国社会团体"为创新驱动发展服务、为提高全民科学素质服务、为党和政府科学决策服务的职责定位"的新要求,五年来,中国古生物学会重点加强了前沿高端学术会议的开展,通过搭建学术交流平台,促发了新的合作、新的方向、新的契机,提高了我会的综合实力。其间,共组织和参与组织各类学术会议 20 次,参加会议人数 3500 人次,收到论文及论文摘要 1700 余篇,大会及分会报告 1000 余个,展板报告 220 个,出版专著、论文集 6 部,论文摘要集 12 册。会议包括中国古生物学会第二十七届、第二十八届学术年会(2013 年东阳、2015 年沈阳)、古脊椎动物学分会第十四次、第十五次学术年会(2014 年黔西县、2016 年大庆)、微体古生物分会及化石藻类专业委员会第十五次、第十六次学术年会(2014 年长春、2016 年和政)、古植物学分会 2014 年、2016 年学术年会(2014 年广州、2016 年昆明)、孢粉学分会 2013 年、2015 年、2017 年学术年会(2013 年桂林、2015 年贵阳、2017 年赤峰)、古生态专业委员会第七次、第八次学术年会(2014 年无锡、2016 年贵阳)、科普工作委员会第二届、第三届、第四届科普工作研讨会(2014 年深圳、2016 年重庆、2018 年三亚)、古无脊椎动物学分会第一届、第二届学术年会(2016 年贵州、2017 年南京)、第四届国际古生物学大会(2014 年阿根廷)、第二届中德古生物学国际会议(2017 年宜昌)等。这些会议从多角度和多层次探讨了早期生命起源、地质时期生物多样性、进化与发育古生物学、过去和现在的全球变化与生物演化等问题,系列学术报告涵盖了古生物学各分支学科的新进展,包括古植物学、孢粉学、古无脊椎动物学、古脊椎动物学、化石库、古生态、古生物地理和古气候学、高分辨率地层学、微体古生物学等。上述会议除了组织学术交流外,还安排了丰富多彩的野外地质考察路线。

(三) 中国古生物学会第二十七届学术年会召开

中国古生物学会第二十七届学术年会于 2013 年 11 月 15—17 日在被誉为"中国恐龙之乡"的浙江东阳成功召开。来自全国各地高等院校、科研院所、能源与地质勘探和生产部门、博物馆、地质公园、化石保护以及出版等行业近 80 个单位的 450 多名专家学者、科技工作者和研究生代表参加了这次年会,包括 3 位中国科学院院士和美国科学院院士,以及来自美国、乌克兰和香港地区的学者。

会议由中国古生物学会主办,中国科学院南京地质古生物研究所、浙江自然博物馆和东阳市人民政府承办,并得到中国科学技术协会、中国科学院、国土资源部地质环境司、国家自然科学基金委员会地球科学部、国家古生物化石专家委员会以及浙江省国土资源厅的支持。

大会开幕式于 11 月 15 日上午举行,由季强副理事长主持。出席开幕式的领导和嘉宾有:中国科学技术协会学会学术部部长宋军,中国科学院院士、西北大学舒德干教授,美国科学院院士、印第安纳大学 David Dilcher 教授,中国科学院院士和美国科学院外籍院士、中国古生物学会副理事长周忠和,中国古生物学会杨群理事长、童金南副理事长、孙革副理事长和王永栋秘书长,国家古生物化石专家委员会办公室王丽霞主任,浙江省国土资源厅潘圣明副厅长,东阳市人民政府郭慧强常务副市长等领导和嘉宾。出席开幕式的代表还包括:中国古生物学会第二十七届学术年会组委会委员、第十届理事会成员、孢粉学分会、古植物学分会、微体古生物学分会、古脊椎动物学分会、古生态学专业分会、化石藻类专业委员会以及中国植

物学会古植物学分会负责人、浙江省东阳市有关部门领导以及 10 多家新闻媒体记者等。

杨群理事长在开幕词中指出，中国古生物学会第十一届全国会员代表大会暨第二十七届学术年会是中国古生物学界的一大盛事，也是中国古生物学会近 30 年来第一次在浙江举办全国代表大会暨学术年会。浙江省化石资源丰富，国际标准层型剖面和点位（GSSP，俗称"金钉子"）和恐龙化石举世闻名。本次会议将展示中国古生物学和相关学科近年在科学研究、人才培养、科普教育以及古生物化石保护等领域取得的新进展，展望新时期古生物学科的发展趋势，总结中国古生物学近年来的研究成果，探讨古生物学科更好为社会经济可持续发展服务的有效途径。中国科学技术协会宋军部长在致辞时指出，中国的古生物学科已发展成为我国最繁荣的自然科学学科之一，尤其是近年来，我国古生物学家在多细胞生物起源与早期演化、澄江动物群、热河生物群等重要特异埋藏生物群、重要地质时期生物的起源、辐射、灭绝与复苏、全球年代地层系统和界线层型等研究领域内做出了一系列具有影响的原创性成果，并且获评国家自然科学奖和中国科学十大进展，在国际科学界和公众中产生了重要影响。中国古生物学会还积极参与了国务院《古生物化石保护条例》及其实施办法的起草，以及国家古生物化石专家委员会的组建，充分说明中国古生物学会在国家相关法规、政策订定中发挥了重要的作用。王丽霞代表国土资源部地质环境司和国家古生物化石专家委员会致辞。浙江省国土资源厅领导潘圣明副厅长、东阳市常务副市长郭慧强也分别致辞，并对会议的召开表示欢迎和祝贺。

大会宣读了国际古生物学会主席麦克尔·本腾教授（Michael Benton）为本次会议发来的贺信。他在贺信中指出，中国古生物学发展迅速，尤其在最近 20 年具有重大的国际影响。中国的古生物学成果显著，震惊世界。大量的来自中国各地的化石新发现让古生物学家和公众激动不已。德国古生物学会主席悦海姆·莱特纳教授（Joachim Reitner）在贺信中指出，几周之前，首届中德古生物学会联合学术研讨会在哥廷根大学成功召开，我们感到由衷的自豪和荣幸！可以相信古生物学在中国前途远大。地球生物学的概念和方法在中国发展越来越壮大，将成为传统古生物学发展的新推动力。

会议上，王永栋秘书长代表中国古生物学会第十届理事会做了工作报告。他总结了第十届理事会自 2009 年 10 月成立以来，学会在组织学术活动、积极举荐人才、开展国际交流、组织学科发展、学术出版、推动科学普及和传播、加强古生物化石保护以及提升学会工作能力等 9 个方面所取得的进展，并对今后的学会工作提出了展望。

大会向 3 位科学家颁发了尹赞勋地层古生物学奖，向 4 位青年学者颁发了青年古生物学奖。中国科学院古脊椎动物与古人类研究所徐星研究员、中国科学院南京地质古生物研究所沈树忠研究员和中国地质大学（武汉）谢树成教授获得第七届尹赞勋地层古生物学奖。西北大学刘建妮、中国地质大学（武汉）宋海军、中国科学院南京地质古生物研究所林曰白、沈阳师范大学周长付获得第二届中国古生物学会青年古生物学奖。

大会特邀舒德干院士、美国 David Dilcher 院士以及季强、袁训来、万晓樵和邓涛等 6 位知名学者做了大会学术报告，内容涉及蓝田生物群、寒武纪生物群、早期被子植物、古脊椎动物学、侏罗-白垩系海陆相地层对比和白垩纪温室气候研究等主题。会议收到论文摘要近 300 篇，除了大会报告外，还设立 23 个分会场，并安排主题报告近 40 个，口头学术报告 195 个，展版报告 25 个，有 50 多位专家担任工作会议和分会场主持人。年会研讨内容反映了我国古生物学在近年来取得的新进展和新成果，涉及早期生命和多细胞演化，特异化石库及埋藏学，早古生代生物多样性及其演化，晚古生代生物多样性变化，二叠-三叠纪之交生态系演变，热河与燕辽生物群研究进展，重大地史时期生物的绝灭与复苏，中生代生物多样性变化及环境背景，白垩纪生物群与 K-T 界线，新生代生物多样性与环境变化（含古人类学），古生态学、古地理学以及古气候学，综合地层学、旋回地层与高分辨率地层，古植物学与孢粉学，微体古生物学及其应用，古脊椎动物类群的起源与演化，地球生物学与环境，分子古生物学，古生物化石数据库，古生物学教学与人才培养，古生物学博物馆与科普教育以及古生物化石及其保护等。

本次会议选举产生了由 65 位理事组成的中国古生物学会第十一届理事会,以及由 21 人组成的常务理事会。选举产生了第十一届理事会负责人,杨群担任理事长,孙革、童金南、邓涛、姚建新担任副理事长,王永栋担任秘书长。会议还确定了学会组织委员会、教育委员会、科普工作委员会负责人以及学会办公室负责人等。

在 11 月 17 日举行的会议闭幕式上,学会为舒德干院士和周忠和院士颁发了中国古生物学会荣誉理事证书。向中国地质大学(武汉)楚道亮等 15 位同志颁发了研究生优秀口头报告奖,向 4 位同志颁发了研究生优秀展板报告奖,还表彰了 8 位学会活动积极分子。

(四) 中国古生物学会第二十八届学术年会在沈阳成功举行

由中国古生物学会主办、中国科学院南京古生物所和沈阳师范大学、辽宁古生物博物馆联合承办的中国古生物学会第二十八届学术年会于 8 月 11—14 日在沈阳成功举行。来自全国 26 个省、市、自治区的科研、教学、博物馆、化石保护、地质公园、科普基地、出版等行业以及地质、石油、煤炭等系统约 90 个单位(包括两个国外高校)的约 450 名专家学者出席了 21 次年会。该会议是 21 世纪以来中国古生物学会首次在我国东北地区举办的规模最大的全国性学术年会。

大会开幕式 8 月 11 日在辽宁大厦举行。中国古生物学会杨群理事长、国土资源部地质环境司李继江处长、国家古生物化石专家委员会办公室王丽霞副主任、中国古生物化石保护基金会陶庆法理事长、辽宁省国土资源厅马原副厅长、沈阳师范大学校长助理刘中海等嘉宾,以及中国古生物学会前理事长穆西南、副理事长孙革、童金南、邓涛、姚建新,秘书长王永栋等出席了年会开幕式。

杨群理事长在致开幕词时指出,辽宁是我国古生物研究的重要地区,以辽西热河生物群和燕辽生物群为代表的一大批古生物化石新发现及其研究成果享誉全球。辽宁在古生物化石保护、博物馆科普教育以及古生物学人才培养等领域取得了令人瞩目的成绩。本次会议旨在展示近年来中国古生物学在科研、科普、人才培养及化石保护等领域取得的新进展,交流经验,进一步推动中国古生物学事业的发展。李继江处长、王丽霞副主任、陶庆法理事长、马原副厅长以及刘中海校长助理等分别致辞,并对本届学术年会的召开表示热烈祝贺。

本次会议参会代表提交论文摘要近 300 篇,安排学术报告 21 场计 267 个,其中大会报告 6 个,分会场报告 215 个,包括主题报告 40 个、展版报告 46 个,就古生物学及其相关研究领域、古生物教学、博物馆与科普,以及古生物化石保护等进行了深入研讨。研讨内容反映了我国古生物学在近年来取得的新进展和新成果,涵盖了古无脊椎动物学、微体古生物学、古植物学和孢粉学、古脊椎动物学、古人类学、地层学、生物地理学和古气候学、分子古生物学、地球生物学以及沉积学和地球化学等多个分支学科。会议特邀罗哲西、金小赤、孙革、张克信、汪筱林、黄迪颖 6 位专家学者做大会特邀学术报告,涉及侏罗纪哺乳形动物、二叠纪古地理演化、白垩纪植物群、中国洋板块地层研究、翼龙研究以及昆虫和脊椎动物的关系等主题。

这次年会评选和颁发了第三届中国古生物学会青年古生物学奖,中国科学院南京地质古生物研究所王博副研究员、古脊椎动物与古人类研究所王世祺研究员、吉林大学全成教授以及中国地质大学(北京)吴怀春教授等 4 位青年学者获此殊荣。为了进一步加强古生物学的科普教育,本次年会为朝阳鸟化石国家地质公园博物馆、大连自然博物馆等 5 个单位授予了"中国古生物学会全国古生物科普教育基地"称号,并举行了授牌仪式。年会表彰了 20 位研究生优秀口头报告奖和 5 名优秀展板奖获奖者,并为他们颁发了获奖证书。另外,中国古生物学会第十一届理事会也同时召开了第三次会议。

本次年会还组织朝阳北票中生代热河生物群以及本溪古生代剖面和地质公园的野外现场会,以及辽宁古生物博物馆等会间考察活动。

(五) 加强国际民间科技组织合作,促进国际科技合作与交流

认真贯彻落实中国科学技术协会事业发展规划,建设世界科技强国、世界主要科学中心和创新高地,充分利用国际民间科技组织资源,为建设创新型国家的战略目标服务,为国家外交大局服务。通过举办国

际会议,提高参与国际民间科技组织决策与管理的能力和开展国际学术交流的能力,从而提升我国科学家在国际科技界的地位和影响。

1. 第一届中德古生物学会国际学术研讨会

2013 年 9 月 20—29 日,第一届中德古生物学会国际学术研讨会在德国哥廷根大学胜利召开。来自 16 个国家包括 80 余位中国学者在内的 320 位古生物学领域的专家学者参加了大会,会议共收到来自 34 个国家包括 80 篇中国学者提交的 275 篇论文摘要和展板。在会议结束时,揭晓了会议各项学术奖项,经过分会场学术主持专家的评审,中方和德方共 6 人获奖,其中中方 3 位获奖人为:楚道亮(中国地质大学)、董重(兰州大学)和关成国(中国科学院南京地质古生物研究所)。经过全体参会代表的投票,评选出了 3 位优秀展板奖,前两名为德国学者,第三名为中国的谭笑(沈阳师范大学)。

2. 第四届国际古生物学大会

第四届国际古生物学大会(The 4th International Palaeontological Congress,简称 IPC4)于 9 月 28—10 月 3 日在阿根廷门多萨市召开。本次大会由国际古生物协会(IPA)和阿根廷门多萨科学与技术委员会联合主办,来自全球 40 多个国家的 900 余名古生物学者参加了此次大会。包括中国古生物学会理事长杨群和秘书长王永栋在内的 35 名国内科学家和研究生代表参加了本次会议,并开展了相关学术交流活动。

国际古生物学大会是国际古生物学领域最为权威的一项国际会议,每四年举办一次,前三届分别在悉尼(2002 年)、北京(2006 年)和伦敦(2010 年)举行。本次大会是 IPC 首次在南美地区举办,会议的主题是"生命的历史:来自南半球的视角"。会议设置有 24 个专题讨论会,共计 300 余个口头报告,提交论文摘要 894 篇,包括前寒武纪、古生代、中生代和新生代各个地质时期,涵盖了古无脊椎动物学、古脊椎动物学、古植物学、微体古生物学等多个分支学科,以及埋藏学、古生态学、古气候学、古地理学、地球化学和生物成矿等多个研究领域。

本次大会期间,杨群研究员和国际古生物学会主席 Mike Benton 教授共同主持了"中国精美化石库的古生物学"专题分会场,共有来自美国、英国、德国、中国等国家的 30 余位学者做了口头和展板报告,我国学者展示了中国诸多古生物化石宝库在古生物系统学、埋藏学、古生态学和古环境学等领域取得的新进展。沙金庚研究员主持了国际地球科学计划 IGCP632 项目"侏罗纪主要陆相绝灭事件和环境变化"分会场,并召开了项目第一次工作组会议。沙金庚、张元动、王永栋、王军和张华侨等学者分别在相关分会场做了口头学术报告,内容涉及侏罗纪海相双壳类化石和早侏罗世植物群、中国奥陶纪地层学、白垩纪古大气 CO_2 变化趋势、二叠纪成煤植物群古生态以及寒武纪古生物化石等。部分学者还参加了会后有关科迪勒拉山脉早古生代海相沉积地层生物群以及阿根廷北部陆相三叠系的野外考察。

本次会议选举产生了国际古生物协会新一届委员会,中国古生物学会周忠和荣誉理事当选为国际古生物协会主席。

3. 第十二届中生代陆地生态系统国际学术研讨会

8 月 16—20 日,由中国古生物学会等单位发起的第十二届中生代陆地生态系统国际学术研讨会在沈阳举行。出席本次会议的代表有 160 余人,来自美国、德国、法国、英国、俄国、韩国、日本、蒙古国、澳大利亚、奥地利、比利时、印度、菲律宾及中国等 18 个国家。本次会议收录论文摘要 150 余篇,包括 4 个大会特邀报告、90 个口头报告(含 18 个主题报告)及 37 个展板,共设 7 个分会场对中生代陆地生态系统生物多样性、地质与环境变迁、脊椎动物演化与鸟类起源、中生代植物与多样性、气候与环境变化、古生物足迹等主题进行了深入研讨。

4. 我会出席俄罗斯古生物学会成立 100 周年纪念会议

应俄罗斯古生物学会邀请,中国古生物学秘书长王永栋研究员和常务副秘书长蔡华伟研究员于 2016 年 4 月 3 日—9 日出访俄罗斯圣彼得堡,代表中国古生物学会出席俄罗斯古生物学会第六十二届年会暨纪念俄罗斯古生物学会成立 100 周年国际会议。会议期间,王永栋和蔡华伟与俄罗斯古生物学会主席、秘书长、全俄地质所所长以及蒙古、美国和哈萨克斯坦、白俄罗斯等国家古生物学会、古生物学研究机构以及古生物学专家等进行了交流与沟通,表达了中国古生物学会和古生物学界开展科研和人才培养等领域密切合作的愿望。

本次出访,进一步密切拓展了中国古生物学会和国际间古生物学会之间的合作,对加强学会间和古生物学科研机构之间的合作具有积极的推动作用。

5. 国际古生物学协会理事会工作会议

2016年5月15—17日,国际古生物学协会(International Palaeontological Association,IPA)理事会工作会议在北京召开,来自包括中国在内等10多个国家的国际知名古生物学者和代表参会,共同探讨国际古生物学组织发展大计,促进学科发展并推动国际合作。这次会议就加强IPA与其他国际学术组织合作、促进各古生物分支领域组织交流、评选年度古生物学重大发现、设立学术荣誉和奖励、健全会员制度、协会网站建设、世界古生物公园和古生物化石资源保护、国际化石日以及下一届国际古生物学大会筹备等议题展开热烈讨论,并达成诸多有效共识,为国际古生物学会的未来发展指明了方向。

6. 德国古生物学会会长Joachim Reitner教授及德国古生物学会一行3人访问了我会

按照中国古生物学会与德国古生物学会达成的协议,应中国古生物学会杨群理事长邀请,2016年11月5—10日,德国古生物学会会长Joachim Reitner教授及德国古生物学会一行3人访问了我会,与杨群理事长和秘书长王永栋等进行会谈,就中国古生物学会与德国古生物学会共同举办2017年第二届中德古生物学国际研讨会交换了意见。根据双方的讨论,本次国际会议预计在2017年10月10—15日在中国宜昌举办。双方对会议的规模、内容、议程、分会场、论文摘要集、考察路线、会议奖项等各项工作达成了一致。

7. 我会专家学者参加第三十五届国际地质大会

2016年8月27日—9月3日,第三十五届国际地质大会在南非开普敦国际会议中心开幕。来自全球115个国家和地区的4200多名代表齐聚一堂。我国有数十位古生物学者参加大会并做学术交流,部分学者还组织学术分会场并担任召集人和主持人。

国际地质大会历史悠久,每四年举办一次。自1961年国际地质科学联合会成立以来,它已成为展示国际地科联项目成果的首要论坛,在国际地学界享有很高的声誉,有"地学界奥林匹克"之称。

8. 我会专家学者参加国际孢粉学暨古植物学联合大会

2016年10月23—28日,第十四届国际孢粉学暨第十届国际古植物学联合大会在巴西巴伊亚州首府萨尔瓦多顺利召开。来自全球45个国家共516名会议代表参与了此次大会。本次大会主题是:古植物学和孢粉学:迈向新前沿(*Palaeobotany and Palynology:towards New Frontiers*)。我会参会代表进行了"四川盆地三叠纪-侏罗纪过渡时期植被变迁和陆生生态系统变化的进展和展望"等15个口头报告和2个学术展板,充分展示了我国科研人员,特别是年轻学者近年来在孢粉学和古植物学研究领域的新进展和新成果,得到与会代表的称赞。

9. 第二届中德古生物学国际会议在宜昌召开

2017年10月10—14日,第二届中德古生物学国际会议在宜昌成功召开。来自德国、西班牙、波兰、法国、日本及中国等国家的科研机构、高等院校、地质古生物博物馆、科普教育和化石保护等领域的专业工作者、专家学者、领导嘉宾和青年学生等400余人出席会议。本次会议是继第一届中德古生物学国际会议(2013年9月在德国哥廷根大学)成功举办之后,由中国古生物学会和德国古生物学会联合主办的第二次国际会议,旨在总结近年来的合作成果、交流工作并展望未来。

本次会议的主题是:地球历史的关键时期与古生物革新(Critical Intervals in Earth History:Palaeobiological Innovations)。在为期三天的会议期间,举行了丰富多样的系列学术交流活动。共有6位中德古生物学专家做了大会特邀报告。

大会共设 23 个学术主题分会场,41 位中外学者担任各会场主持人,组织了 170 个口头报告(包括 46 个主题报告)、62 个展板报告,展示近年来中德双方在古生物学及相关领域所取得的成果。这次国际会议研讨的内容涉及早期生命演化、寒武纪特异化石库及埋藏学、晚古生代生物多样性与环境演化、二叠纪-三叠纪之交生态系演变、早中生代海生脊椎动物研究、三叠纪-侏罗纪转换时期生物多样性变化及环境、热河与燕辽生物群研究进展、侏罗纪-白垩纪之交陆地生态系统、新生代生物多样性与环境变化、古脊椎动物与古人类的起源与演化、新近纪古植物与古气候学、综合地层学和旋回地层与高分辨率地层、分子古生物学、微体古生物学及应用、古植物学与孢粉学、古生态、古地理与古气候、地球生物学、古生物博物馆与科普教育、古生物化石及其保护,以及古生物学研究中的新技术和新方法等多学科和领域。

本次会议的论文摘要集和野外考察指南分别以《地球历史的关键时期与古生物革新》及《连接陆地和海洋》为题,由中国科学技术大学出版社正式出版。其中论文摘要集共收录论文摘要 260 余篇,共计 552 页;野外指南共收录 6 条野外考察路线的翔实地层剖面和古生物资料,计 5 个章节,约 330 页。

本次会议共组织了会前、会间和会后 5 条野外地质考察路线,共有近 280 位代表分别参加了会间的 2 条野外考察路线,近 70 多位中外学者分别参加了会前和会后的 3 条野外考察活动。

10. "国际化石日"中国纪念启动仪式

化石是了解生命起源与演化历史的最重要的实证,是不可再生的珍稀地质遗迹。为加强公众对化石的了解和认识及保护珍贵的化石资源,国际古生物学协会向全球古生物科研科普机构发起号召,将每年 10 月 11 日定为"国际化石日(International Fossil Day)",通过举办丰富多彩的纪念活动,开展古生物化石科普宣传,加深公众对生命历史和化石遗产的理解和认识。

2017 年国际化石日的主题是"化石的未来:公众参与研究和保护我们的化石遗产"。

10 月 11 日,在宜昌召开的第二届中德古生物学国际会议开幕式上,中国古生物学会、国家古生物化石专家委员会、中国古生物化石保护基金会共同举办了 2017 年国际化石日中国纪念活动的启动仪式。中国、德国、西班牙、波兰、日本等国家的近 400 位中外嘉宾共同见证了这次启动仪式。

11. 中日两国古生物学会签署合作备忘录

2018 年 3 月 20 日,日本古生物学会理事长、日本国立科学博物馆 Makoto Manabe(真锅真)教授,日本古生物学会前理事长、名古屋大学 Tatsuo Oji(大路树生)教授应邀访问中国科学院南京地质古生物研究所,与中国古生物学会理事长杨群、秘书长王永栋等就中国和日本两国古生物学会开展深入合作进行了交流座谈。会谈结束后,Makoto Manabe 理事长和杨群理事长分别代表双方学会共同签署了合作备忘录。

根据合作备忘录,双方一致同意在组织中日古生物学会双边会议、组建地区古生物学国际学术组织、推动经常性双边科研人员和研究生交流、共同组织双边野外教学和展览活动等开展深入合作,共同推动地区古生物学发展。会谈期间,双方还就近期拟重点推动的工作进行了商讨。

访问期间,Tatsuo Oji 教授和 Makoto Manabe 教授分别应邀做了"关于美国晚白垩世奇特海百合动物化石"以及"中生代脊椎动物"为主题的学术报告,与南京古生物所研究生和科研人员进行了讨论和交流。两人还参观了南京古生物所现代古生物学和地层学国家重点实验室、南京古生物博物馆,并详细了解了化石标本馆的模式标本收藏和 GBDB 数据库的国际化进展,表示留下了深刻印象,并希望借备忘录签署的契机进一步加强双边各领域合作。

日本古生物学会成立于 1935 年,以促进和鼓励日本古生物学领域教育科研活动为目标,每年举行学术会议并出版专业学术刊物。该协会现有成员约 1000 名,包括古生物研究专业人士、学生、业余爱好者和其他对古生物学感兴趣的人等,与中国古生物学会有着长期良好合作。

(六)提高学会能力建设,适应国家发展战略,做好古生物化石保护和利用工作

为推进落实中央"要把科学普及放在与科技创新同等重要的位置"重大部署和新时期对科研科普工作的新要求,扩大地质古生物学科普工作的影响面,同时与政府、社会各界共同探索科研成果转化科普成果的创新路径,使古生物专家及科研成果更好服务于社会大众科学素质和提升国家软实力,中国古生物学会及中国古生物学会科普工作委员会在科普工作方面做了以下主要工作。

1."2016年度中国古生物学十大进展"在北京发布

为及时向全社会展示我国古生物学取得的重大发现和重要研究成果,适应科研与科普信息化深度融合的发展需求,大力拓宽科学传播渠道,中国古生物学会开展"十大进展"评选和发布活动。2017年3月22日,中国古生物学会在北京中国科技会堂发布了"2016年度中国古生物学十大进展"评选结果。2016年度的十大进展,是中国古生物学会首次举行科技进展发布活动,集中反映了我国科学家在古生物学及相关研究领域所取得的具有重大科学成果、具有一定的科学传播力和社会影响力。

当天,中国科协党组成员、学会学术部部长、企业工作部主任宋军,国土资源部地质环境司司长、国家古生物化石专家委员会副主任兼办公室主任关凤峻,中国地质博物馆馆长贾跃明,中国古生物化石保护基金会理事长陶庆法,中国古生物学会副理事长孙革、邓涛、姚建新,秘书长王永栋,以及来自国内各地古生物相关领域的专家学者和新闻媒体等近百人出席了此次发布会。

中国科协学会学术部部长宋军认为,"2016年度中国古生物学十大进展"反映了我国科技工作者在古生物学各个分支领域所取得的具有国际影响力的高水平创新研究成果,这十大进展的发布推动了对地质历史时期生命演化历程的认识。同时,对于进一步推动学科创新发展,展示我国古生物学领域取得的重大发现和科研成果,推动科学研究、科学传播和化石保护工作,具有重要的意义。

国土部地环司司长关凤峻表示,"2016年度中国古生物学十大进展"发布是一个新的起点,这必将推动全国古生物化石的科研和科普工作,也有助于做好古生物化石产地的保护工作。

2. 中国古生物学会"中国恐龙科普成果专题发布会暨中国恐龙景观园全国科普教育基地揭牌仪式"在三亚举行

根据我会2017年工作计划和加强古生物科普工作在海南岛地区开展的需要,中国古生物学会"中国恐龙科普成果专题发布会暨中国恐龙景观园全国科普教育基地揭牌仪式"于2017年9月28日在三亚举行。三亚国家水稻公园的田间地头所开展的以"中国恐龙"为主题的中国景观恐龙园建设工作,将汇聚中国已发现的270余种计288条等比例恐龙模型,建成后将成为全球规模最大的室外景观恐龙展示园。

中国科协科普部胡富梅处长和中国古生物学会杨群理事长在揭幕仪式上分别致辞,指出"在科研取得重大进展的同时,我们还需要做好科普,吸引更多的小朋友、年轻人关注古生物,了解古生物"。通过恐龙普及古生物知识,将科普与旅游休闲很好地结合在一起,是一件非常有意义的事情,这也是我会科普工作的一次创新。

3. 中国古生物学会首届"我身边的化石"科普创作大赛结果公布

2018年2月8日,中国古生物学会公布首届"我身边的化石"科普创作大赛获奖结果。经过专家对全球1320件作品进行严格评审,共有35件作品获奖,其中,来自辽宁古生物博物馆、上海自然博物馆、化石网、西南大学附中等5件作品获得大赛一等奖。2017年,国际古生物协会(IPA)向全球古生物科研科普机构发起号召,将每年10月11日定为"国际化石日"。各地通过举办丰富多彩的纪念活动,来推动公众对古生物化石和生命演化知识的了解,加强保护珍贵化石遗产的意识。

为响应首届国际化石日活动主题"化石的未来:公众参与研究和保护我们的化石遗产",中国古生物学会组织举办、化石网具体承办了"我身边的化石"科普创作大赛。

此次大赛由全球14家单位承担分赛区,共同组织比赛,自2017年10月—2018年1月5日,所有分赛区共收到参赛作品1320件,其中精选出了144件入围作品,其中包括绘画类作品57件、摄影类作品26件、手工类作品16件、视频类作品4件、文字故事类作品41件。

4."2017年度中国古生物学十大进展"发布会在南京举行

2018年2月8日,中国古生物学会在南京发布了"2017年度中国古生物学十大进展"评选结果。由中

国科学院南京地质古生物研究所、中国科学院古脊椎动物与古人类研究所、北京自然博物馆、西北大学、中国地质大学(武汉)、云南大学等科研院所和高校领衔完成的一批具有国际水平的科研成果入选。内容涉及早期生命(后口动物)、古无脊椎动物(腕足类)、古脊椎动物(恐龙类、古鸟类、早期哺乳类)、地质微生物、早期陆生植物、白垩纪琥珀动物、古植物与古生态和古人类等多个学科领域。

这些十大进展成果包括:① 发现翼龙伊甸园,揭秘翼龙生命史——大量 3D 翼龙蛋和胚胎首次发现;② 中国显生宙腕足动物属志;③ 一件发现于侏罗纪最原始的滑翔哺乳动物型化石;④ 华南寒武系底部有口无肛的微型后口动物;⑤ 中国许昌发现的晚更新世古老型人类头骨化石;⑥ 地质微生物记录海洋和陆地的极端环境事件;⑦ 1.3 亿年前早期鸟类化石揭示尾骨与尾羽独立演化;⑧ 解密最古老树木的生长模式;⑨ 缅甸琥珀中隐翅虫化石揭示白垩纪蘑菇多样性及最早的社会性寄生;⑩ 晚二叠世木材蛀孔展示了一个复杂的生态关系网络。

这些十大进展成果是由中国古生物学会理事会提名推荐,由理事和院士专家组成的评选委员会评选并审核后产生的,集中反映了我国科技工作者 2017 年度在古生物学各个分支领域所取得的具有国际影响力的高水平创新研究成果和重大发现,有助于推动对地质历史时期生命演化历程的认识,进一步促进了学科创新发展和科学传播,对于推动科学研究、科学传播和化石保护工作具有重要的意义。

5. 中国古生物学会科普教育基地工作会议召开

2018 年 4 月 14 日,中国古生物学会全国科普教育基地发展情况工作交流会在三亚召开,会议就以下内容进行了讨论:

(1) 推动落实中央"要把科学普及放在与科技创新同等重要的位置"和"科技创新、科学普及是实现创新发展的两翼"的重要精神。

(2) 传达学习《中国科协 2018 年科普工作要点》通知精神。

(3) 我会全国科普教育基地的现状和今后发展展望。

(4) 讨论修订"中国古生物学会科普教育基地标准"。

(5) 各科普教育基地情况介绍。

(七) 加强学会组织工作,积极开展举荐人才和表彰奖励工作

五年来,理事会继续做好大力表彰举荐优秀科技人才,充分发挥我会广大会员在国内古生物领域的领军作用。在国家科技奖励和两院院士推荐工作、担任国际民间科技组织领导职务推荐工作、创新群体、全国优秀科技工作者、中国青年科技奖、青年托举人才、中国青年女科学家奖等奖项推荐工作中,拓宽科技工作者成长成才的通道。

组织开展了 2015 年、2017 年两院院士候选人推荐工作,组织开展了中国青年科技奖、中国青年女科学家奖、科技部创新人才推进计划项目推荐、中国十大科学传播人,2015 年组织开展了中国古生物学会第三届青年古生物学奖评选表彰活动,有 4 人当选,在 2015 年第二十八届学术年会期间,还分别表彰奖励了大会优秀报告奖和优秀展板奖,有 30 人次获得表彰。2016 年成立了中国古生物学会古无脊椎动物分会。

五年来,先后授予了黑龙江嘉荫神州恐龙博物馆、朝阳鸟化石国家地质公园博物馆、本溪国家地质公园博物馆、大连自然博物馆、河南省地质博物馆、广东河源恐龙蛋博物馆及三亚水稻公园等 7 个单位为"中国古生物学会全国科普教育基地"。制定出台了中国古生物学会《中国古生物学会终生成就奖评选条例》《中国古生物学会特别贡献奖评选条例》及《中国古生物学年度十大进展评选细则》。

中国古生物学会终生成就奖是我国古生物学领域的最高学术性荣誉奖,中国古生物学会特别贡献奖是表彰为学会发展事业做出重要贡献的非学术性荣誉奖,涵盖科学传播、教育教学、人才培养、化石保护和学会发展等领域。完善了尹赞勋地层古生物学奖的建议,将该奖细化为科研奖、教学奖、科普奖等三个奖项,覆盖了古生物研究与传播等不同领域,并进行表彰。

（八）今后工作展望

各位代表，中国古生物学会第十一届理事会基本圆满地完成了任期目标。这是中国科协各级领导热情关心和指导的结果，也是有关部门和挂靠单位、理事会和全体会员大力支持和共同努力的结果。五年中，我们虽做了一些工作，取得一些成绩，但我们也深感在许多方面尚存不足，如理事会的联系还不够密切，会员管理的水平有待提高，科普工作还欠制度化和多样化，学会信息工作和组织工作有待加强，等等。我们欢迎大家提出批评，也欢迎大家对学会工作的改革提出意见和建议。

我们相信，在新一届理事会的领导下，依靠广大会员的共同努力，学会将不断完善工作程序，改革创新，把学会工作引向一个新的台阶。新一届理事会一定会把中国古生物学会办得更好，为中国古生物学科发展做出新的贡献，迎接中国古生物学会成立 90 周年。

中国古生物学会秘书处

2018 年 9 月 18 日

四、第十二届理事会第二次会议纪要

中国古生物学会第十二届理事会第二次会议于 2019 年 1 月 19—20 日在广西桂林召开，出席会议的第十二届理事会人员有：理事长詹仁斌，监事长杨群，学会党委书记朱怀诚，副理事长邓涛、姚建新、王永栋、白志强、华洪，常务理事袁训来、蔡华伟、王元青、王原、姜宝玉、孙柏年、牛志军、金小赤、郑卓、胡东宇、吴亚生，理事丁旋、王汝建、王军、王孝理、王丽霞、王怿、邓胜徽、巩恩普、同号文、任东、向荣、刘建波、刘煜、许晓音（代表）、李大庆、杨兴莲、吴文盛、吴秀杰、何卫红、宋海军、张廷山、张兆群、张兴亮、张志军、张宜、张建平（中国地质大学）、张健平（中国科学院地质与地球物理研究所）、周传明、金建华、单华春、欧阳辉、罗辉、赵丽君、姚铁锋、徐莉（代表）、唐烽、陶庆法、黄建东（代表）、黄智斌、彭光照。会议应到 71 人，实到 58 人，实际参加会议人员超过本届理事会人员三分之二，会议召开有效。学会副秘书长吴荣昌、张昭、江海水、吴文昊，学会各分支机构负责人冯伟民、李建国、唐鹏、徐洪河、庞科，学会财务王溱，学会秘书处及办公室人员唐玉刚、郑巩、蒋青等列席了会议。

广西科协党组成员、副主席朱其东，广西科协学会联络部黄建华部长，桂林市科协副主席彭友萍，桂林象山区区委副书记陈文彬等领导和嘉宾出席了 1 月 19 日的开幕式。

在 1 月 19 日上午的开幕式上，詹仁斌理事长首先致辞，对自治区及市区领导的到来表示欢迎，对各位常务理事、理事和理事单位对于学会一年来的工作所给予的大力支持表示感谢。

广西壮族自治区科协党组成员、副主席朱其东在致辞中提出，希望中国古生物学会今后一如既往地支持广西的地层古生物研究工作，在地质矿产资源、地质遗迹等方面寻求更多合作，联合开展科研合作、科普调查、科普宣传等；对广西的相关学会给予更多的指导和帮助，助力广西相关学会的成长和发展；利用好广西山清水秀生态美的生态优势和面向东盟的区位优势，把科研成果、研究技术通过广西走向东盟，走向世界。

中国古生物学会功能型党委书记朱怀诚向会议介绍了学会党委换届的说明，按照《关于同意中国古生物学会成立党委及组成人选的批复》（科协社团党发〔2016〕18 号）中关于委员任期与学会理事会任期同步的要求，我会新一届党委组成如下：理事长詹仁斌为书记候选人，姚建新为副书记候选人，邓涛、白志强、王永栋为委员候选人，此方案已上报中国科协科技社团党委。

学会副理事长姚建新向会议汇报了学会党委按照《中国科协科技社团党委 2018 年学会党建工作要点》以及中国科协《关于全国学会党组织深入开展党的十九大精神宣讲活动的通知》在 2018 年所做的党建

工作,传达了 2018 年 10 月 22 日中国科协在北京中国科技会堂召开的警示教育大会精神,中国科协警示大会传达学习贯彻习近平总书记关于全面从严治党的重要论述,要求以高度的政治自觉扎实推进警示教育,以作风建设成效推动各项工作再上新台阶。

本次会议上,按照我会登记机关民政部社会组织管理局的要求,詹仁斌理事长提名聘任了蔡华伟为中国古生物学会第十二届理事会秘书长并颁发了聘书。

1 月 19 日晚,召开了中国古生物学会新一届党委会议,出席会议人员有:书记詹仁斌,副书记姚建新,委员邓涛、王永栋、白志强。会议应到 5 人,实到 5 人。

中国古生物学会功能型党委书记詹仁斌带领大家学习了《中国科协科技社团党委 2018 年学会党建工作要点》。会议要求,要深入学习、全面贯彻十九届四中全会精神,准确把握新时代学会党建的新使命任务,深入学习习近平新时代特色社会主义思想,时刻牢记树立"四个意识""两个维护",规范自己的言行;传达学习贯彻习近平总书记关于全面从严治党的重要论述,要求以高度的政治自觉扎实推进警示教育。

姚建新副书记强调要注意加强党风廉政建设、作风建设;大力实施党建,从而促进中国古生物学会的工作;开展有学科特点、独具特色的主题活动,把中国古生物学会的党建工作搞得更好;将中国古生物学会的工作紧紧围绕党建工作开展,从自身做起,不违反中央八项规定,凡事要厉行节约、节俭。

会上,中国古生物学会党委对 2019 年的党建工作、中国古生物学会成立 90 周年纪念活动做了重要部署。

中国古生物学会第一届监事会第二次监事会议于 2019 年 1 月 19 日在广西桂林召开,监事长杨群,副监事长孙革、季强、刘鹏举、谢树成、孙元林、张翼、吴德明参加了会议,会议应到人数 9 人,实到 8 人,会议有效。

会议学习了《中国古生物学会章程》中关于监事会的职权和人员设置以及行使职责等相关方面的内容。一致认为监事会作为学会监督机构应坚持"全面关注、重点监督"的职责,认真履行监督职责。与会者一致认为监事会应在学会党委的领导下开展工作,工作内容应紧密围绕学会开展的各项工作进行,切实做到为学会的各项工作保驾护航。

2019 年监事会将紧密围绕学会年度工作内容开展相应的工作。

1 月 20 日,按照《中国古生物学会 2018 年至 2020 年脱贫攻坚工作规划》,詹仁斌理事长、杨群监事长、王永栋副理事长、华洪副理事长、蔡华伟秘书长、常务理事袁训来、理事陶庆法、王丽霞、王军、罗辉、单华春及秘书人员赴桂林市龙胜各族自治县实验中学开展了科技助力精准扶贫工作,向实验中学捐资人民币 2 万元及一批科普书籍,这也是中国古生物学会遵循《国务院扶贫开发领导小组关于广泛引导和动员社会组织参与脱贫攻坚的通知》(国开发〔2017〕12 号)中对全国性社会团体"发挥全国性和省级社会组织示范带头作用"的要求,在"打赢脱贫攻坚战三年行动"中所做的工作。

龙胜县副县长曾瑞玉、办公室主任刘英、教育局局长梁昌群、龙胜实验中学校长梁结、相应领导及教师代表参加了捐助交接仪式。

1 月 20 日,参会成员考察了桂林南边村国际经典地层剖面、正在建设中的桂林地学博物馆及其馆藏地质、古生物学标本。

中国古生物学会 90 年
The 90 Years of
Palaeontological Society of
China

2

· 学会章程

在孙云涛、杨钟健酝酿成立中国古生物学会之时，他们即草拟了十二条章程。古生物学会成立以后，章程不断被修改，与时俱进。中国古生物学会的章程迄今已超过 10 个版本，这里我们选择了 5 个版本，第一个是 1947 年学会恢复活动时的章程，第二个是新中国成立后的第一个章程（1950 年版），再一个是 2005 年版的章程，以及 2009 年和 2018 年根据中国科协要求修改完善的章程版本。

中国古生物学会会章

(1947 年 10 月 29 日第二次筹备会修正稿)

一、本会定名为中国古生物学会。

二、本会以促进古生物学及其有关科学在中国之进步为宗旨。

三、本会会员分为下列四种：

甲、中华民国国民或久居中国之外籍人士，研究古生物学并继续不辍者。对古生物学会有贡献者，或对地层学及古生物学特感兴趣者。皆得为本会会员。

乙、国外古生物学者，对中国古生物学有特殊贡献者，得为本会通讯会员。

丙、国内大学地质或生物学系学生，有志于古生物学研究者，得为本会会友。

丁、机关或团体对于本会有所赞助者，得为本会机关或团体会员。

四、凡合于本会章第三条甲、丙、丁三项规定者，经会员二人之介绍，理事会通过后，始得入会。此项决议得以通讯方式行之。通讯会员应由理事会通过，提经会员大会追认（编者注：原文如此）。

五、会员会友皆有选举权，但会友无被选择权，机关或团体会员得有一总选举权。

六、本会每年举行年会一次，选举理事及监事，讨论会务，宣读论文及举行修学旅行。于必要时并得举行临时会或学术讲演。年会之日期及地点，由理事会于开会前二月决定之。

七、本会设理事会及监事会，理事会由理事七人组织之。满任之理事长，为本会当然理事。监理会设监事三人。任期均为三年。第一届理事及监事，于本会成立后之第二年及第三年，以抽取法各改选三分之一。

八、理事会设理事长一人及常务理事三人，分任书记，会计及编辑职务。理事长及常务理事均由理事自行推选。

九、理事长及常务理事任期均为一年，连任不得超过三次。

十、理事及监事之改选，于会员大会前，由书记以通信方式执行之。

十一、重要会务须经理事会决议，交由常务理事执行之。

理事会议以全体过半数为法定人数。

理事会因不足法定人数不能开会时，对重要会务得以通信方式收取各理事之意见。但紧急会务，得由理事长会同书记先行执行，再请理事会追认。遇常务理事有辞职或不克执行职务必时，理事会得改推其他理事代行其职务，至下次选举时为止。

十二、本会出版下列刊物：

甲、会刊

乙、专刊

丙、会讯

有关编辑事宜，得由编辑理事聘请会员若干人协助进行。

十三、会员纳入会费 3 万元及常年会费 5 万元。会友纳入会费 2 万元及常年会费 3 万元。机关会员纳入会费 10 万元及常年会费至少 50 万元。遇必要时得由理事会临时决议按年增减会费。

十四、本会得接受辅助费或捐款。

各项基金由理事会分别推定会员组织委员会，依理事会通过之规则管理之。

十五、本会章未经规定之事项得另订细则。

十六、本会章得由理事会之建议，或会员五人以上之提议，经会员大会出席三分之二以上会员之通过修改之。

中国古生物学会会章修正草案

（1950 年 12 月）

第一条　本会定名为中国古生物学会。

第二条　本会宗旨在团结古生物学工作者，从事学术研究兼交流学术经验，为新民主主义经济文化建设而努力。

第三条　本会会员分下列二种：

甲　大学或专门以上学校毕业、研究古生物并能继续不辍者，对古生物学会有贡献者，对地层学及古生物学特感兴趣者皆为本会会员。

乙　国外古生物学者对中国古生物学有特殊贡献者得为本会通讯会员。

第四条　凡合于本会章第三条甲项规定者，经会员二人之介绍，理事会通过后，始得入会。此项决议得以通讯方式举行之通讯会员，应由理事会通过提经会员大会追认。

第五条　会员皆有选举权及被选举权。

第六条　会员全体大会为本会最高权力机构，每年开会一次，由理事会召开之。全体大会无法召集时，可召开代表大会，会员代表由总会及分会按会员人数比例产生。

第七条　本会每年举行大会一次，选举理事，讨论会务，宣读讨论学术论文并举行修学旅行。于必要时并得举行临时会或学术讲演大会，日期及地点由理事会于开会前二月决定之。

第八条　理事会为本会会务领导机构并对外代表本会，理事会由理事九人组织之。理事之选举得由理事会议决，在大会前以通信方式举行之。

第九条　常务理事会为本会执行机构。处理本会经常会务，由理事会互选理事长、书记、会计及编辑各一人组织之。常务理事会因工作需要时得组织各种委员会推进会务。

第十条　常务理事任期壹年，得连选连任，理事任期三年期满改选。

第十一条　重要会务须经理事会议决交由常务理事执行之。理事会议以全体过半数为法定人数，理事会因不足法定人数不能开会时，重要会务得以通信方式征取各理事之同意，但紧急会务得由理事长或书记先行执行，再请理事会追认。常务理事有辞职或不能执行职务时，理事会得改推其他理事代行其职务，至下次选举时为止。

第十二条　（一）会员会费每年暂定为人民币 5 千元。

（二）本会遇必要时得由理事会决议征募临时会费。

第十三条　（一）各地区常住会员在 5 人以上时得组织分会，但总会所在地可不另组分会。

（二）各分会业务及工作方针受总会领导，并应定期向总会提出报告。

（三）分会会章由分会制定，送请总会经理事会通过后施行。

（四）各分会会费由分会征收，以 30％按期送缴总会作为总会开支。

第十四条　（一）本会在业务上受中华全国自然科学专门学会联合会（简称科联）领导，并得通过科联与其他专门学会及政府有关业务部门取得联系。

（二）本会各地分会在业务上受总会及该地区科联分会之双重领导，并得通过科联分会与其他专门学会及政府有关业务部门取得联系。

第十五条　（一）本会会章经全体会员大会通过，并呈请科联备案后施行之。

（二）本会会章由会员五人以上之提议大会通过，并呈请科联备案后修正之。

（三）本会各项规章及办事细则另订之。

（编者注：原文没有标点符号，标点为编者加。）

中国古生物学会章程（2005 年版）

（2005 年 4 月 24 日第九届全国会员代表大会通过）

第一章　总　　则

第一条　本会正式名称为中国古生物学会，英文名称：Palaeontological Society of China，简称 PSC。

第二条　本会是我国古生物科学技术工作者自愿组成并依法登记成立，具有学术性非营利性的法人社会团体，是发展我国古生物科技事业的重要力量。

第三条　本会团结、组织全国古生物科技工作者，以党的基本路线为指导，遵守宪法、法律、法规和国家政策，遵守社会道德风尚，发扬学术民主，贯彻"百花齐放、百家争鸣"的方针，提倡献身、创新、求实、协作的精神，坚持实事求是的科学态度和优良学风，面向现代化，面向世界，面向未来，努力为促进本学科在我国的繁荣与发展做贡献。

第四条　本会接受业务主管单位中国科学技术协会（以下简称中国科协）和社团登记管理机关中华人民共和国民政部（以下简称民政部）的业务指导和监督管理。

第五条　本会住所：江苏省南京市北京东路 39 号，邮编 210008。

第二章　业　务　范　围

第六条　本会的业务范围：

（一）积极开展国内、国际间古生物学及相关学科的学术交流和科学考察活动；

（二）编辑出版并发行古生物学和相关学科的学术书刊；

（三）对国家发展古生物学的科学技术和方针政策积极地提出合理化建议；

（四）大力普及古生物知识，根据古生物学的科学发展的需要，举办各类培训班、讲习班或进修班；

（五）弘扬"尊重知识、尊重人才"的社会风尚，发现、培养和推荐优秀科技人才，奖励优秀学术论文和科普作品；

（六）反映会员意见和呼声，维护会员的合法正当权益；

（七）开展古生物学的科技咨询工作，举办为会员服务的活动；

（八）开展和促进我国古生物学界与国际古生物学界的交流与合作；

（九）贯彻"科技兴国"战略，积极建设"全国科普教育基地"，广泛开展科普活动。

第三章　会　　员

第七条　本会的会员包括单位会员(团体会员)、个人会员。

第八条　申请加入本会的会员,必须具备下列条件:

（一）拥护本会的章程。

（二）有加入本会的意愿。

（三）在古生物学科领域内具有一定的影响。

（四）个人会员:

1. 助理研究员、讲师、工程师、技师等中级职称以上者;

2. 古生物学硕士毕业或在学博士生;

3. 高等院校本科毕业,从事古生物研究、教学、情报、编辑出版 3 年以上,并具有一定的学术水平或工作经验者;

4. 热心和积极支持本会工作的有关部门领导和管理人员。

（五）单位会员(团体会员)凡具有 10 名以上(含 10 名)从事古生物工作的研究、教学、生产等企事业单位或有关学术性团体,经单位(团体)推荐,可接纳为单位会员(团体会员)。

第九条　申请入会的程序:

（一）提交入会申请书;

（二）经理事会或常务理事会讨论通过;

（三）由理事会授权的学会秘书处发给会员证。

第十条　会员享有下列权利:

（一）本会的选举权、被选举权和表决权;

（二）参加本会的活动;

（三）获得本会服务的优先权;

（四）对本会工作的批评建议权和监督权;

（五）优先获得本会印发的各种资料;

（六）入会自愿、退会自由。

第十一条　会员履行下列义务:

（一）执行本会的决议;

（二）维护本会的合法权益;

（三）完成本会交办的工作;

（四）按规定缴纳会费;

（五）向本会提供从事科学技术活动的必要支持和帮助;

（六）向本会反映情况,提供有关资料。

第十二条　会员退会应书面通知本会,并交回会员证。会员如若 1 年不缴纳会费或不参加本会活动,经本会提示无效者,视为自动退会。

第十三条　会员如有触犯刑律或严重违反本章程行为和损坏本会声誉者,经理事会或常务理事会表决通过,予以除名。

第四章　组织机构和负责人产生、罢免

第十四条　本会的最高权力机构是全国会员代表大会,会员代表大会的职权是:

（一）制定和修改章程;

（二）选举和罢免理事;

（三）审议理事会的工作报告和财务报告;

（四）决定本会的工作方针和任务;

（五）决定终止事宜;

（六）决定其他重大事宜。

第十五条　全国会员代表大会原则上须有 2/3 以上的会员代表出席方能召开,其决议须经到会会员代表半数以上表决通过方能生效。

第十六条　全国会员代表大会每届 4 年。因特殊情况需提前或延期换届的,须由理事会或常务理事会表决通过,报中国科协审查并经民政部批准同意。但延期换届最长不超过 1 年。

第十七条　理事会是会员代表大会的执行机构,在闭会期间领导本会开展日常工作,对会员代表大会负责。理事会成员每届更新不得少于 1/3。

第十八条　理事会的职权是:

（一）执行全国会员代表大会的决议;

（二）选举和罢免理事长、副理事长、秘书长;

（三）筹备召开全国会员代表大会;

（四）向全国会员代表大会报告工作和财务状况;

（五）决定会员的吸收或除名;

（六）决定设立办事机构、分支机构、代表机构和实体机构;

（七）决定副秘书长、各机构负责人的聘任;

（八）制定本会工作计划、领导本会各机构开展工作;

（九）制定内部管理制度;

（十）推荐、表彰优秀科技成果和人才;

（十一）决定其他重大事项。

第十九条　理事会原则上须有 2/3 以上理事出席方能召开,其决议须经到会理事 2/3 以上表决通过方能生效。

第二十条　理事会每年召开一次会议,特殊情况可采用通讯形式召开。

第二十一条　本会设常务理事会。常务理事会由理事会选举产生,在理事会闭会期间行使第十八条第一、三、五、六、七、八、九、十、十一项的职权,对理事会负责。常务理事人数不得超过理事人数的 1/3。

第二十二条　常务理事会原则上须 2/3 以上常务理事出席方能召开,其决议须经到会常务理事 2/3 以上表决通过方能生效。

第二十三条　常务理事会每半年召开一次,特殊情况可采用通讯形式召开。

第二十四条　本会的理事长、副理事长、秘书长必须具备下列条件:

（一）坚持党的路线、方针、政策,政治素质好;

（二）在本会业务领域内有较大影响;

（三）理事长、副理事长、最高任职年龄原则上（届满时）不超过 70 周岁；秘书长任职年龄（届满时）不得超过 65 周岁，秘书长为专职（特殊情况下秘书长不能为专职，可授权在办事机构中设一名专职副秘书长）；

（四）身体健康，能坚持正常工作；

（五）未受过剥夺政治权利的刑事处罚；

（六）具有完全民事行为能力。

第二十五条　本会理事长、副理事长、秘书长如超过最高任职年龄的，须经理事会表决通过，报中国科协审查并经民政部批准同意后方可任职。

第二十六条　本会理事长、副理事长、秘书长任期 4 年。理事长、副理事长、秘书长同一职务连续任期不得超过两届。

第二十七条　本会理事长为本会法定代表人。如因特殊情况需由副理事长或秘书长担任法定代表人，应报中国科协审查并经民政部批准同意后方可担任。

本会法定代表人不得兼任其他社团的法定代表人。

第二十八条　本会理事长行使下列职权：

（一）召集和主持理事会、常务理事会；

（二）检查会员代表大会、理事会、常务理事会决议的落实情况；

（三）代表本会签署有关重要文件。

第二十九条　本会秘书长行使下列职权：

（一）主持办事机构开展日常工作，组织实施年度工作计划；

（二）协调各分支机构、代表机构、实体机构开展工作；

（三）提名副秘书长以及各办事机构、分支机构、代表机构和实体机构主要负责人，交理事会或常务理事会决定；

（四）决定办事机构、代表机构、实体机构专职工作人员的聘用；

（五）处理其他日常事务。

第五章　资产管理、使用原则

第三十条　本会经费来源：

（一）会费；

（二）捐赠；

（三）政府资助；

（四）在核准的业务范围内开展活动或服务的收入；

（五）利息；

（六）其他合法收入。

第三十一条　本会按照国家有关规定收取会员会费。

第三十二条　本会的经费必须用于本章程规定的业务范围和事业的发展，不得在会员中分配。

第三十三条　本会建立严格的财务管理制度，保证会计资料合法、真实、准确、完整。

第三十四条　本会配备具有专业资格的会计人员。会计不得兼任出纳。会计人员必须进行会计核算，实行会计监督。会计人员调动工作或离职时，必须与接管人员办清交接手续。

第三十五条　本会的资产管理必须执行国家规定的财务管理制度，接受会员代表大会和财政部门的

监督。资产来源属于国家拨款或者社会捐赠、资助的,必须接受审计机关的监督,并将有关情况以适当方式向社会公布。

第三十六条　本会换届或更换法定代表人之前必须接受民政部和中国科协组织的财务审计。

第三十七条　本会的资产,任何单位、个人不得侵占、私分和挪用。

第三十八条　本会专职工作人员的工资和保险、福利待遇,参照国家对事业单位的有关规定执行。

第六章　章程的修改程序

第三十九条　对本会章程的修改,须经理事会表决通过后报会员代表大会审议。

第四十条　本会修改的章程,须在全国会员代表大会通过后 15 日内,经中国科协审查同意,报民政部核准后生效。

第七章　终止程序及终止后的财产处理

第四十一条　本会终止或自行解散或由于分立、合并等原因需要注销的,由理事会或常务理事会提出终止动议。

第四十二条　本会终止动议须经会员代表大会表决通过,并报中国科协审查同意。

第四十三条　本会终止前,须在中国科协及有关机关指导下成立清算组织,清理债权债务,处理善后事宜。清算期间,不开展清算以外的活动。

第四十四条　本会经民政部办理注销登记手续后即为终止。

第四十五条　本会终止后的剩余财产,在中国科协和民政部的监督下,按照国家有关规定,用于发展与本会宗旨相关的事业。

第八章　附　　则

第四十六条　本章程经 2005 年 4 月 24 日会员代表大会表决通过。

第四十七条　本章程的解释权属本会的理事会。

第四十八条　本章程自民政部核准之日起生效。

第四十九条　本会的会徽为圆形图案,上方是"中国古生物学会"的半环形字,中间是"古生"字样,下方表示成立于 1929 年,左下方代表指南针,右下方代表地质锤。

中国古生物学会章程（2009 年版）

（2009 年 10 月 15 日第十届全国会员代表大会通过）

第一章　总　　则

第一条　本会正式名称为中国古生物学会,英文名称:Palaeontological Society of China,简称 PSC。

第二条　本会是我国古生物科学技术工作者自愿组成并依法登记成立,具有法人资格的学术性非营利性社会组织,是发展我国古生物科技事业的重要力量。

第三条　本会的宗旨:团结、组织全国古生物科技工作者,以党的基本路线为指导,遵守宪法、法律、法规和国家政策,遵守社会道德风尚,发扬学术民主,贯彻"百花齐放、百家争鸣"的方针,提倡献身、创新、求实、协作的精神,坚持实事求是的科学态度和优良学风,面向现代化,面向世界,面向未来,努力为促进本学科在我国的繁荣与发展做贡献。

第四条　本会接受业务主管单位中国科学技术协会(以下简称中国科协)和社团登记管理机关中华人民共和国民政部(以下简称民政部)的业务指导和监督管理。

第五条　本会的住所:江苏省南京市北京东路 39 号,邮编 210008。

第二章　业务范围

第六条　本会的业务范围:

（一）积极开展国内、国际间古生物学及相关学科的学术交流和科学考察活动;

（二）编辑出版并发行古生物学和相关学科的学术书刊;

（三）对国家发展古生物学的科学技术和方针政策积极地提出合理化建议;

（四）大力普及古生物知识,根据古生物学的科学发展的需要,举办相关培训班、讲习班或进修班;

（五）弘扬"尊重知识、尊重人才"的社会风尚,发现、培养和推荐优秀科技人才,奖励学会的优秀学术论文和科普作品;

（六）反映会员意见和呼声,维护会员的合法正当权益;

（七）开展古生物学的科技咨询工作,举办为会员服务的活动;

（八）开展和促进我国古生物学界与国际古生物学界的交流与合作;

（九）贯彻"科技兴国"战略,积极建设"全国科普教育基地",广泛开展科普活动。

第三章　会　　员

第七条　本会的会员包括个人会员和单位会员。

第八条　申请加入本会的会员,必须具备下列条件:

（一）拥护本会的章程。

（二）有加入本会的意愿。

（三）个人会员须具备下列条件之一:

　　1. 助理研究员、讲师、工程师、技师等中级职称以上者;

　　2. 古生物学硕士毕业或在学博士生;

　　3. 高等院校本科毕业,从事古生物研究、教学、情报、编辑出版 3 年以上,并具有一定的学术水平或工作经验者;

　　4. 热心和积极支持本会工作的有关部门领导和管理人员。

（四）单位会员:

　　凡具有 10 名以上(含 10 名)从事古生物工作的研究、教学、生产等企事业单位或有关学术性团体,可申请成为单位会员。

第九条　申请入会的程序是:

（一）提交入会申请书;

（二）经理事会或常务理事会讨论通过;

（三）由理事会授权的学会秘书处发给会员证。

第十条　会员享有下列权利:

（一）本会的选举权、被选举权和表决权;

（二）参加本会的活动;

（三）获得本会服务的优先权;

（四）对本会工作的批评建议权和监督权;

（五）优先获得本会印发的各种资料;

（六）入会自愿、退会自由。

第十一条　会员履行下列义务:

（一）执行本会的决议;

（二）维护本会的合法权益;

（三）完成本会交办的工作;

（四）按规定缴纳会费;

（五）向本会提供从事科学技术活动的必要支持和帮助;

（六）向本会反映情况,提供有关资料。

第十二条　会员退会应书面通知本会,并交回会员证。会员如 1 年不缴纳会费或不参加本会活动,经本会提示无效者,视为自动退会。

第十三条　会员如有触犯刑律或严重违反本章程行为和损坏本会声誉者,经理事会或常务理事会表决通过,予以除名。

第四章　组织机构和负责人产生、罢免

第十四条　本会的最高权力机构是全国会员代表大会,全国会员代表大会的职权是:

（一）制定和修改章程;

（二）选举和罢免理事;

（三）审议理事会的工作报告和财务报告;

（四）决定本会的工作方针和任务;

（五）制定和修改会费标准;

（六）决定终止事宜;

（七）决定其他重大事宜。

第十五条　全国会员代表大会须有 2/3 以上的会员代表出席方能召开,其决议须经到会会员代表半数以上表决通过方能生效。

第十六条　全国会员代表大会每届 4 年。因特殊情况需提前或延期换届的,须由理事会表决通过,报中国科协审查并经民政部批准同意。但延期换届最长不超过 1 年。

第十七条　理事会是全国会员代表大会的执行机构,在闭会期间领导本会开展日常工作,对会员代表大会负责。理事会成员每届更新不得少于1/3。

第十八条　理事会的职权是:

（一）执行全国会员代表大会的决议;

（二）选举和罢免理事长、副理事长、秘书长;

（三）筹备召开全国会员代表大会;

（四）向全国会员代表大会报告工作和财务状况;

（五）决定会员的吸收或除名;

（六）决定设立办事机构、分支机构、代表机构和实体机构;

（七）决定副秘书长、各机构负责人的聘任;

（八）制定本会工作计划、领导本会各机构开展工作;

（九）制定内部管理制度;

（十）推荐、表彰学会内优秀科技成果和人才;

（十一）决定其他重大事项。

第十九条　理事会须有 2/3 以上理事出席方能召开,其决议须经到会理事 2/3 以上表决通过方能生效。

第二十条　理事会每年召开一次会议,特殊情况可采用通讯形式召开。

第二十一条　本会设常务理事会。常务理事会由理事会选举产生,在理事会闭会期间行使第十八条第一、三、五、六、七、八、九、十项的职权,对理事会负责。常务理事人数不得超过理事人数的 1/3。

第二十二条　常务理事会须有 2/3 以上常务理事出席方能召开,其决议须经到会常务理事 2/3 以上表决通过方能生效。

第二十三条　常务理事会每半年召开一次,特殊情况可采用通讯形式召开。

第二十四条　本会的理事长、副理事长、秘书长必须具备下列条件:

（一）坚持党的路线、方针、政策,政治素质好;

（二）在本会业务领域内有较大影响；

（三）理事长、副理事长最高任职年龄（届满时）不超过 70 周岁；秘书长最高任职年龄（届满时）不得超过 62 周岁，秘书长为专职；

（四）身体健康，能坚持正常工作；

（五）未受过剥夺政治权利的刑事处罚；

（六）具有完全民事行为能力。

第二十五条　本会理事长、副理事长、秘书长如超过最高任职年龄的，须经理事会表决通过，报中国科协审查并经民政部批准同意后方可任职。

第二十六条　本团体理事长、副理事长、秘书长任期为 4 年，最长不得超过两届。因特殊情况需延长任期的，须经全国会员代表大会 2/3 以上表决通过，报中国科协审查并经民政部批准同意后方可任职。

第二十七条　本会理事长为本会法定代表人。法定代表人代表本会签署有关重要文件。如因特殊情况需由副理事长或秘书长担任法定代表人，应报中国科协审查并经民政部批准同意后方可担任。

本会法定代表人不得兼任其他社团的法定代表人。

第二十八条　本会理事长行使下列职权：

（一）召集和主持理事会、常务理事会；

（二）检查会员代表大会、理事会、常务理事会决议的落实情况。

第二十九条　本会秘书长行使下列职权：

（一）主持办事机构开展日常工作，组织实施年度工作计划；

（二）协调各分支机构、代表机构、实体机构开展工作；

（三）提名副秘书长以及各办事机构、分支机构、代表机构和实体机构主要负责人，交理事会或常务理事会决定；

（四）决定办事机构、代表机构、实体机构专职工作人员的聘用；

（五）处理其他日常事务。

第五章　资产管理、使用原则

第三十条　本会经费来源：

（一）会费；

（二）捐赠；

（三）政府资助；

（四）在核准的业务范围内开展活动或服务的收入；

（五）利息；

（六）其他合法收入。

第三十一条　本会按照国家有关规定收取会员会费。

本团体开展表彰活动，不收取任何费用。

第三十二条　本会的经费必须用于本章程规定的业务范围和事业的发展，不得在会员中分配。

第三十三条　本会建立严格的财务管理制度，保证会计资料合法、真实、准确、完整。

第三十四条　本会配备具有专业资格的会计人员。会计不得兼任出纳。会计人员必须进行会计核算,实行会计监督。会计人员调动工作或离职时,必须与接管人员办清交接手续。

第三十五条　本会的资产管理必须执行国家规定的财务管理制度,接受会员代表大会和财政部门的监督。资产来源属于国家拨款或者社会捐赠、资助的,必须接受审计机关的监督,并将有关情况以适当方式向社会公布。

第三十六条　本会换届或更换法定代表人之前必须接受民政部和中国科协组织的财务审计。

第三十七条　本会的资产,任何单位、个人不得侵占、私分和挪用。

第三十八条　本会专职工作人员的工资和保险、福利待遇,参照国家对事业单位的有关规定执行。

第六章　章程的修改程序

第三十九条　对本会章程的修改,须经理事会表决通过后报全国会员代表大会审议。

第四十条　本会修改的章程,须在全国会员代表大会通过后 15 日内,报中国科协审查,经其同意,报民政部核准后生效。

第七章　终止程序及终止后的财产处理

第四十一条　本会终止或自行解散或由于分立、合并等原因需要注销的,由理事会或常务理事会提出终止动议。

第四十二条　本会终止动议须经全国会员代表大会表决通过,并报中国科协审查同意。

第四十三条　本会终止前,须在中国科协及有关机关指导下成立清算组织,清理债权债务,处理善后事宜。清算期间,不开展清算以外的活动。

第四十四条　本会经民政部办理注销登记手续后即为终止。

第四十五条　本会终止后的剩余财产,在中国科协和民政部的监督下,按照国家有关规定,用于发展与本会宗旨相关的事业。

第八章　附　　则

第四十六条　本章程经 2009 年 10 月 15 日第十次全国会员代表大会表决通过。

第四十七条　本章程的解释权属本会的理事会。

第四十八条　本章程自民政部核准之日起生效。

第四十九条　本会的会徽为圆形图案,上方是"中国古生物学会"的半环形字,中间是"古生"字样,下方表示成立于 1929 年,左下方代表指南针,右下方代表地质锤。

中国古生物学会章程（2018 年版）

（2018 年 9 月 18 日第十二届全国会员代表大会通过）

第一章　总　　则

第一条　本会名称为中国古生物学会，英文名称：Palaeontological Society of China，简称 PSC。

第二条　本会是由我国从事古生物研究相关工作的企事业单位、社会团体及古生物科学技术工作者自愿结成并依法登记成立，具有法人资格的全国性、学术性、非营利性社会组织，是发展我国古生物科技事业的重要力量。

第三条　本会的宗旨：团结、组织全国古生物科技工作者，以党的基本路线为指导，遵守宪法、法律、法规和国家政策，践行社会主义核心价值观，遵守社会道德风尚，发扬学术民主，贯彻"百花齐放、百家争鸣"的方针，提倡献身、创新、求实、协作的精神，坚持实事求是的科学态度和优良学风，面向现代化，面向世界，面向未来，努力为促进本学科在我国的繁荣与发展做贡献。

第四条　本会接受业务主管单位中国科学技术协会（以下简称中国科协）和社团登记管理机关中华人民共和国民政部（以下简称民政部）的业务指导和监督管理。

第五条　本会根据中国共产党章程的规定，设立中国共产党的组织，开展党的活动，为党组织的活动提供必要条件。

本会的住所：江苏省南京市。

第二章　业 务 范 围

第六条　本会的业务范围：

（一）积极开展国内、国际间古生物学及相关学科的学术交流和科学考察活动；

（二）依照有关规定编辑出版并发行古生物学和相关学科的学术书刊；

（三）对国家发展古生物学的科学技术和方针政策积极地提出合理化建议；

（四）大力普及古生物知识，根据古生物学的科学发展的需要，举办相关培训班、讲习班或进修班；

（五）弘扬"尊重知识、尊重人才"的社会风尚，发现、培养和推荐优秀科技人才，依照有关规定经批准奖励学会的优秀学术论文和科普作品；

（六）反映会员的意见和呼声，维护会员的合法正当权益；

（七）开展古生物学的科技咨询工作，举办为会员服务的活动；

（八）开展和促进我国古生物学界与国际古生物学界的交流与合作；

（九）贯彻"科技兴国"战略，积极建设"全国科普教育基地"，广泛开展科普活动。

业务范围中属于法律法规规章规定须经批准的事项，依法经批准后开展。

第三章　会　　员

第七条　本会的会员包括个人会员和单位会员。

第八条　申请加入本会的会员，必须具备下列条件：

（一）拥护本会的章程；

（二）有加入本会的意愿；

（三）个人会员须具备下列条件之一：

1. 助理研究员、讲师、工程师、技师等中级职称以上者；

2. 古生物学硕士毕业或在学博士生；

3. 高等院校本科毕业，从事古生物研究、教学、情报、编辑出版 3 年以上，并具有一定的学术水平或工作经验者；

4. 热心和积极支持本会工作的有关部门领导和管理人员。

（四）单位会员：

凡具有 10 名以上（含 10 名）从事古生物工作的研究、教学、生产等企事业单位或有关学术性团体，可申请成为单位会员。

第九条　申请入会的程序是：

（一）提交入会申请书；

（二）经理事会或常务理事会讨论通过；

（三）由理事会授权的学会秘书处发给会员证。

第十条　会员享有下列权利：

（一）本会的选举权、被选举权和表决权；

（二）参加本会的活动；

（三）获得本会服务的优先权；

（四）对本会工作的批评建议权和监督权；

（五）入会自愿、退会自由。

第十一条　会员履行下列义务：

（一）执行本会的决议；

（二）维护本会的合法权益；

（三）完成本会交办的工作；

（四）按规定缴纳会费；

（五）向本会提供从事科学技术活动的必要支持和帮助；

（六）向本会反映情况，提供有关资料。

第十二条　会员退会应书面通知本会，并交回会员证。会员如 1 年不缴纳会费或不参加本会活动，经本会提示无效者，视为自动退会。

第十三条　会员如有触犯刑律或严重违反本章程行为和损坏本会声誉者，经理事会或常务理事会表决通过，予以除名。

第四章　组织机构和负责人产生、罢免

第十四条　本会的最高权力机构是会员代表大会,会员代表大会的职权是:

（一）制定和修改章程;

（二）选举和罢免理事;

（三）审议理事会的工作报告和财务报告;

（四）决定本会的工作方针和任务;

（五）制定和修改会费标准;

（六）决定终止事宜;

（七）决定其他重大事宜。

第十五条　会员代表大会须有 2/3 以上的会员代表出席方能召开,其决议须经到会会员代表半数以上表决通过方能生效。

第十六条　会员代表大会每届 5 年。因特殊情况需提前或延期换届的,须由理事会表决通过,报中国科协审查并经民政部批准同意。但延期换届最长不超过 1 年。

第十七条　理事会是会员代表大会的执行机构,在会员代表大会闭会期间领导本会开展日常工作,对会员代表大会负责。

第十八条　理事会的职权是:

（一）执行会员代表大会的决议;

（二）选举和罢免理事长、副理事长、秘书长;

（三）筹备召开会员代表大会;

（四）向会员代表大会报告工作和财务状况;

（五）决定会员的吸收或除名;

（六）决定办事机构、分支机构、代表机构和实体机构的设立、变更和终止;

（七）决定副秘书长、各机构负责人的聘任;

（八）制定本会工作计划、领导本会各机构开展工作;

（九）制定内部管理制度;

（十）推荐、表彰学会内优秀科技成果和人才;

（十一）决定其他重大事项。

第十九条　理事会须有 2/3 以上理事出席方能召开,其决议须经到会理事 2/3 以上表决通过方能生效。

第二十条　理事会每年召开一次会议,特殊情况可采用通讯形式召开。

第二十一条　本会设常务理事会。常务理事会由理事会选举产生,在理事会闭会期间行使第十八条第一、三、五、六、七、八、九、十项的职权,对理事会负责。常务理事人数不得超过理事人数的 1/3。

第二十二条　常务理事会须有 2/3 以上常务理事出席方能召开,其决议须经到会常务理事 2/3 以上表决通过方能生效。

第二十三条　常务理事会每半年召开一次,特殊情况可采用通讯形式召开。

第二十四条　本会的理事长、副理事长、秘书长必须具备下列条件:

（一）坚持党的路线、方针、政策,政治素质好;

（二）在本会业务领域内有较大影响；

（三）理事长、副理事长最高任职年龄不超过 70 周岁；秘书长最高任职年龄不得超过 62 周岁，秘书长为专职；

（四）身体健康，能坚持正常工作；

（五）未受过剥夺政治权利的刑事处罚；

（六）具有完全民事行为能力。

第二十五条　本会理事长、副理事长、秘书长如超过最高任职年龄的，须经理事会表决通过，报中国科协审查并经民政部批准同意后方可任职。

第二十六条　本会理事长、副理事长连续任期不得超过 2 届。由理事会聘任的秘书长可不受届次限制。因特殊情况需延长任期的，须经会员代表大会 2/3 以上表决通过，报中国科协审查并经民政部批准同意后方可任职。

第二十七条　本会理事长为本会法定代表人。法定代表人代表本会签署有关重要文件。因特殊情况，经理事长推荐、理事会同意，报业务主管单位审核同意并经登记管理机关批准后，可以由副理事长或秘书长担任法定代表人。聘任或向社会公开招聘的秘书长不得任本会法定代表人。

　　　　　　本会法定代表人不得兼任其他社团的法定代表人。

第二十八条　本会理事长行使下列职权：

（一）召集和主持理事会、常务理事会；

（二）检查会员代表大会、理事会、常务理事会决议的落实情况。

第二十九条　本会秘书长行使下列职权：

（一）主持办事机构开展日常工作，组织实施年度工作计划；

（二）协调各分支机构、代表机构、实体机构开展工作；

（三）提名副秘书长以及各办事机构、分支机构、代表机构和实体机构主要负责人，交理事会或常务理事会决定；

（四）决定办事机构、代表机构、实体机构专职工作人员的聘用；

（五）处理其他日常事务。

第三十条　本会设立监事会，监事任期与理事任期相同，期满可以连任。监事会由 3 至 9 名监事组成。监事会设监事长 1 名，副监事长 1 名，由监事会推举产生。监事长和副监事长年龄不超过 70 周岁，连任不超过 2 届。

　　　　　监事会是本会的监督机构，对会员代表大会负责；理事长、副理事长、理事、秘书长及学会专职工作人员不得兼任监事。

第三十一条　监事由会员（代表）大会选举产生或罢免。

第三十二条　监事会行使下列职权：

（一）列席理事会、常务理事会会议，并对决议事项提出质询或建议；

（二）对理事、常务理事、负责人执行本会职务的行为进行监督，对严重违反本会章程或者会员代表大会决议的人员提出罢免建议；

（三）检查本会的财务报告，向会员代表大会报告监事会的工作和提出提案；

（四）对负责人、理事、常务理事、财务管理人员损害本会利益的行为，要求其及时予以纠正；

（五）向业务主管单位、登记管理机关以及税务、会计主管部门反映本会工作中存在的问题；

（六）决定其他应由监事会审议的事项。

第三十三条　监事会每半年至少召开一次会议。监事会会议须有 2/3 以上监事出席方能召开，其决议须经到会监事 1/2 以上通过方为有效。

第五章　资产管理、使用原则

第三十四条　本会经费来源：
（一）会费；
（二）捐赠；
（三）政府资助；
（四）在核准的业务范围内开展活动和服务的收入；
（五）利息；
（六）其他合法收入。

第三十五条　本会按照国家有关规定收取会员会费，会费标准由会员代表大会以无记名方式投票表决。
本会开展评比表彰等活动，不收取任何费用。

第三十六条　本会的经费必须用于本章程规定的业务范围和事业的发展，不得在会员中分配。

第三十七条　本会建立严格的财务管理制度，保证会计资料合法、真实、准确、完整。

第三十八条　本会配备具有专业资格的会计人员。会计不得兼任出纳。会计人员必须进行会计核算，实行会计监督。会计人员调动工作或离职时，必须与接管人员办清交接手续。

第三十九条　本会的资产管理必须执行国家规定的财务管理制度，接受会员代表大会和财政部门的监督。资产来源属于国家拨款或者社会捐赠、资助的，必须接受审计机关的监督，并将有关情况以适当方式向社会公布。

第四十条　本会换届或更换法定代表人之前必须进行财务审计。

第四十一条　本会的资产，任何单位、个人不得侵占、私分和挪用。

第四十二条　本会专职工作人员的工资和保险、福利待遇，参照国家对事业单位的有关规定执行。

第六章　章程的修改程序

第四十三条　对本会章程的修改，须经理事会表决通过后报会员代表大会审议。

第四十四条　本会修改的章程，须在会员代表大会通过后 15 日内，报中国科协审查，经其同意，报民政部核准后生效。

第七章　终止程序及终止后的财产处理

第四十五条　本会终止或自行解散或由于分立、合并等原因需要注销的，由理事会或常务理事会提出终止动议。

第四十六条　本会终止动议须经会员代表大会表决通过，并报中国科协审查同意。

第四十七条　本会终止前,须在中国科协及有关机关指导下成立清算组织,清理债权债务,处理善后事宜。清算期间,不开展清算以外的活动。

第四十八条　本会经社团登记管理机关民政部办理注销登记手续后即为终止。

第四十九条　本会终止后的剩余财产,在中国科协和民政部的监督下,按照国家有关规定,用于发展与本会宗旨相关的事业。

第八章　附　　则

第五十条　本章程经 2018 年 9 月 18 日第十二次会员代表大会表决通过。

第五十一条　本章程的解释权属本会的理事会。

第五十二条　本章程自社团登记管理机关民政部核准之日起生效。

第五十三条　本会的会徽为圆形图案,上方是"中国古生物学会"的半环形字,中间是"古生"字样,下方表示成立于 1929 年,左下方代表指南针,右下方代表地质锤。

中国古生物学会 90 年
The 90 Years of
Palaeontological Society of
China

3

· 理事长简介

孙云铸
(1895—1979)

中国古生物学会创始会员[*]。1929 年任中国古生物学会会长,1949 年任学会编辑,1947 年、1953 年、1956 年、1962 年任学会理事,1954 年任学会会计,1962 年任学会常务理事,1950—1952 年、1955 年、1957—1962 年任学会理事长。

字铁仙,江苏高邮人。古生物学家、地质学家、地质教育家,中国古生物学、地层学的奠基人之一。1955 年当选为中国科学院学部委员(院士)。

1914 年考入天津北洋大学预科,1916 年转入天津北洋大学本科,学习采矿。1918 年转入北京大学,1920 年毕业于北京大学地质系,留任助教,同时在农商部地质调查所古生物研究室任职。1926 年出席在西班牙马德里召开的第十四届国际地质大会,会后留学德国,1927 年获德国哈勒大学理学博士学位,回国后任北京大学地质系教授。1935 年赴欧美考察,1936 年任广州中山大学访问教授,1937 年任西南联合大学地质地理气象系主任,1946 年任北京大学地质系主任,1948 年赴伦敦出席第十八届国际地质大会和国际古生物协会会议,当选为国际古生物协会副会长。1950 年任中国地质工作计划指导委员会委员,1952 年任地质部教育司司长,1956 年任地质部地质矿产研究所副所长,1959 年任全国地层委员会委员。1960 年任中国地质科学研究院副院长。

早期研究活动大都是在葛利普的指导和影响下进行的,最早以三叶虫、笔石化石及中国古生代地层研究为主,1924 年出版的《中国北部寒武纪动物化石》是中国学者自己撰写的第一部古生物志。1937 年以后,研究领域扩展到晚古生代和菊石、笔石、头足类、海林檎、珊瑚等门类。20 世纪 40—60 年代全面探讨了中国古生代的海侵及生物分区等基础理论问题,涉及地层学的理论方法及与大地构造的关系,1943 年论古生界的划分原则、1945 年论滇缅地槽、1948 年论早古生代生物群的中心和扩散,均可作为例证。1949 年以后,学术研究偏重于古生代地层的界线和生物群的分区,既结合了当时学科发展的热点,又从总体上论述了地层学与古生物学及其与其他地质学科之间的关系,为地层古生物研究的发展做出了重要贡献。

孙云铸毕生从事地质教学和科研工作,襟怀坦诚,待人以诚,有教无类,不愧中国地质古生物界"一代宗师"和中国地质界"一位良师和长者"的称号。

---

* 本书将 1929 年的中国古生物学会会员称为中国古生物学会创始会员;1947 年中国古生物学会恢复活动时登记为中国古生物学会会员的称为创立会员。

杨钟健
（1897－1979）

中国古生物学会创始会员。1929 年任中国古生物学会评议员，1947 年、1950—1952 年、1955 年、1957 年、1962 年任学会理事，1954 年任学会书记，1948—1949 年、1953 年、1956 年三次任学会理事会理事长。

字克强，陕西华县（今渭南市华州区）人。地质学家、古生物学家、中国古脊椎动物学奠基人之一。中共党员，九三学社中央常委。1948 年当选为中央研究院院士。1955 年当选为中国科学院学部委员（院士）。荣获"北美古脊椎动物学会荣誉会员""英国林耐学会会员""苏联莫斯科自然博物协会国外会员"等称号。第一届至第五届全国人民代表大会代表。

1923 年北京大学地质系毕业，当即入地质调查所工作，任调查员。1924 年赴德国留学，1927 年获德国慕尼黑大学博士学位，次年发表了专著《中国北方啮齿类化石》（德文）（《中国古生物志》丙种第五号第三册），开创了中国古脊椎动物学学科。1928 年回国任地质调查所技师，1929 年中国地质调查所新生代研究室成立，任副主任。1940 年地质调查所脊椎动物化石研究室在昆明成立，任主任。1949—1953 年任中国科学院编译局局长，任中国科学院古脊椎动物与古人类研究室主任，1957—1979 年任中国科学院古脊椎动物与古人类研究所所长，兼任北京自然博物馆馆长。

20 世纪 30 年代初，主要从事周口店哺乳动物和人类的研究；抗战与解放战争期间主要从事禄丰龙动物群的研究；新中国成立后，主要担负中国古脊椎动物学与古人类学研究的领导工作，与有关同仁合作编著总结性及方向性的著作，研究工作侧重于爬行类；20 世纪 50 年代起，特别重视和提倡对北方黄土与南方红层的研究，关注鱼类、爬行类、哺乳类和人类的起源问题。一生发表学术论文专著 494 篇（部），其中专著 21 部，如《周口店龙骨山哺乳类化石》《周口店第二第七第八地点之脊椎动物化石》《周口店第一地点之偶蹄类化石》《山西河南之哺乳类动物化石》《宁夏之新节结龙化石》《新疆奇台天山龙》《许氏禄丰龙》《巨型禄丰龙（新种）及许氏禄丰龙之新加材料》等。

中国地质学会的早期会员，1930 年任中国地质学会理事，1936 年、1937 年两次担任中国地质学会理事长，担任过《中国地质学会志》与《地质论评》的编辑、编辑主任。曾先后兼任北京大学、北京师范大学、西南联合大学、重庆大学、西北大学教授及西北大学校长。

尹赞勋
(1902－1984)

中国古生物学会创立会员。1947－1952 年、1953 年、1955－1957 年任中国古生物学会理事，1953 年任学会会计，1954 年、1962 年、1979－1984 年任中国古生物学会理事会理事长。

字建猷，河北平乡人。地质学家、古生物学家。中国无脊椎古生物学的开拓者之一，我国志留系研究的奠基人，我国地层规范的创始人，推动我国地球科学事业的优秀组织者和领导者之一，1955 年当选为中国科学院学部委员（院士），兼任中国科学院生物地学部副主任，1957－1981 年任中国科学院地学部主任。九三学社中央委员和中央常委。1979 年加入中国共产党。第一届、第二届、第六届全国政协委员，第二届、第四届和第五届全国人大代表。

1923 年从北京大学肄业转赴法国里昂大学攻读地质学，1925 年获里昂大学理学学士学位。其博士论文《法国加尔和埃罗两省齐顿阶动物群的研究》以优异成绩通过答辩后，于 1931 年获理学博士学位。1931－1950 年历任地质调查所技师、技正、简任技正、代所长、古生物地层研究室主任，1933－1935 年兼任北京大学和中法大学讲师，1935 年兼任北平研究院地质所研究员，1937－1939 年任江西省地质调查所所长。1940－1949 年任中央地质调查所副所长、所长。1950－1952 年任中国地质工作计划指导委员会第一副主任。1952－1956 年任北京地质学院副院长兼教务长。1956 年调任中国科学院地质研究所研究员。1938 年以来，先后担任中国地质学会书记、副理事长和理事长。1959－1979 年任全国地层委员会第一副主任。学术研究领域包括古生物的许多门类、显生宙的各个系的地层以及有关能源和矿产资料研究，以对志留系软体动物化石和笔石化石的研究所做的贡献而著名。他研究了四川峨眉山的三叠纪介壳化石，中国北方石炭纪腹足类和头足类，以及中国古生代后期的菊石。这些科研成果，都是我国早期的开创性工作。

1931－1937 年先后撰写了论文和评述 38 篇（部），其中国古生物志专著 4 部。1937 年与许德佑合著的《云南东南部之三叠纪动物群》，因南京陷落，原稿及校样全部遗失。此外，他对二叶石进行了研究，确认它是大型三叶虫爬迹的铸模，从而开启了我国痕迹化石的研究。自 1935 年，他对志留纪地层和笔石做了广泛的研究，发表了多篇关于志留纪地层和笔石分类、分带的文章。1949 年发表的华南志留系方面的论文，更是对我国志留系研究的全面总结，是我国志留系研究的一个里程碑。主编了第一部《中国区域地层表》，该书首次系统地把我国地层的研究成果加以总结；1959 年为第一届全国地层会议编写了《中国地层名词汇编》，为我国系统整理地层名词打下了基础；主持编著了《中国地层典（七）　石炭系》和《中国地壳运动名称资料汇编》，前者在我国是首创，为整理、澄清我国石炭纪地层做出了典型的示范，赢得国内外好评，后者为澄清我国地壳运动名称的混乱提出了合理建议。1972 年始，将国际上地球科学最新重大突破——板块构造学向国内做了系统介绍,推动了中国板块构造学的研究。1978 年发表了《论褶皱幕》专著,对中国的褶皱幕和褶皱旋回的划分提出了独特的见解。对生物钟的研究,为古生物学和天文学的相互交叉及阐明地球历史方面起到了先导作用。

　　作为中国科学院地学部领导,他多次组织了全国性大规模的重要学术会议,为我国地学科学发展做出了重要贡献。

卢衍豪
(1913—2000)

中国古生物学会创立会员。1949 年、1951—1955 年任中国古生物学会理事,1950 年任学会编辑,1962—1984 年任学会第二届、第三届理事会副理事长,1984—1989 年任学会第四届理事会理事长,1989 年起任学会荣誉理事。

福建永定人。地质学家、古生物学家、地层学家,1980 年当选为中国科学院学部委员(院士)。九三学社社员,曾任九三学社江苏省副主任委员。第三届、第五届、第六届、第七届全国人大代表。1979 年获全国劳动模范、江苏省劳动模范称号。一生发表论文 170 余篇,完成科学著作 150 余部,约 600 万字。

1937 年从北京大学地质系毕业,历任中央地质调查所技佐、技士、技正,中国科学院南京古生物研究所研究员、副所长等职。曾任全国地层委员会副主任,中国地质学会副理事长,国际地球科学联合会地层委员会寒武系分会、奥陶系分会及寒武-奥陶系界线工作组的选举委员。

20 世纪 30 年代后期开始,系统调查昆明附近早寒武世地层,建立了中国早寒武世地层的标准层序。50 年代,重新划分东北南部的寒武纪、奥陶纪地层。建立了中国中、晚寒武世地层分层标准。首次对中国寒武系、奥陶系的各区域特征、划分对比、顶界和底界、沉积物和生物群分布与古地理环境以及矿产等方面做了全面论述,奠定了中国寒武纪、奥陶纪地层建阶、分带基础,作为亚洲、大洋洲、南极洲的标准分层和对比依据,已在世界上被广泛应用。70 年代末期,组织了寒武-奥陶系界线的专题研究,发表了一系列论文和专著,通过多学科的综合研究,论述了寒武-奥陶系界线的划分与国际对比。为吉林浑江大阳岔寒武-奥陶系界线剖面被选为国际寒武-奥陶系界线候选层型打下了良好基础。

从 1939 年开始,系统描述了大量三叶虫属、种,对研究三叶虫的分类、演化及生物地理区系等方面积累了丰富的基础资料。发表多篇有关三叶虫个体发育、系统演化及分类的重要论文,使中国三叶虫个体发育及系统演化方面的研究在世界上占有突出地位。创立"生物-环境控制论"学说,为解释世界寒武-奥陶纪动物群的分布规律提供了理论依据。运用"生物-环境控制论"的观点,阐明了中国寒武纪磷矿、石煤、汞及伴生稀有元素等沉积矿产的生成条件、分布规律。主要代表作有:《中国的寒武系》《中国的三叶虫》《生物-环境控制论及其在寒武纪生物地层学和古生物地理学上的应用》《华中及西南奥陶纪三叶虫动物群》《浙江西部寒武纪三叶虫动物群》和《中国寒武纪沉积矿产和生物环境控制论》等。

除研究三叶虫外,还对介形虫、有孔虫及牙形类等微体古生物进行研究。20 世纪 40 年代发表的有关轮藻化石的论文,为中国轮藻化石研究奠定了基础。

1947 年荣获中央研究院丁文江奖。1982 年荣获国家自然科学奖二等奖、三等奖各 1 项,并先后获中国科学院自然科学奖一等奖及科技进步奖二等奖。

王鸿祯
（1916－2010）

中国古生物学会创立会员。1949 年、1951 年任中国古生物学会候补理事，1953－1954 年任学会书记，1956－1957 年任学会秘书长，1979－1989 年任学会第三届、第四届理事会理事、常务理事，1989－1993 年任学会第五届理事会理事长，1993 年起任学会荣誉理事。

山东兰陵人。地质学家、古生物学家。1980 年当选为中国科学院学部委员（院士）。民进中央顾问。第六届全国政协委员。

1939 年毕业于西南联合大学地质地理气象学系。1947 年获英国剑桥大学博士学位。曾任北京大学（西南联大）地质系助教、研究助教、副教授、教授，北京大学秘书长，北京地质学院地质矿产系主任、副院长、院长，武汉地质学院院长、研究生院教授，中国地质大学教授和中国地质博物馆名誉馆长，中国地质学会副理事长（1984－1989），国际地科联地质科学史委员会副主席。研究领域包括古生物学、地层学、古地理学、前寒武纪地质、大地构造学和地质学史，在各个领域都取得很大成就。20 世纪 50 年代和 80 年代建立四射珊瑚的系统分类和演化阶段及生物地理分区。20 世纪 80 年代提出中国构造单元划分及名词体系。出版的《中国古地理图集》综合表达了中国地壳构造、演化和古地理发展；提出全球构造阶段划分与构造格局重要演变。20 世纪 90 年代研究层序地层与古大陆再造，提出地球节律的普遍性和全球大陆基底构造单元划分与泛大陆聚散周期，形成了全球构造的活动论与历史发展的点断前进阶段论相结合的地球史现。主要著作有《从骨骼微细构造论观点四射珊瑚》（1950 年）、《亚洲地质构造发展的主要阶段》（1979 年）、《中国地质学》（合著，英文版，1986 年）、《中国古地理图集》（主编，1985 年）和《中国古生代珊瑚分类演化及生物古地理》（1989 年）。参加编制的《亚洲地质图》（《中国地质图集及亚洲地质图》）获 1978 年全国科学大会奖、1982 年国家自然科学一等奖（集体）和 1982 年度优秀科技图书一等奖。他领导编制的《中国岩相古地理研究——中国古地理图集》获 1987 年国家自然科学二等奖和地矿部科技进步一等奖，1988 年获国家高校优秀教材特等奖，1991 年获国家自然科学二等奖、地矿部科技进步二等奖，1992 年获国家教委优秀学术专著一等奖。

除了繁忙的学术活动，他还积极参与中国古生物学会、中国地质学会的工作，在其中担任重要领导职务，为这两个学术团体的繁荣做出了重大贡献。同时任中国地质学会荣誉理事，在多个学术出版部门担任领导工作。1994 年获首届何梁何利基金科技进步（地质）奖，1996 年获李四光地质科学奖特别奖。共发表论文 180 余篇，出版专著教材等 20 余部，其中近 140 篇论文和绝大部分专著是 1978 年以后完成的。

李星学
（1917－2010）

中国古生物学会创立会员。1979－1993 年任中国古生物学会第三届、第四届、第五届理事会常务理事，1989－1993 年任学会第五届理事会理事长，1993 年起任学会荣誉理事。1985－2006 年担任《古生物学报》主编。

湖南郴县人。古植物学家、地层学家。1980 年当选为中国科学院学部委员（院士）。发表 140 多篇论文和 11 种专著。

1942 年毕业于重庆大学地质系。历任中央地质调查所练习员、技佐、技士，全国地质工作计划指导委员会工程师，中国科学院南京地质古生物研究所助理研究员、副研究员、研究员、研究室主任、所学术委员会主任等职。曾任南京大学地质系、地球科学系兼职教授，吉林大学兼职教授及其古生物学与地层学研究中心学术委员会主任。曾担任国内数种学术组织负责人及学术刊物的主编或副主编。在多个国际学术组织或合作项目中任选举委员、科学顾问或中方代表。1994 年被江苏省人民政府聘为南京早期人类文化遗址综合研究专家组组长。2006 年被全国科学技术名词审定委员会聘任为第二届古生物学名词审定委员会主任委员。

长期从事地质古生物学研究工作，尤其以研究古植物学及非海相地层学见长，他的研究领域甚广，建树颇多。20 世纪 50 年代在华北一带开展地质调查与勘探工作，《华北月门沟群植物化石》和《中国晚古生代陆相地层》是其早期研究的代表作，专著中描述的标志性属种、首次建立的华北晚古生代植物组合序列以及生物地层学的新观点，至今仍被国内外多种古植物学论丛或教材所应用。20 世纪 70 年代以来，对一些具有特殊意义的地层、植物化石和古生物地理进行了较深入的专题研究，并取得了突破性成就。其研究成果对中国及东亚陆相地层，特别是晚古生代含煤地层的划分、对比及分布规律的研究具有重大意义。他对华夏植物群（包括大羽羊齿类植物）和东亚晚古生代的煤系研究，在国内外享有颇高的声誉。出版的《北祁连山东段纳缪尔期地层和生物群》与《中国地质时期植物群》两本专著，引起了国内外同行的高度重视。国际古植物学会编纂的综合性巨著《古植物学导论》一书中，引用了他著作里许多有关植物属种的内容。

"学贵有恒，业精于勤"是李星学的治学箴言，也是他在科学道路上孜孜不倦的追求。代表作有：《华北月门沟群植物化石》《中国晚古生代陆相地层》《华南大羽羊齿类的生殖器官》《东亚华夏植物群的起源、演替与分布》《北祁连山东段纳缪尔期地层和生物群》《中国与邻区晚古生代植物地理区分》等。多次荣获国家自然科学奖、中国科学院重大科技成果奖和部省级科技进步奖。1992 年被美国植物学会授予通讯会员终身荣誉称号。1993 年荣获中国古生物学会最高荣誉尹赞勋奖。1996 年荣获国际古植物协会颁发的沙尼奖章。

周明镇
（1918—1996）

1949 年加入中国古生物学会。1953—1954 年任中国古生物学会助理书记，1955 年任学会候补理事，1956、1957、1962 年任学会理事，1962—1979 年任学会第二届理事会秘书长，1979—1989 年任学会第三届、第四届理事会副理事长，1989—1993 年任学会第五届理事会理事长，1993 年起任学会荣誉理事；曾任学会古脊椎动物学分会理事长；《古生物学报》副主编。

出生于江苏南汇（今属上海）。古脊椎动物学家、地层学家、第四纪地质学家、进化生物学家、博物馆学家，我国古哺乳动物学奠基人。1980 年当选为中国科学院学部委员（院士）。1956 年加入九三学社，九三学社第七届中央委员会委员，九三学会第八届、第九届中央委员会常委。第六届、第七届全国政协委员。一生发表学术论文 100 余篇，专刊 5 种。

1943 年毕业于重庆大学地质系，留校任助教 3 年，并先后在四川地质调查所、台湾省地质调查所工作。1947—1951 年到美国迈阿密大学、利哈伊大学、普林斯顿大学和纽约美国自然博物馆学习和工作，1948 年获美国迈阿密大学硕士学位，1950 年获美国理海大学博士学位，1949—1951 年为美国普林斯顿大学博士后、研究员。1951 年回国后任山东大学副教授，1953—1996 年历任中国科学院古脊椎动物与古人类研究所副研究员、研究员、所长。曾兼任北京大学、南京大学、中国地质大学和中国科学技术大学教授，以及西北大学名誉教授，北京自然博物馆馆长及四川自贡恐龙博物馆名誉馆长。他是国际古生物协会副主席、中国自然科学博物馆协会理事长、中国第四纪地质及冰川学会副主任、美国古脊椎动物学会名誉会员、莫斯科自然博物馆协会外籍委员、美国人类起源研究所名誉研究员，《古脊椎动物与古人类学报》和《化石》杂志主编。率领中苏古生物考察队考察、发掘内蒙古等地的许多脊椎动物化石地点。研究的范围除古脊椎动物学、生物地层学和第四纪地质学外，还涉足系统生物学、历史动物地理学、古气候学等领域，在国际古生物学界享有很高的声誉。1993 年被北美古脊椎动物学会授予最高的罗美尔-辛普生奖章。他领导的华南红层考察项目和内蒙古古近纪研究获得了中国科学院自然科学一等奖。

作为中国古近纪地层与哺乳动物群研究的开创者，他研究的主要领域是古哺乳动物学，尤其是长鼻目和河南卢氏中始新世哺乳动物群的研究；还研究白垩纪和侏罗纪的哺乳类，以求了解哺乳类的起源，研究的蜀兽被认为是 20 世纪 80 年代关于哺乳类起源与早期分化研究方面最重要的发现之一。华南红层的研究成果是他的又一重大贡献，他得出结论说："从南雄和始兴两地发现的脊椎动物化石看来，我国南方的红层的时代，可能包括中生代和第三纪初期两个时期的沉积。"以后的事实证明，这一结论是完全正确

的。在《陕西蓝田新生界》这一总题目下,分工负责研究了与蓝田人下颌骨一起发现的陈家窝哺乳动物群,还概括研究了公王岭动物群。第四纪地质学和生物地层学是他早期研究工作的一个重要方面,1978 年与李传夔合作完成关于江苏泗洪下草湾生物地层学的文章,澄清了对所谓"淮河过渡区"的错误认识。在引进国外先进的生物学、地质学理论方面始终走在前列,他是介绍板块构造和分支系统学的先驱,曾组织人员编译了《分支系统学译文集》。

郝诒纯
（1920－2001）

中国古生物学会创立会员。1962－1989 年任中国古生物学会第二届、第三届、第四届理事会理事、常务理事，1984－1989 年任学会第四届理事会副理事长，1989－1993 年任学会第五届理事长，1993 年起任学会荣誉理事；1979－1984 年任学会微体古生物学分会副理事长，1984－1996 年任微体古生物学分会第二届、第三届、第四届理事会理事长，1996 年起任微体古生物学分会第五届、第六届理事会荣誉理事长。

湖北咸宁人。地质学家、古生物学家，微体古生物学科的带头人。1980 年当选为中国科学院学部委员（院士）。中共党员，九三学社副主席。第二届全国政协委员，第六届全国政协常委，第七届、第八届全国人大常委会委员，第八届教科文卫委员会副主任。全国妇联第六届、第七届副主席。1993－1998 年任北京市人大常委会副主任。

1943 年毕业于西南联合大学地质地理气象学系。毕业后任云南省建设厅地质调查所技士，同时在云南大学矿冶系兼课。同年考上清华大学研究生，1946 年清华大学地层古生物学研究生毕业，旋即到北京大学任讲师。1952 年转入北京地质学院历任讲师、副教授、教授，普通地质学教研室副主任，古生物教研室副主任、主任，中国地质大学教授。1957 年被派往苏联莫斯科大学进修微体古生物学，其间认识到微体古生物学对我国油气资源勘探方面将发挥巨大作用。她一方面组织编写相关教材，加速培养青年教师和加强地层古生物专业教学；另一方面亲自带领科研课题组成员和研究生深入生产第一线。从渤海之滨到塔里木盆地，从北国大庆到海南诸岛的多个油气勘探区，都留下了她深深的足迹和累累的科研硕果。

长期致力于生物地层学、古生物学和微体古生物学的科研和教学。倡导和应用微体古生物多门类综合研究，解决地层划分对比问题和推断古环境及其演化，主持完成《松辽平原白垩-第三纪介形虫》《西宁民河盆地中侏罗世-第三纪地层及介形虫、轮藻化石》《塔里木盆地西部晚白垩世－第三纪地层及有孔虫》《中国的白垩系》《有孔虫》等重要著作。开展微体古生物的古海洋学及海洋地质学研究，主持完成《冲绳海槽第四纪微体古生物群及其地质意义》《西沙北海槽第四纪微体生物群及其地质意义》和《南海珠江口盆地第三纪微体古生物及古海洋学研究》等专著。在认识到钙质超微化石的应用前景后，率先在国内开辟了这一学科领域，并使之保持着国际领先地位。在她的指导下，设计了微体古生物学的微机辅助研究系统，完成了新生代浮游有孔虫自动化检索鉴定软件，极大地提高了鉴定与分析效率。她还组织中青年教师积极参与国际大洋钻探计划（IODP）的活动。

积极参与编写古生物学教科书，1956 年与杨遵仪、陈国达合编了我国

第一本高校古生物教材——《古生物学教程》；参与编写的 6 种教材中，《微体古生物学教程》获国家教委优秀教材特等奖（1993）和国家科技进步奖三等奖（1997）。

50 多年来发表近百篇论著，曾获多项国家级和省部级奖励。1978 年被评为湖北省先进科教工作者，1982 年、1983 年被评为北京市三八红旗手、全国三八红旗手，1999 年获何梁何利基金科学与技术进步奖和李四光地质科学奖荣誉奖。

张弥曼
（1936—　　）

中国古生物学会会员。1979—1997年任中国古生物学会第三届、第四届、第五届、第六届理事会理事，1984—1997年任学会第四届、第五届、第六届理事会常务理事，1993—1997年任学会第六届理事会理事长，1997年起为学会荣誉理事。

浙江嵊县人，出生于江苏南京。古生物学家，我国古鱼类学的开拓者和奠基人。中共党员。1991年当选为中国科学院学部委员（院士）。

1953年考入北京地质学院，1960年毕业于苏联莫斯科大学地质系，1982年获瑞典斯德哥尔摩大学哲学博士学位。1960年进入中国科学院古脊椎动物与古人类研究所工作，历任研究实习员、助研、副研究员，1986年被聘为研究员、博士研究生导师，享受政府特殊津贴。1984—1990年任中国科学院古脊椎动物与古人类研究所所长。从2001年9月起被聘为北京大学地球与空间科学学院教授。对泥盆纪总鳍鱼类、肺鱼和陆生脊椎动物之间的关系的研究结果，对传统的看法提出了质疑，并受到国际上的重视。在中新生代含油地层鱼化石的研究中，探明了这一地质时期东亚鱼类区系演替规律，为探讨东亚真骨鱼类的起源、演化和动物地理学提供了化石证据，并在此基础上提出了对中国东部油田的有关地层时代及沉积环境的看法，在学术上和实际应用上都有重要价值。

长期从事比较形态学、古鱼类学、中生代晚期及新生代地层、古地理学及生物进化论的研究。20世纪60年代初期在我国东南沿海一带考察和研究中生代晚期（距今约1.3亿年）的鱼类化石。1965年年底至1966年在瑞典国家自然历史博物馆开始泥盆纪鱼类化石的研究。20世纪70年代中期调查、采集和研究了东北白垩纪中期（距今约1亿年）及渤海沿岸地区新生代始新世（距今约0.5亿年）以来的含油地层中的鱼类化石，对含油地层的时代和环境提出了与当时通行的观点不同的意见，后来被石油地质专家们采用或部分采用。她还结合前人长期以来的工作成果，总结了中国东部晚中生代以来鱼类区系的演替情况，指出了由各时期中国东部鱼类区系与世界其他地区鱼类区系的异同而引发的一系列很有意义的、值得进一步探讨的动物地理学方面的问题。由于生物和地球的协同进化，这些问题也将涉及曾经发生过的有关地质事件。她的这些工作引起了国际同行的广泛兴趣，尤其是她在泥盆纪鱼类研究方面所获得的成果。由于她曾师从瑞典学派的三位主要学者Stensö、Jarvik及Φrvig，因此她在斯德哥尔摩期间有可能采用虽耗费大量时间但能提供丰富信息的连续磨片及蜡制模型的方法，对中国特有的产自云南省早泥盆世的肉鳍鱼类杨氏鱼（*Youngolepis*）进行深入细致的研究，成为少数使用这种方法工作的人之一。通过连续磨片对杨氏鱼脑颅、脑腔及血管、神经通道的复原而得到的详细结果不仅用传统的观察方法很难获得，甚至采用最新的CT照影方法也无法得到这样准确的信息。她对杨氏鱼及另一种肉鳍鱼类，即属于肺鱼类的奇异鱼（*Diabolepis*）所做的形态解剖学方面的工作，对近十几年来肉鳍类的系统发育关系和四

足动物起源方面的研究有较大的影响,受到国际古生物界和系统动物学界同行的普遍重视。

由她主持的在泥盆纪鱼类化石方面所取得的重要成果,曾获得国家自然科学二等奖、中国科学院自然科学一等奖、中国科学院重大成果一等奖。此外,对中国东部中生代及新生代鱼类区系的研究,获中国科学院科技进步二等奖、1999 年获何梁何利基金科学与技术进步奖。2018 年被联合国教科文组织授予"世界杰出女科学家"称号。

穆西南
(1940—   )

中国古生物学会会员。1984—2001 年任中国古生物学会第四届、第五届、第六届、第七届理事会理事,1989—2001 年任学会第五届、第六届、第七届理事会常务理事,1993—1997 年任学会第六届理事会秘书长,1997—2001 年任学会第七届理事会理事长,2001 年起任学会荣誉理事;1997—2008 年任学会化石藻类专业委员会主任,1998—2019 年任《微体古生物学报》主编,2018 年起任《微体古生物学报》编委会主任,2019 年起任学会微体古生物学分会荣誉理事。

江苏丰县人,出生于贵州贵阳。古生物学家。九三学社社员,九三学社第十届、第十一届中央委员,九三学社江苏省委员会第四届、第五届副主任委员,九三学社南京市委员会第四届、五届主任委员。第九届、第十届全国人大代表,第五届中国科协委员,第七届江苏省政协常委,第十届、第十一届南京市政协副主席。南京市政府参事室主任、参事。

1964 年毕业于北京大学地质地理系,1968 年中国科学院南京地质古生物研究所地层古生物学专业研究生毕业。毕业后,进入中国科学院南京地质古生物研究所工作至今。为中国科学院南京地质古生物研究所研究员、博士生导师。曾任中国科学院南京地质古生物研究所所长、现代古生物学和地层学开放实验室主任、全国地层委员会副主任、国际化石藻类协会主席等职。1979—1981 年作为访问学者访问英国加迪夫大学地质系、大英自然博物馆。

20 世纪 60 年代以来,先后参加西南地区碳酸盐岩地层及其含油气性综合研究,华南二叠纪含煤地层和古生物研究、青藏高原综合科学考察中的地层古生物研究、川西藏东地层古生物研究、天山托尔木峰地区地层古生物研究、新疆塔里木盆地白垩纪至第三纪含油海相地层古生物及沉积环境研究、泥盆系-石炭系界线地层古生物研究、南京中更新世直立人及其伴生生物和环境研究等课题的野外考察和(或)室内研究工作。先后从事笔石、竹节石、真菌、钙藻等门类古生物研究和生物地层学、生物礁、同位素地球化学、生物矿物学、岩溶学、第四纪地质古生物等领域的研究。首次发现寄生在海藻体内的真菌化石,填补了我国钙藻化石研究的一系列空白领域,在钙藻化石的分类学、生物地层学、古生物地理学、生物矿化作用及同位素和有机地球化学等领域做过研究,提出了钙藻古生物地理分区的新概念、化石硅化作用的新模式和选择性硅化作用的新假说。主持国家攀登项目专项"地球早期生命演化和寒武纪大爆发"课题研究,"九五"国家攻关项目"新疆塔里木盆地寒武-奥陶纪、白垩纪-第三纪生物地层及生油环境研究"及国家自然科学基金项目研究。作为大会主席,主持召开了第七届国际化石藻类会议。应邀参加《无脊椎古生物学专论:B 卷》(*Treatise on Invertebrate Paleontology   Part B*)国际工作组,进行地史时期钙藻的全球总结研究。主编《古生物学研究的技术新方法》《古生物学研究的新理论新假说》和《南京直

立人》（合编）等。作为首席科学家，主持编撰《中国古生物学学科史》（2013）。

  曾参与的科研项目获国家自然科学奖、中国科学院重大科技成果奖、中国科学院自然科学奖、郭沫若中国历史学奖等。1992 年起享受政府特殊津贴。1993 年参与发现南京猿人化石，受到南京市人民政府的表彰和奖励，该发现被评为当年度中国十大科技新闻之一。2000 年以来，获中国科学院颁发的领导先进集体奖、中国科学院研究生院杰出贡献教师和国家科技部颁发的国家重点实验室计划先进个人荣誉称号。

沙金庚
（1949—　　）

中国古生物学会会员。2001—2009 年任中国古生物学会第八届、第九届理事会理事长，2009 年担任学会荣誉理事。

江苏金坛人。理学博士，古生物地层学家、中共党员。

1973—1977 年就读于南京大学地质学系古生物地层学专业，1978 年、1985 年考取中国科学院南京地质古生物研究所硕士和博士研究生，1981 年、1989 年获理学硕士和博士学位（中英联合培养），1981 年、1992 年、1994 年晋升为助理研究员、副研究员和研究员。任 *Volumina Jurassica* 和 *Bulletin of the New Mexico Museum of Natural History and Science* 编委和顾问、国际地球科学计划 IGCP632 项目主席、国际大陆钻探计划美国卡罗拉多高原钻探项目（CPCP）主要研究者等职。

在职期间，曾受国家教委选派和德国洪堡基金会、加拿大自然科学和工程研究委员会、英国皇家学会、日本学术振兴会等资助，在国外学习、完成博士学位论文 1.5 年，工作（作为洪堡学者、Scientist、ISJS（长期）邀请学者、教授和邀请教授）6 年余；曾任南京地质古生物研究所所长（兼任所党委书记）、南京大学兼职教授、国际地层委员会侏罗系分会副主席、*Geoheritage* 等杂志编委、《地层学杂志》共同主编、IGCP506 项目主席等职；1999 年、2001 年（以独立获奖人）获中国科学院自然科学奖二等奖，1997—2009 年获中国科学院野外工作和全国野外科技工作先进个人、江苏省和全国优秀科技工作者、江苏省有突出贡献的中青年专家和先进工作者荣誉称号，中国科学院党组称赞他"在 1999—2008 年担任所级领导期间，为中国科技事业，为院所改革和发展做出了重要贡献"。

从事软体动物双壳纲古生物学、中生代地层学、古地理学、湖泊系统和青藏高原地质演化研究，迄今发表 140 余篇论文和 13 部专著（专刊）。对非海相类三角蚌超科和海相髻蛤超科、两极和泛赤道分布、藏北等地区双壳类的古生物学研究独有建树。建立了藏北古生代-第四纪的化石组合序列和地层层序，填补了可可西里无人区古生物和地层系统研究的空白，重建了长江源从深海到高原演化和青藏高原隆升的历程。揭示了中生代双壳类两极和泛赤道分布模式和穿越赤道/特提斯和横渡古太平洋的扩散机制；提出了两极分布/喜冷的雏蛤类的浮游异养型幼虫能通过深/冷水通道和借助深/冷水洋流、穿越特提斯的扩散假说。发现泛赤道分布/喜暖的固着双壳类由东向西扩散，连接西特提斯与古东太平洋的西班牙通道早至侏罗纪初甚至三叠纪末业已形成，将北大西洋的张开时间提前了约一千万年。成果成为国际同行解释中生代南与北高纬度区和西特提斯与古东太平洋之间生物群关系、两极和泛赤道双壳类的交流通道和扩散机制的依据。将广布于亚洲的热河群/热河生物群及其相当地层/生物群的时代修正为早白垩世中、晚

期,建立了东北和东亚陆相与海相晚中生代地层对比表,为亚洲晚中生代地质演化构建了年代格架;展现了晚中生代东亚盆地的形成与演化,我国东北海水进退规程及其与构造运动,古地理、古气候和古生物群落演变及聚煤成油规律的关系。国际同行称之为"特别令人信服的工作"和"非海相中生代学者的必读物"。确立了陆相三叠系-侏罗系界线和三叠纪末大灭绝位置,发现了高纬度大陆三叠纪末-早侏罗世过渡期气候变化极其强烈地受地轴倾角周期,但低纬度大陆气候更明显地受气候岁差调节的规律。

杨 群
(1959—)

中国古生物学会会员。2001—2009 年任中国古生物学会第八届、第九届理事会秘书长,2009—2018 年任学会第十届、第十一届理事会理事长。2018 年起为学会荣誉理事、第一届监事会监事长。

江苏海门人。古生物学家,我国分子古生物学领域开拓者。领导建立中德、中日、中俄古生物学会间的双边交流机制。九三学社社员,九三学社江苏省委会第六届、第七届委员,第七届、第八届全国青联委员,第六届、第七届中国科协委员,第十一届、第十二届全国人大代表。

1981 年毕业于北京大学地质地理系,获理学学士学位。1982 年考入中国科学院南京地质古生物研究所研究生、入选出国预备生;1983 年考入美国得克萨斯大学达拉斯分校地球科学系,1988 年获理学博士学位。1989 年进入中国科学院南京地质古生物研究所博士后流动站,后任助理研究员、副研究员,1993 年晋升为研究员,后任博士生导师,享受政府特殊津贴;2000—2008 年任副所长,2008—2018 任所长。1996 年、1999 年获得日本学术振兴会资助赴日本新潟大学和名古屋大学进行合作研究。1995—1996 年赴美国约翰霍普金斯大学生物系进行访问研究。1995 年入选中国科学院“百人计划”,创建我国第一个分子古生物学实验室。1998 年获国家自然科学基金委“杰出青年基金”资助。曾担任第二届国际古生物学大会(北京)执行主席、国际古生物协会理事,南京大学、沈阳师范大学、中国科学院大学兼任教授,*Palaeoworld* 共同主编,《微体古生物学报》《高校地质学报》《科技导报》、德国 *Paläontologische Zeitschrift* 等学术刊物编委或指导委员。

长期从事微体古生物学和分子古生物学研究。20 世纪八九十年代,涉足美国西部,墨西哥东部,中国黑龙江东部、西藏南部,日本东部等区域中生代放射虫分类学和生物地层学研究,参与华南等地的古生代放射虫地层研究,建立若干被国际学术界广泛采纳的分类群和生物地层序列。20 世纪 90 年代后期,以现代古生物学与地层学重点实验室为平台,致力于开拓分子古生物学新方向,从筹建实验设施、组建跨学科研究小组开始,利用分子生物学数据和化石记录相结合的方法,探索开展后生动物和部分植物类群的分子系统学、演化树、古 DNA 及其残存规律以及地层氨基酸等课题的研究,取得了一系列进展,为传统古生物学领域的进一步拓展和学科交叉奠定了一定基础。发表和出版 *Taxonomic studies of Upper Jurassic (Tithonian) Radiolaria from the Taman Formation, east-central Mexico*、《分子古生物学原理与方法》、*Palaeobiology and Geobiology of Fossil Lagerstätten through Earth History*、*Systematics and Biodiversity of Fossil Lagerstätten*、*Systematics and Biodiversity of Fossil Lagerstätten*、《岁月菁华:化石档案与故事》等专著、专辑和科普图书,合作发表学术论文 150 余篇。先后获中国科学院自然科学奖、中国青年科技奖、全国优秀回国人员称号、中国科学院“百人计划”优秀团队、南京市有突出成绩的中青年专家称号、香港求是科技基金会杰出青年学者、全国优秀科技工作者等荣誉。

詹仁斌
（1965—　　）

中国古生物学会会员。任中国古生物学会第十届、第十一届理事会理事，2018 年起任中国古生物学会第十二届理事会理事长，兼任学会古无脊椎动物学分会首届理事会理事长。

江苏仪征人。中共党员。中国科学院南京地质古生物研究所所长、研究员、博士生导师。江苏省古生物学会副理事长。国际古生物协会秘书长，国际地层委员会奥陶系分会选举委员，志留系分会秘书、选举委员，IGCP 591 联合负责人，*Journal of Paleontology* 副主编，*Alcheringa* 及 *Geology Today* 等杂志编委。2018 年担任国际古生物协会（IPA）秘书长。国家自然科学基金委创新研究群体负责人。

1986 年 7 月毕业于南京大学地质系，获学士学位，1994 年获中国科学院南京地质古生物研究所博士学位。1989 年起先后在南京地质古生物研究所任研究实习员、助理研究员、副研究员，1998 年晋升为研究员。1996—1997 年在英国自然历史博物馆从事博士后研究，2000—2002 年南京地质古生物研究所博士后，1999 年以来 8 次赴加拿大西安大略大学地科系做访问教授，进行为期 3 个月至一年或 14 个月不等的中长期合作研究。

长期从事奥陶纪地层、志留纪地层、腕足动物及相关领域的研究，2000 年以来主要致力于奥陶纪生物大辐射和奥陶纪末大灭绝的研究。在晚奥陶世凯迪晚期腕足动物群研究、群落古生态研究等领域取得多项新发现，为讨论奥陶纪腕足动物群落生态多样性演变提供了重要依据。与合作者一起，在国内率先开展奥陶纪生物大辐射的研究，关于奥陶纪生物大辐射过程中群落生态演变规律的成果得到国际同行的高度评价。在石燕的起源与早期演化研究，叶月贝腕足动物群的深入研究等领域取得多项重要进展。迄今共发表论文 210 余篇、出版英文专著 8 本，论文被 SCI 收录 80 余篇。研究成果获 2009 年度江苏省科技进步一等奖（排名第三）。

2005 年被江苏省政府表彰为"江苏省优秀博士后"，2008 年获得国家自然科学基金委"杰出青年基金"资助，2009 年入选"国家百千万人才工程"计划，2010 年入选中国科学院"百人计划"项目，并被江苏省政府表彰为"江苏省有突出贡献的中青年专家"，2012 年起享受政府特殊津贴。

中国古生物学会 90 年
The 90 Years of
Palaeontological Society of
China

4

· 学会期刊

古生物学报

《古生物学报》的前身是《中国古生物学会刊》。1947 年,学会复活大会通过的中国古生物学会会章第十二条规定,学会出版下列刊物:甲、会刊,乙、专刊,丙、会讯。1947 年 10 月 29 日第二次筹备会议对会刊的出版做了如下规定:

甲 会刊

(一)缘起 国内关于古生物论文,或以专刊方式出现,如《古生物志》。或以季刊方式出现,如《中国地质学会志》每三月一册。重要发现不能即时出版,为一憾事。且会志所刊之论文,亦多为正式详尽记录,篇幅甚多,出版因之不易。今为弥补此缺憾起见,由本会发刊一种不定期之短小刊物,将国内古生物之重要发现,尽速介绍于世。

(二)办法

    (一)不定期,每篇为一号,仿纽约自然历史博物馆 A. M. N 办法,定名为《中国古生物学会刊》。英文名为 *Paleontological Novitates*,每出版约 50 期左右时,加印目录及一索引,备装订之用。

    (二)论文暂以英文,法文,德文为限。

    (三)纸张先用道林纸,以后逐渐更改较好纸张,版式定为十六开,用两栏,无封面。

    (四)每期至少 2 面,至多 8 面,特别必要时,始附图版,以一版为限。

    (五)根据上列各规定,收稿标准应定如次:

(三)稿件内容必须合于下列条件之一或一以上:

    1. 新属或高于属之新化石之发现。

    2. 对于地层有特别新贡献之化石的记述。

    3. 保存数量或生态等,具有特殊兴趣与意义者。

    4. 重要之中外种类对比报告。

    5. 在古地理或古气候有重大意义之记述。

    6. 新颖奇特之发现。

    7. 记述一植物群或动物群之专著超过 16 页(插图所占地位在内)以上者暂不收。但欢迎有其节要。唯须于正式出版前至少四月前交到,以便可以赶先出版。

不合于以上条件之稿件,编辑得拒绝接受。

(四)来稿以不超过西文打字页(双行)16 面为原则,附图以能制锌版为最佳,并须计算在内,必要之图版以一版为限。

(五)出版后作者得有 60 单本,其上不印"抽印"字样,60 份以上由作者自出印刷费。

(六)其他未规定各事由编辑酌为处理。

1948 年 1 月 9 日,中国古生物学会在南京珠江路中央地质调查所召开第二次理事会,决议印行《中国古生物学会刊》和《中国古生物学会讯》。1949 年 6 月,《中国古生物学会刊》创刊,用英文发表古生物学论文,每年 2 期,杨遵仪为编辑主任。1950 年 12 月,出版的《中国古生物学会刊》第 5 期的封面如图所示。

1953 年 4 月 16 日,在中国科学院编译局会议室中国古生物学会与中国地质学会联合举行理事会,选举杨遵仪为编辑，组建《古生物学报》编辑部，共 12 人，杨遵仪为主任。1953 年，会刊改名为《古生物学报》，编辑部主任：杨遵仪，编委人数不定：由 12 人组成（1953），由 11 人组成（1954），由 16 人组成（1956），由 18 人组成（1957）。1961年 2 月，编委会改组，由王钰任主编，编委由如下 7 人组成：杨钟健、孙云铸、杨遵仪、赵金科、李扬、杨式溥、王钰。一般每年 4 期，1959 年改为双月刊，出了 6 期，1960 年因为刊物检查，是年出刊 3 期。至 1962 年，出刊 10 卷 39 期，250 篇论文，4218 页，600 万字，587 个图版。

第一卷（1953）	4 期	241 页	29 篇论文
第二卷（1954）	4 期	446 页	49 篇论文
第三卷（1955）	4 期	333 页	45 篇论文
第四卷（1956）	4 期	646 页	88 篇论文
第五卷（1957）	4 期	572 页	75 篇论文
第六卷（1958）	4 期	490 页	68 篇论文
第七卷（1959）	6 期	504 页	96 篇论文
第八卷（1960）	3 期	272 页	57 篇论文
第九卷（1961）	4 期	430 页	59 篇论文
第十卷（1962）	2 期	286 页	41 篇论文

《古生物学报》至今已经出版 58 卷，是古生物学及其相关的生物地层学综合性学术刊物，由中国古生物学会主办，中国科学院南京地质古生物研究所承办。《古生物学报》是宣传和交流我国古生物学研究的重要窗口，主要刊载古生物学及其相关学科的原创性研究论文、学科动态、学术讨论、论著评述以及新技术、新方法的应用等。现在它已被国内外多家文摘刊物收录，并加入了万方和清华同方等有关数据库。2007 年被评为江苏省"十佳科技期刊"。自 2012—2015 年连续 4 年被中国知网评为"中国最具国际影响力学术期刊"，2016 年以来已连续 4 年入选"中国国际影响力优秀学术期刊"。

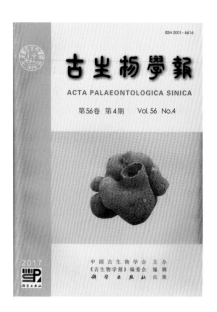

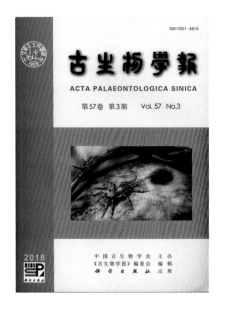

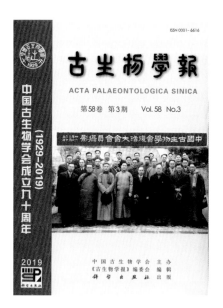

中国古生物学会编辑委员会
(1962－1979)
（以姓氏笔画为序）

王　钰　卢衍豪　孙云铸　李星学　周明镇　俞建章　徐　仁　盛金章　杨式溥　杨遵仪　赵金科

《古生物学报》编辑委员会
（1979－1985）
（以姓氏笔画为序）

委　员：尹赞勋　尹集祥　王　钰　王鸿祯　卢衍豪　白顺良　刘嘉龙　刘效良　江能人
　　　　孙艾玲　吴凤鸣　李星学　李子舜　李耀西　陈德琼　林宝玉　宋之琛　汪啸风
　　　　周明镇　周志炎　张文堂　张日东　项礼文　顾知微　洪友崇　杨遵仪　俞剑华
　　　　俞昌民　贾兰坡　陶南生　郝诒纯　梁文平　徐　仁　郭鸿俊　曾鼎乾　盛莘夫
　　　　盛金章　谭光弼　翟人杰　潘　江　穆恩之

常务编辑委员：
　　　　王　钰　王鸿祯　孙艾玲　李星学　李耀西　宋之琛　张文堂　陈德琼　俞剑华
　　　　陶南生　盛金章

主　编：王　钰
副主编：王鸿祯　孙艾玲　李星学　陶南生

《古生物学报》编辑委员会
（1985－1993）
（以姓氏笔画为序）

主　　编：李星学 Li Xingxue(H. H. Lee)
副 主 编：王鸿祯 Wang Hongzhen　　孙艾玲 Sun Ailing
　　　　　陈楚震 Chen Chuzhen　　　王俊庚 Wang Jungeng

常务委员：
　　　　李跃西 Li Yuexi　　　　宋之琛 Song Zhichen　　　张文堂 Zhang Wentang
　　　　陈德琼 Chen Deqiong　　俞剑华 Yu Jianhua　　　盛金章 Sheng Jinzhang

委　　员：
　　　　尹集祥 Yin Jixiang　　　卢衍豪 Lu Yanhao　　　白顺良 Bai Shunliang
　　　　刘效良 Liu Xiaoliang　　刘嘉龙 Liu Jialong　　江能人 Jiang Nengren
　　　　吴凤鸣 Wu Fengming　　李子舜 Li Zishun　　　汪啸风 Wang Xiaofeng
　　　　张日东 Zhang Ridong　　周志炎 Zhou Zhiyan　　周明镇 Zhou Mingzhen
　　　　林宝玉 Lin Baoyu　　　杨遵仪 Yang Zunyi　　　项礼文 Xiang Liwen
　　　　洪友崇 Hong Youchong　俞昌民 Yu Changmin　　郝诒纯 Hao Yichun
　　　　顾知微 Gu Zhiwei　　　贾兰坡 Jia Lanpo　　　徐　仁 Xu Ren
　　　　郭鸿俊 Guo Hongjun　　盛莘夫 Sheng Xinfu　　梁文平 Liang Wenping
　　　　曾鼎乾 Zeng Dingqian　谭光弼 Tan Guangbi　　翟人杰 Zhai Renjie
　　　　潘　江 Pan Jiang　　　穆恩之 Mu Enzhi

《古生物学报》编辑委员会
（1993－1997）
（以姓氏笔画为序）

主　　编：李星学 Li Xingxue

副 主 编：王俊庚 Wang Jungeng　　李锦玲 Li Jingling
　　　　　周祖仁 Zhou Zuren　　　　殷鸿福 Yin Hongfu

常务编委：

丁保良 Ding Baoliang	王俊庚 Wang Jungeng	李星学 Li Xingxue
李锦玲 Li Jingling	杨湘宁 Yang Xiangning	张文堂 Zhang Wentang
欧阳舒 Ouyang Shu	周祖仁 Zhou Zuren	俞昌民 Yu Changmin
殷鸿福 Yin Hongfu		

编　　委：

丁保良 Ding Baoliang	王俊庚 Wang Jungeng	白顺良 Bai Shunliang
戎嘉余 Rong Jiayu	朱　敏 Zhu Min	朱祥根 Zhu Xianggen
李星学 Li Xingxue	李锦玲 Li Jingling	杨湘宁 Yang Xiangning
吴浩若 Wu Haoruo	汪啸风 Wang Xiaofeng	张文堂 Zhang Wentang
张忠英 Zhang Zhongying	欧阳舒 Ouyang Shu	周志炎 Zhou Zhiyan
周祖仁 Zhou Zuren	项礼文 Xiang Liwen	俞昌民 Yu Changmin
殷鸿福 Yin Hongfu	郭宪璞 Guo Xianpu	曹瑞骥 Cao Ruiji
曾学鲁 Zeng Xuelu		

《古生物学报》编辑委员会
（1997－2006）
（以姓氏笔画为序）

主　　编：李星学 Li Xingxue

副 主 编：戎嘉余 Rong Jiayu　　　朱祥根 Zhu Xianggen（常务）
　　　　　李锦玲 Li Jinling　　　殷鸿福 Yin Hongfu

常务编委：

王伟铭 Wang Weiming	王俊庚 Wang Jungeng	戎嘉余 Rong Jiayu
朱祥根 Zhu Xianggen	孙卫国 Sun Weiguo	李星学 Li Xingxue
李锦玲 Li Jinling	杨湘宁 Yang Xiangning	沙金庚 Sha Jingeng
殷鸿福 Yin Hongfu		

编　　委：

王伟铭 Wang Weiming	王俊庚 Wang Jungeng
白志强 Bai Zhiqiang	戎嘉余 Rong Jiayu
朱　敏 Zhu Min	朱祥根 Zhu Xianggen
刘裕生 Liu Yusheng	孙卫国 Sun Weiguo

在中国古生物学会理事会和主办单位中国科学院南京地质古生物研究所大力支持下,《古生物学报》新一届编委会于 2019 年 6 月成立。新一届编委会由戎嘉余院士担任名誉主编,王永栋担任主编,邓涛、黄冰、金建华、王博、谢树成、张志飞担任副主编。来自不同单位的 25 名学科带头人和中青年学术骨干担任编委,另有德国、英国、法国、日本、罗马尼亚和挪威等国的 7 位古生物学专家担任海外编委。

主　　编：王永栋 Wang Yongdong

副 主 编：

邓　涛 Deng Tao　　　　　黄　冰 Huang Bing　　　　　金建华 Jin Jianhua

王　博 Wang Bo　　　　　谢树成 Xie Shucheng　　　　张志飞 Zhang Zhifei

编　　委：

冯　卓 Feng Zhuo　　　　何卫红 He Weihong　　　　　纪占胜 Ji Zhansheng

姜宝玉 Jiang Baoyu　　　江大勇 Jiang Dayong　　　　李国彪 Li Guobiao

刘　峰 Liu Feng　　　　　刘　煜 Liu Yu　　　　　　　齐永安 Qi Yong'an

全　成 Quan Cheng　　　　任　东 Reng Dong　　　　　宋海军 Song Haijun

孙跃武 Sun Yuewu　　　　田　宁 Tian Ning　　　　　　王　原 Wang Yuan

吴秀杰 Wu Xiujie　　　　吴亚生 Wu Yasheng　　　　　徐洪河 Xu Honghe

徐　星 Xu Xing　　　　　阎德飞 Yan Defei　　　　　　姚轶峰 Yao Yifeng

袁训来 Yuan Xunlai　　　詹仁斌 Zhan Renbin　　　　　张兆群 Zhang Zhaoqun

赵方臣 Zhao Fangchen　　Joachim Reitner（德国）　　Makoto Manabe（日本）

Michael Benton（英国）　Mihai E. Popa（罗马尼亚）　Sylvie Crasquin（法国）

Tatsuo Oji（日本）　　　Wolfram M. Kürschner（挪威）

中国古生物学会 90 年
The 90 Years of
Palaeontological Society of
China

5

· 学会奖励

尹赞勋地层古生物学奖

祝 贺
首次颁发
尹赞勋基金奖

周培源

一九八八年十一月

第一次尹赞勋教授纪念奖

追求真理发扬三敢三严

科研精神

继往开来攀登古生物

地层新高峰

卢衍豪 一九八九年

四月

尹公带头开此惟艰启来屠捏迤先贤。

以顺口溜赞曰：

基金会成立和第一次奖学金之颁发。

勋教授·特别令人欣慰的是尹庆勋

们深切怀念它的创立人和顾导人尹庆赞

值此古生物学会六十周年纪念日我

黄沉清敬题

尹赞勋地层古生物学奖章程

第一条　宗旨

本基金会为纪念和表彰尹赞勋教授对地层古生物学的卓越贡献而建立,作为民间集资的组织,旨在通过评选奖励优秀科技人员,促进我国地层古生物学科的发展。

第二条　性质

本基金会是非营利的民间科技组织,独立社团法人。

第三条　任务

1. 利用国内外民间渠道筹集资金。

2. 设立尹赞勋地层古生物学奖。

3. 奖励在地层学和古生物学方面做出重要贡献的科技工作者,以中、青年为主,每 4 年颁发一次,每次不超过 8 人,具备下列条件之一者可获奖:

（1）在地层古生物学研究中取得具有国际先进水平成果者;

（2）在应用地层古生物学为国民经济发展做出突出贡献者;

（3）在地层古生物学研究方法和技术革新方面有突破性进展并初具成效者;

（4）为发展地层学和古生物学在组织工作、科学管理和出版工作方面有显著成绩者。

申请奖励须由个人提出,填报申请书,单位或学部委员推荐,同时提交近期主要研究成果 1—2 份。

第四条　组织

本基金会属民间团体,实行民主管理,设立评议委员会,由主任 1 人、副主任 2 人、秘书长 1 人、副秘书长和委员会成员若干人组成,办事机构设在中国科学院南京地质古生物研究所。

第五条　评议委员会职权

1. 制订和修改基金会章程;

2. 调整委员会成员;

3. 制订基金会的工作计划;

4. 评议和审定尹赞勋地层古生物学奖的名单;

5. 监督和检查基金会经费。

第六条　基金来源

1. 国内外友好团体、个人捐赠;

2. 企事业单位的赞助;

3. 其他。

第七条　基金使用管理和监督

基金会经费委托中国科学院南京地质古生物研究所财务科专人管理,受该所审计监督;

奖金和办公费用主要来自基金增值,基金不得动用。

第八条　附则

本章程自评议委员会正式通过之日起生效,解释权属于本会,章程修改权属于评议委员会,本会终止须经评议委员会通过方可有效。

第一届尹赞勋地层古生物学奖获奖名单(18 人)

1989 年 4 月,在中国古生物学会第五届全国会员代表大会(武汉)上颁发。

张日东	中国科学院地质研究所
张守信	中国科学院地质研究所
范嘉松	中国科学院地质研究所
吴浩若	中国科学院地质研究所
谢翠华	中国科学院地质研究所
李传夔	中国科学院古脊椎动物与古人类研究所
卫 奇	中国科学院古脊椎动物与古人类研究所
邢裕盛	中国地质科学院地质研究所
聂泽同	中国地质大学(北京)
殷鸿福	中国地质大学(武汉)
苏宗伟	科学出版社
郝守刚	北京大学
张忠英	南京大学
顾知微	中国科学院南京地质古生物研究所
李浩敏	中国科学院南京地质古生物研究所
陈 旭	中国科学院南京地质古生物研究所
邓龙华	中国科学院南京地质古生物研究所
耿良玉	中国科学院南京地质古生物研究所

第二届尹赞勋地层古生物学奖获奖名单(7 人)

1993 年 4 月,在中国古生物学会第六届全国会员代表大会(承德)上颁发。

李星学	中国科学院南京地质古生物研究所
张 维	中国科学院地质研究所
童永生	中国科学院古脊椎动物与古人类研究所
罗惠麟	云南省地质科学研究所
舒德干	西北大学地质学系
张俊峰	山东省博物馆
徐桂荣	中国地质大学(武汉)

第三届尹赞勋地层古生物学奖获奖名单(6 人)

1997 年 4 月,在中国古生物学会第七届全国会员代表大会(泰安)上颁发。

侯先光	中国科学院南京地质古生物研究所
王俊庚	中国科学院南京地质古生物研究所
侯连海	中国科学院古脊椎动物与古人类研究所
陈孟莪	中国科学院地质研究所
杨家禄	中国地质大学(武汉)
潘云唐	中国科学院研究生院

第四届尹赞勋地层古生物学奖获奖名单(5人)

2001年5月,在中国古生物学会第八届全国会员代表大会(西安)上颁发。

朱怀诚　　中国科学院南京地质古生物研究所
王念忠　　中国科学院古脊椎动物与古人类研究所
茅绍智　　中国地质大学(北京)
吉利明　　中国科学院兰州地质研究所
范影年　　成都地质矿产研究所

第五届尹赞勋地层古生物学奖获奖名单(4人)

2005年4月,在中国古生物学会第九届全国会员代表大会(常州)上颁发。

郑绍华　　中国科学院古脊椎动物与古人类研究所
袁训来　　中国科学院南京地质古生物研究所
赵元龙　　贵州工业大学
纪占胜　　中国地质科学院地质研究所

第六届尹赞勋地层古生物学奖获奖名单(8人)

2009年10月,在中国古生物学会第十届全国会员代表大会(南京)上颁发。

孙柏年　　兰州大学
尹崇玉　　中国地质科学院地质研究所
任　东　　首都师范大学
朱茂炎　　中国科学院南京地质古生物研究所
吴亚生　　中国科学院地质与地球物理研究所
李国彪　　中国地质大学(北京)
金昌柱　　中国科学院古脊椎动物与古人类研究所
童金南　　中国地质大学(武汉)

第七届尹赞勋地层古生物学奖获奖名单(3人)

2013年11月,在中国古生物学会第十一届全国会员代表大会(东阳)上颁发。

沈树忠　　中国科学院南京地质古生物研究所
徐　星　　中国科学院古脊椎动物与古人类研究所
谢树成　　中国地质大学(武汉)

第八届尹赞勋地层古生物学奖获奖名单(4人)

2018年9月,在中国古生物学会第十二届全国会员代表大会(郑州)上颁发。

王向东　　中国科学院南京地质古生物研究所
邓　涛　　中国科学院古脊椎动物与古人类研究所
姬书安　　中国地质科学院地质研究所
邓胜徽　　中国石油勘探开发研究院

中国古生物学会青年古生物学奖

中国古生物学会青年古生物学奖奖励章程

第一条 中国古生物学会青年古生物学奖是中国古生物学会设立并组织实施、面向全国广大青年古生物学科技工作者的奖项。本奖的宗旨是表彰奖励在古生物学科技工作中做出突出成绩的青年科技创新人才,鼓励青年古生物学科技工作者奋发进取,促进古生物学科技工作后备人才的成长,造就一批进入科研前沿的青年学术带头人。

第二条 评选范围:积极参加中国古生物学会组织的有关学术交流活动,年龄在 40 周岁以下(含 40 周岁)的本会会员。

第三条 评选标准:

1. 热爱祖国,具有"献身、创新、求实、协作"的科学精神,优良的科学道德和学风,并在科研业务工作中取得了重要成绩;

2. 在古生物学科学研究工作中,提出了新的学术思想和见解,成果发表后被公认为达到国内领先或国际先进水平者;

3. 为中国古生物学会会员,并积极参加学会组织的相关学术交流活动。

第四条 授奖名额:本奖每两年评选一次,每届授奖人数不超过 5 名。

第五条 已经获得过该奖项者,以后不再重复申报该奖。

第六条 本会及分支机构学术年会中评选的口头报告奖和最佳展板奖参照本章程开展;

第七条 评选程序:(1) 学会理事可根据上述条件提出推荐候选人;(2) 候选人填写申请表,秘书处进行资格审查;(3)中国古生物学会常务理事会评审,评审采取无记名网评或会评投票方式,得票数居前五名者当选。

第八条 评审的具体办法另见实施细则。

第九条 评审结果将在学会官网 http://www.chinapsc.cn 进行为期 5 个工作日的公示,接收实名异议并报评委会,处理结果将反馈异议者。

第十条 对获奖者授予证书和纪念品等,并进行相应宣传。

第十一条 本条例解释权属中国古生物学会。

中国古生物学会青年古生物学奖实施细则

一、根据中国古生物学会青年古生物学奖条例第八条的规定,制定本实施细则。

二、本奖的宗旨:为了鼓励中国青年古生物学科技工作者奋发进取,促进后备人才成长,造就青年学科带头人,特设立本奖,以表彰政治思想、科学道德与学风良好,在古生物学科技工作中做出突出成绩,在青年同行中可树为榜样的优秀青年古生物学科技工作者。

三、青年古生物学奖由理事推荐,常务理事会评选。

四、被推荐人需要提交以下材料:

    1. 填写《中国古生物学会青年古生物学奖推荐申报表》

    2. 提交近五年来在国内外公开发表的代表性论文著 5 篇;

    3. 近五年来主要论文的引用情况、成果或业绩及其证明材料;

    4. 3 位具有高级职称同行专家的推荐意见;

    5. 所在单位的推荐意见并盖章。

五、申报和推荐:(1) 由学会理事提出候选人名单,候选人填写并提交申请表并附相关材料;(2) 经过秘书处汇总和资格审查后,确定候选人资格。

六、评审和审批:由中国古生物学会常务理事会组成中国古生物学会青年古生物学奖评委会。评委会通过通讯评议和投票方式决定评选结果。

七、本奖为荣誉奖,对获奖者颁发证书和纪念品等,获奖结果通报其所在单位。

八、根据条例规定,青年古生物学奖每两年颁发一次,逢单数年颁奖。

九、本实施细则由中国古生物学会负责解释。

中国古生物学会青年古生物学奖获奖名单

第一届中国古生物学会青年古生物学奖获奖名单

2011 年 10 月　贵州关岭　中国古生物学会第二十六届学术年会

樊隽轩　男　中国科学院南京地质古生物研究所

黄迪颖　男　中国科学院南京地质古生物研究所

李　淳　男　中国科学院古脊椎动物与古人类研究所

张志飞　男　西北大学

第二届中国古生物学会青年古生物学奖获奖名单

2013 年 10 月　浙江东阳　中国古生物学会第二十七届学术年会

林日白　男　中国科学院南京地质古生物研究所

刘建妮　男　西北大学

宋海军　男　中国地质大学(武汉)

周长付　男　沈阳师范大学

第三届中国古生物学会青年古生物学奖获奖名单

2015 年 8 月　辽宁沈阳　中国古生物学会第二十八届学术年会

王　博　　男　中国科学院南京地质古生物研究所
王世祺　男　中国科学院古脊椎动物与古人类研究所
全　成　　男　吉林大学
吴怀春　男　中国地质大学(北京)

第四届中国古生物学会青年古生物学奖获奖名单

2018 年 9 月　河南郑州　中国古生物学会第二十九届学术年会

泮燕红　男　中国科学院南京地质古生物研究所
王　敏　　男　中国科学院古脊椎动物与古人类研究所
冯　卓　　男　云南大学
罗根民　男　中国地质大学(武汉)

中国古生物学年度十大进展评选

中国古生物学会年度"中国古生物学十大进展"章程

第一条　宗旨

为及时向全社会展示中国古生物学取得的重大发现和重要研究成果,适应科研与科普信息化深度融合的发展需求,大力拓宽科学传播渠道,中国古生物学会开展年度"中国古生物学十大进展"(简称"十大进展")评选和发布活动。

第二条　评选标准和受理程序

奖励在古生物学及相关研究领域具有重大科学价值、具有一定科学传播力和社会影响力的年度进展。成果需在该年度正式发表,且以国内机构为第一完成单位或通讯作者单位。每年 12 月评选,次年 1—2 月发布并举行颁奖仪式,每年度评选十项。

奖励须由中国古生物学会分支机构或理事推荐并提出申请,填报学会网站统一挂示的申请书,同时提交近期主要研究成果。

第三条　管理和评审组织

实行民主管理,评审委员会由中国古生物学会理事会成员、荣誉理事和特邀专家组成,由理事长担任主任。学会秘书处及办公室负责联络、计票等组织工作。

评审委员会有如下权利,其成员意见和建议寄发学会秘书处,由秘书处协调后,组织评审委员会议讨论和决定:

1. 制定和修改奖励章程;
2. 评议和审定年度中国古生物学十大进展的名单。

第四条　评审程序及标准

学会秘书处及办公室收到申请书及相应材料后,整理受推荐进展材料,审核后列出候选成果名单,联络评审委员组织评审。评审采取无记名网评或会评投票方式,得票数居前十者当选。若第十名为并列进展,则由评审委员会单独对第十名并列进展重新投票,最终以票数最高者入选。评审的具体办法另见评选细则。

第五条　公示及异议处理

评审结果将在学会官网 http://www.chinapsc.cn 进行为期 10 个工作日的公示,接收实名异议并报评委会,处理结果将反馈异议者。

第六条　授奖

对获奖者授予证书和纪念品等,并进行相应宣传。

第七条　附则

本章程经评审委员会正式通过之日起生效,解释权属于中国古生物学会,章程修改权属于评议委员会。

中国古生物学会年度中国古生物学十大进展实施细则

为及时向全社会展示中国古生物学取得的重大发现和重要研究成果,适应科研与科普信息化深度融合的发展需求,大力拓宽科学传播渠道,根据中国古生物学会第十一届理事会第五次常务理事会议精神,并经中国古生物学会第十一届理事会第四次理事会议通过,我会开展年度"中国古生物学十大进展"(以下简称"十大进展")评选和发布活动。

一、推荐要求

年度"十大进展"推荐应符合以下条件:

1. 该进展成果在古生物学及相关研究领域具有重大的科学价值;
2. 本年度已经正式发表的成果、且国内机构为第一完成单位或通讯作者单位者;
3. 该进展具有一定的科学传播力和社会影响力。

二、推荐方式

1. 由分会或者专业委员会推荐、理事推荐相结合;
2. 填写"十大进展"推荐表并提供相关附件材料。

三、评选方式

1. 学会秘书处统一组织"十大进展"推荐受理、形式审查工作;
2. 设立中国古生物学会"十大进展"评审委员会,主任由学会理事长担任,评审委员会由理事会成员、荣誉理事和特邀专家等组成;
3. 评审委员会举行全体会议或者采用通讯评审方式,对推荐材料进行评审,并进行投票,以无记名投票方式确定年度"十大进展"建议名单;
4. 学会理事会负责人(理事长、副理事长、秘书长)会议对"十大进展"建议名单进行审议,确定最终"十大进展"入选名单。

四、成果发布

1. "十大进展"入选结果每年年初由中国古生物学会组织发布;
2. 学会领导向入选"十大进展"完成单位或个人颁发证书;
3. 在学会网站、学报和相关媒体上发布"十大进展"入选成果,并行宣传报道。

中国古生物学年度十大进展入选名单

2016 年度中国古生物学十大进展

第一完成人姓名	进展名称	第一完成人单位
朱 敏	志留纪古鱼揭秘脊椎动物颌演化之路	中国科学院古脊椎动物与古人类研究所
付巧妹	绘制冰河时代欧亚人群的遗传谱图	中国科学院古脊椎动物与古人类研究所
泮燕红	1.3 亿年前羽毛 β 角蛋白的发现使古生物色彩复原更加可信	中国科学院南京地质古生物研究所
朱士兴	华北发现距今 15.6 亿年前地球上最早的大型多细胞生物化石群	天津地质矿产研究所
薛进庄	早泥盆世植物根系促进土壤形成及河流地貌转型	北京大学地球与空间科学学院
王 博	白垩纪琥珀中发现系列昆虫伪装行为及最原始蚂蚁社会化起源	中国科学院南京地质古生物研究所
杨 杰	抚仙湖虫腹神经节与泛节肢动物早期神经系统进化	云南大学
殷宗军	瓮安生物群中发现盘状卵裂动物胚胎化石	中国科学院南京地质古生物研究所
邢立达	白垩纪中期琥珀中保存的一段具有原始羽毛的恐龙尾部	中国地质大学（北京）
刘 煜	澄江生物群三维保存的大附肢类节肢动物幼虫	云南大学
蒋子堃	辽西发现最早的银杏植物木材化石	中国地质科学院

2017 年度中国古生物学十大进展

第一完成人姓名	进展名称	第一完成人单位
汪筱林	发现翼龙伊甸园，揭秘翼龙生命史——大量 3D 翼龙蛋和胚胎首次发现	中国科学院古脊椎动物与古人类研究所、中国科学院大学
戎嘉余	中国显生宙腕足动物属志	中国科学院南京地质古生物研究所
孟庆金	侏罗纪滑翔哺乳形类动物的新发现	北京自然博物馆

韩　健	华南寒武系底部有口无肛的微型后口动物	西北大学
李占扬	中国许昌发现晚更新世古老型人类头骨	中国科学院古脊椎动物与古人类研究所、河南省文物考古研究院
谢树成	地质微生物记录海洋和陆地的极端环境事件	中国地质大学（武汉）
王　敏	1.3 亿年前早期鸟类化石揭示尾骨与尾羽独立演化	中国科学院古脊椎动物与古人类研究所
徐洪河	解密最古老树木的生长模式	中国科学院南京地质古生物研究所
蔡晨阳	缅甸琥珀中隐翅虫化石揭示白垩纪蘑菇多样性及最早的社会性寄生	中国科学院南京地质古生物研究所
冯　卓	晚二叠世木材蛀孔展示了一个复杂的生态关系网络	云南大学

2018 年度中国古生物学十大进展

第一完成人姓名	进展名称	第一完成人单位
李　淳	三叠纪具喙的基干龟类及龟类的早期演化	中国科学院古脊椎动物与古人类研究所
毕顺东	混元兽——改写有袋类的起源	云南大学
张晓凌	距今 3 万~4 万年前人类踏足高海拔青藏高原腹地	中国科学院古脊椎动物与人类研究所
戎嘉余	古生物学教材《生物演化与环境》	中国科学院南京地质古生物研究所、中国科学院古脊椎动物与古人类研究所
邹晶梅（Jingmai K. O'Connor）	从化石研究现代鸟类生物学特征的演化	中国科学院古脊椎动物与古人类研究所
胡东宇	迄今世界最早的不对称飞羽的首次发现	沈阳师范大学
宋海军	揭秘海洋生态系在二叠纪末大灭绝事件中的响应过程	中国地质大学（武汉）
陈　哲	埃迪卡拉纪具附肢两侧对称动物的足迹	中国科学院南京地质古生物研究所
沈　冰	雪球地球促进动物演化	北京大学
赵元龙	贵州剑河寒武系苗岭统及乌溜阶层型剖面和点位	贵州大学

中国古生物学会 90 年
The 90 Years of
Palaeontological Society of
China

6

· 分会简史

中国古生物学会微体古生物学分会简史

中国古生物学会微体古生物学分会历届理事会
（以姓氏笔画为序）

第一届（1979－1984）

理 事 长：陈 旭

副理事长：侯祐堂

秘 书 长：王 振

理　　事：王乃文　王 振　安泰庠　苏德英　李祖望　何 炎　汪品先　陈 旭　郑守仪
　　　　　郝诒纯　侯祐堂　姚益民　盛金章　曾学鲁

第二届（1984—1988）

理 事 长：郝诒纯

副理事长：叶得泉　侯祐堂

秘 书 长：王 振

常务理事：王 振　叶得泉　苏德英　汪品先　郝诒纯　侯祐堂　盛金章

副秘书长：王建华　曾学鲁　赵文杰　赵宇虹

盛金章任微体古生物学报编委会主编，苏德英任组织委员，汪品先任学术委员。

第三届（1988－1992）

理 事 长：郝诒纯

副理事长：王 振　叶得泉　侯祐堂

秘 书 长：王 振

常务理事：王 振　王乃文　叶得泉　汪品先　郝诒纯　侯祐堂　盛金章

理　　事：王 振　王乃文　王成源　王建华　叶得泉　关绍曾　阮培华　安泰庠　何 炎
　　　　　汪品先　李祖望　陈德琼　张泽润　张遴信　杨恒仁　苏德英　陆麟黄　郑守仪
　　　　　姚益民　郝诒纯　侯祐堂　盛金章　曾学鲁　蒋志文　蒋显庭

第四届（1992－1996）

理 事 长：郝诒纯

副理事长：王 振　叶得泉

秘 书 长：杨 群

副秘书长：万晓樵　罗 辉　杨湘宁

常务理事：王 振　叶得泉　安泰庠　汪品先　杨 群　郝诒纯　盛金章　曾学鲁　郭宪璞

理　　事：丁 惠　万晓樵　王 振　王 强　王玉净　王成源　王志浩　王建华　叶春辉

叶得泉　安泰庠　卢辉楠　关绍曾　孙巧缡　何希贤　何廷贵　汪品先　李祖望
阮培华　杨群　杨湘宁　张师本　陈孟莪　姚益民　郝诒纯　涂霞　郭宪璞
盛金章　曾学鲁

理事会下设组织工作委员会、学术工作委员会等，由曾学鲁、郭宪璞任组织委员，安泰庠、汪品先任学术委员。

第五届(1996－2000)

理 事 长：王　振

副理事长：姚益民

秘 书 长：杨　群

副秘书长：冯伟民　张舜新　修申成

常务理事：万晓樵　王　强　王　振　王成源　张师本　赵泉鸿　杨　群　杨湘宁　姚益民　穆西南

名誉理事长：郝诒纯

理　　　事：万晓樵　王玉净　王志浩　王成源　王尚启　王念忠　王　强　王　振　庄寿强
卢辉楠　季　强　杨湘宁　杨　群　张师本　张舜新　赵泉鸿　夏凤生　姚益民
涂　霞　郭宪璞　蒋志文　董熙平　穆西南

学术委员为王成源、杨湘宁，组织委员为王强、赵泉鸿。

第六届(2000－2004)

理 事 长：杨　群

副理事长：万晓樵　王　强

秘 书 长：冯伟民

副秘书长：王启飞　苏　新　孙淑芬

常务理事：袁训来　赵泉鸿　董熙平　高琴琴　冯伟民　王启飞　苏新　孙淑芬

理　　　事：万晓樵　王志浩　王启飞　王　强　冯伟民　曲日涛　苏　新　杨湘宁　杨　群
张师本　陈木宏　季　强　周　建　赵泉鸿　袁训来　夏凤生　钱　逸　高琴琴
彭金兰　董熙平　蓝立群　蒉知潜　穆西南

理事会聘请第五届理事会理事长王振研究员、第五届理事会副理事长姚益民教授及高级工程师为名誉理事。

第七届(2004－2008)

理 事 长：袁训来

副理事长：万晓樵　王　强

秘 书 长：冯伟民

副秘书长：王启飞　刘建波　丁　旋　王金龙

常务理事：袁训来　万晓樵　王　强　穆西南　冯伟民　苏　新(组织委员)　董熙平(组织委员)
罗　辉(学术委员)　蒉知潜(学术委员)

理　　　事：万晓樵　王　强　王启飞　冯伟民　刘传联　杜品德　苏　新　李国祥　李铁刚
祁玉平　罗　辉　袁训来　彭金兰　杨　平　陈木宏　季　强　周建平　杨湘宁
夏凤生　黄清华　穆西南　蒉知潜　董熙平

理事会聘请第六届理事会理事长杨群研究员为名誉理事。

第八届(2008－2012)

理 事 长：袁训来

副理事长：万晓樵　陈木宏

秘 书 长：冯伟民

副秘书长：向　荣　丁　旋　王金龙。

常务理事：万晓樵　冯伟民　苏　新　陈木宏　罗　辉　袁训来　穆西南

理　　事：万晓樵　王启飞　史宇坤　冯伟民　刘建波　祁玉平　苏　新　杜品德
　　　　　李国祥　李铁刚　杨　平　陈木宏　陈荣华　罗　辉　周建平　袁训来
　　　　　唐　烽　黄清华　彭金兰　翦知湣　穆西南

学术委员为罗辉，组织委员为苏新。名誉理事为郝诒纯、侯祐堂、叶得泉、王振、姚益民、杨群、王强，郝诒纯任名誉理事长。

第九届(2012－2016)

理 事 长：罗　辉

副理事长：苏　新　向　荣

秘 书 长：唐　鹏

理　　事：史宇坤　曲日涛　向　荣　刘建波　祁玉平　苏　新　李国祥　李国彪
　　　　　李保华　李铁刚　李　越　杨　平　杨芝林　张华侨　陈荣华　罗正江
　　　　　罗　辉　祝幼华　唐　烽　唐　鹏　翦知湣

理事会聘请袁训来研究员、万晓樵教授、陈木宏研究员及穆西南研究员为荣誉理事。

第十届(2016－　　)

理 事 长：罗　辉

副理事长：苏　新　向　荣

秘 书 长：唐　鹏

理　　事：史宇坤　叶黎明　刘传联　刘建波　向　荣　曲日涛　祁玉平　张华侨　李　越
　　　　　李国彪　李国祥　李保华　杨　平　杨芝林　苏　新　罗　辉　罗正江　祝幼华
　　　　　类彦立　唐　烽　唐　鹏

理事会聘请李铁刚研究员为荣誉理事。

中国古生物学会微体古生物学分会举办的
历次会员代表大会及学术年会

中国古生物微体古生物学会成立大会及第一次学术会议

 （湖南长沙，1979 年 3 月 21－27 日）

中国古生物微体古生物学会第二次学术年会——陆相介形类、轮藻、鲢、苔藓虫学术讨论会

 （四川成都，1981 年 11 月 26－30 日）

中国古生物微体古生物学会牙形类学科组成立大会及第一届学术讨论会

 （四川成都，1983 年 11 月 26－30 日）

中国古生物微体古生物学会第二届全国会员代表大会暨第三次学术年会

 （云南昆明，1984 年 11 月 26－30 日）

中国古生物微体古生物学会第三届全国会员代表大会暨第四次学术年会

 （河南洛阳，1988 年 10 月 19－23 日）

中国古生物学会微体学分会第四届全国会员代表大会暨第五次学术年会

 （广东省地质矿产局，1992 年 11 月 20－24 日）

中国古生物学会微体古生物学分会第五届全国会员代表大会暨第六次学术年会

 （福建福州，1996 年 11 月 25－27 日）

中国古生物学会微体古生物学分会第六届全国会员代表大会暨第八次学术年会

 （江西庐山，2000 年 10 月 21－25 日）

中国古生物学会微体古生物分会第九次学术年会

 （辽宁省大连市，2002 年 8 月 30－9 月 2 日）

中国古生物学会微体古生物学分会第六届理事会第四次会议

 （江苏南京，2003 年 11 月 8 日）

中国古生物学会微体古生物学分会第七届全国会员代表大会暨第十次学术年会

 （海南三亚，2004 年 11 月 13－16 日）

中国古生物学会微体古生物学分会第十一次学术年会

 （青海西宁，2006 年 7 月 17－20 日）

中国古生物学会微体古生物学分学第八届全国会员代表大会暨第十二次学术年会

 （广西北海，2008 年 10 月 21－23 日）

中国古生物学会微体古生物学分会第十三次学术年会

 （新疆库尔勒，2010 年 7 月 10－12 日）

中国古生物学会微体古生物学分会第九届全国会员代表大会暨第十四次学术年会

 （云南腾冲，2012 年 12 月 21－25 日）

中国古生物学会微体古生物学分会第十五次学术年会

 （吉林长春，2014 年 7 月 14－16 日）

中国古生物学会微体古生物学分会第十届全国会员代表大会暨第十六次学术年会

 （甘肃和政，2016 年 6 月 24－27 日）

中国古生物学会微体古生物学分会第十届理事会第二次会议

（湖北宜昌，2017 年 10 月 12 日）

中国古生物学会微体古生物学分会第十七次学术年会

（内蒙古赤峰，2018 年 7 月 20—26 日）

中国古生物学会孢粉学分会简史

中国古生物学会孢粉学分会历届理事会
（以姓氏笔画为序）

第一届（1979－1984）

理 事 长：徐　仁

副理事长：宋之琛　邢裕盛

秘 书 长：杨基端

副秘书长：孙湘君　欧阳舒

理　　事：马俊荣　王开发　王可德　白云洪　关柏林　朱浩然　邢裕盛　孙湘君　宋之琛
　　　　　张金谈　张振来　杨基端　李文漪　周山富　周和仪　陈承辉　罗宝信　欧阳舒
　　　　　高联达　郭正英　徐　仁　钱丽君　黎文本

第二届（1984－1988）

理 事 长：徐　仁

副理事长：宋之琛　邢裕盛

秘 书 长：杨基端

副秘书长：孙湘君　曹流

理　　事：王大宁　王从凤　王可德　王开发　王宪曾　白云洪　邢裕盛　江德昕　孙湘君
　　　　　宋之琛　吴作基　吴景钧　茅绍智　张金谈　张振来　杨基端　李文漪　周山富
　　　　　周和仪　陈承辉　赵传本　徐　仁　钱丽君　曹　流

第三届（1988－1992）

经多方查询，本届理事会人员组成资料不全，暂缺。

第四届（1992－1996）

理 事 长：宋之琛

副理事长：王开发　孙湘君　杨基端

秘 书 长：欧阳舒

副秘书长：王大宁　尹崇玉　唐领余（1993 年增补）

理　　事：王大宁　王开发　尹崇玉　安俊义　孙湘君　宋之琛　杨基端　李振雄　李经荣
　　　　　郑国光　郑　卓　欧阳舒　周山富　周昆叔　姜钦华　赵传本　胡仲衡　席以珍
　　　　　唐领余　唐锦秀　阎　顺　童国榜

第五届（1996－2002）

主　　任：宋之琛

副 主 任：王开发　尹崇玉　孙湘君　赵传本　唐领余

秘 书 长：刘耕武

副秘书长：高林志　朱宗浩　王伟铭

委　　员：于　革　王开发　王永吉　尹崇玉　刘耕武　安俊义　吕厚远　孙湘君　朱宗浩
　　　　　宋之琛　李振雄　郑　卓　周山富　段宗怀　高林志　唐领余　阎　顺　徐兆良
　　　　　童国榜　詹家祯

第六届（2002－2005）

主　　任：刘耕武

副 主 任：朱宗浩　尹崇玉

秘 书 长：王伟铭

副秘书长：万传彪

委　　员：于　革　万传彪　马玉贞　王伟铭　尹崇玉　刘耕武　许清海　吕厚远　朱怀诚
　　　　　朱宗浩　毕力刚　宋长青　吴国瑄　郑　卓　高林志　费安玮　徐兆良　阎存凤
　　　　　阎　顺　舒　仲

第七届（2005－2009）

理 事 长：王伟铭

副理事长：万传彪　尹崇玉　郑　卓

秘 书 长：李建国

副秘书长：罗运利

理　　事：于　革　马玉贞　万传彪　王伟铭　尹崇玉　刘鸿雁　许清海　吕厚远　毕力刚
　　　　　朱怀诚　宋长青　李建国　杨振京　吴国瑄　郑　卓　周忠泽　罗运利　赵义勇
　　　　　陶明华　高林志　徐兆良　阎存凤　舒　仲

第八届（2009－2013）

理 事 长：王伟铭

副理事长：尹崇玉　郑　卓　万传彪

秘 书 长：李建国

副秘书长：罗运利

理　　事：于　革　王伟铭　尹崇玉　郑　卓　万传彪　李建国　罗运利　高林志　刘鸿雁
　　　　　马玉贞　吕厚远　徐兆良　宋长青　阎存凤　许清海　杨振京　朱怀诚　萧家仪
　　　　　翁成郁　舒　仲　赵　艳　贺振健　毕力刚　陶明华　周忠泽

第九届（2013－2017）

理 事 长：朱怀诚

副理事长：郑　卓　高林志　万传彪

秘 书 长：李建国

副秘书长：罗运利
理　　事：万传彪　于　革　马玉贞　王伟铭　刘鸿雁　吕厚远　朱怀诚　毕力刚　许清海
　　　　　宋长青　李　珍　李建国　杨振京　周忠泽　罗运利　郑　卓　贺振健　赵　艳
　　　　　倪　健　唐　烽　翁成郁　陶明华　高林志　阎存凤　舒　仲　魏　玲

第十届(2017—　　)

理　事　长：朱怀诚
副理事长：郑　卓　高林志　万传彪
秘　书　长：李建国
副秘书长：刘鸿雁
理　　事：万传彪　于　革　马玉贞　王伟铭　刘鸿雁　吕厚远　朱怀诚　毕力刚　许清海
　　　　　宋长青　张　芸　李建国　杨振京　周忠泽　郑　卓　贺振健　赵　艳　倪　健
　　　　　唐　烽　翁成郁　耿　越　陶明华　高林志　阎存凤　喻建新　舒　仲

中国古生物学会孢粉学分会举办的
历次全国会员代表大会及学术年会

中国古生物学会孢粉学分会第一届全国会员代表大会暨学术会议
　　（天津,1979 年 3 月 12—18 日）
中国古生物学会孢粉学分会第二届全国会员代表大会暨学术会议
　　（福建厦门,1984 年 3 月 6—10 日）
中国古生物学会孢粉学分会第三届全国会员代表大会暨学术会议
　　（湖北宜昌,1988 年 10 月 27—31 日）
中国古生物学会孢粉学分会第四届全国会员代表大会暨学术会议
　　（湖南慈利,1992 年）
中国古生物学会孢粉学分会第四届二次学术会议
　　（四川成都,1994 年 9 月 16—23 日）
中国古生物学会孢粉学分会第五届全国会员代表大会暨学术年会
　　（河南郑州,1996 年 10 月 26—30 日）
中国古生物学会孢粉学分会第五届二次学术会议
　　（安徽屯溪,1998 年 11 月 6—9 日）
中国古生物学会孢粉学分会第六届全国会员大会暨学术会议
　　（安徽合肥,2002 年 9 月 19—20 日）
中国古生物学会孢粉学分会第七届全国会员代表大会暨学术会议
　　（广东珠海,2005 年 6 月 23—26 日）
中国古生物学会孢粉学分会第七届二次学术会议
　　（河北石家庄,2007 年 6 月 5—8 日）
中国古生物学会孢粉学分会第八届全国会员代表大会暨学术年会
　　（江苏南京,2009 年 9 月 16—19 日）
中国古生物学会孢粉学分会第八届二次学术会议

（河北任丘,2011 年 9 月 15－18 日）
中国古生物学会孢粉学分会第九届全国会员代表大会暨学术会议
（广西桂林,2013 年 10 月 20－23 日）
中国古生物学会孢粉学分会第九届二次学术会议
（贵州贵阳,2015 年 10 月 16－19 日）
中国古生物学会孢粉学分会第十届全国会员代表大会暨学术会议
（内蒙古赤峰,2017 年 6 月 26 日－7 月 2 日）
中国古生物学会孢粉学分会第十届理事会第二次会议暨学术会议
（四川绵阳,2019 年 10 月 11－13 日）

中国古生物学会孢粉学分会举办的各种学术会议

中国白垩-第三纪学术会议
（浙江杭州,1980 年 11 月 2－6 日）
孢粉分析技术讨论会
（江苏南京,1981 年）
晚古生代、中生代孢粉讨论会
（陕西西安,1982 年 12 月）
第四纪孢粉讲习班
（北京大学,1981 年暑假）
孢粉教学讨论会
（四川成都,1985 年 6 月 23－30 日）
第四纪孢粉及数据处理学术讨论会
（北京香山,1986 年 10 月 18－23 日）
孢粉与油气生成学术讨论会
（黑龙江大庆,1986 年 8 月）
孢粉形态学学术讨论会
（河北任丘,1987 年 9 月 24－28 日）
青年孢粉学工作者讨论会及徐仁教授 80 寿辰庆祝会
（北京,1989 年 8 月 22－25 日）
孢粉鉴定研究综合提高班
（北京,1991 年 4 月 11－30 日）
孢粉与环境学术讨论会
（江苏无锡,1991 年 5 月 20－24 日）
孢粉形态学专题研讨会
（安徽合肥,2012 年 7 月 9－12 日）

中国古生物学会孢粉学分会与其他单位联合举办的会议

第一届全国花粉资源开发与利用研讨会
　　（上海，1990 年 9 月 5—7 日）
第二届全国花粉资源开发与利用研讨会
　　（陕西西安，1991 年 10 月 29—30 日）
第三届全国花粉资源开发与利用研讨会
　　（江苏无锡，1994 年 10 月 12—14 日）
第四届全国花粉资源开发与利用研讨会
　　（广东南海，1996 年 8 月 12—15 日）
第五届全国花粉资源开发与利用研讨会
　　（山西太原，1998 年 8 月 18—22 日）
第六届全国花粉资源开发与利用研讨会
　　（甘肃天水，2000 年 7 月 30 日—8 月 3 日）
第七届全国花粉资源开发与利用研讨会
　　（浙江缙云、仙都，2002 年 9 月 19—22 日）
第八届全国花粉资源开发与利用研讨会
　　（江苏南京，2004 年 8 月 23—25 日）
第九届全国花粉资源开发与利用研讨会
　　（山东济南，2006 年 8 月 18—20 日）
第十届全国花粉资源开发与利用研讨会
　　（贵州贵阳，2008 年 6 月 16—19 日）
第十一届全国花粉资源开发与利用研讨会
　　（浙江富阳，2010 年 8 月 10—11 日）
第十二届全国花粉资源开发与利用研讨会
　　（河北承德，2012 年 7 月 18—20 日）
第十三届全国花粉资源开发与利用研讨会
　　（山东青州，2014 年 7 月 20—22 日）
第十四届全国花粉资源开发与利用研讨会
　　（浙江缙云，2016 年 8 月 27—28 日）
第十五届全国花粉资源开发与利用研讨会
　　（四川眉山，2018 年 8 月 20—22 日）
第一届全国植硅体大会
　　（北京，2018 年 4 月 21—22 日）

中国古生物学会化石藻类专业委员会简史

  中国古生物学会化石藻类专业委员会成立于 1981 年 12 月，是中国古生物学会的组成部分，是我国化石藻类专业科学技术工作组跨行业、跨部门自愿结合，依法登记成立的，具有公益性和科学性的非营利性的社会学术团体。其宗旨是团结、组织全国化石藻类工作者，以党的基本路线为指导，遵守宪法、法律和国家政策，遵守社会道德风尚，发扬学术民主，贯彻"百花齐放、百家争鸣"的方针，提倡献身、创新、求实、协作的精神，坚持实事求是的科学态度和优良学风，面向现代化，面向世界，面向未来，努力为促进本学科在我国的繁荣和发展做贡献。

中国古生物学会化石藻类专业委员会历届理事会
（以姓氏笔画为序）

第一届（1981－1985）

主　　任：朱浩然

副主任：邢裕盛　　曹瑞骥

秘　书：刘志礼

委　　员：王开发　王　振　朱士兴　李祖望　李家英　杨　宏　邱树玉　余静贤　张忠英　张泽润
　　　　　张捷芳　欧阳舒　周和仪　郑国光　殷继成　高振家　梁玉左　穆西南　戴永定

常　　委：邢裕盛　朱士兴　朱浩然　刘志礼　张忠英　曹瑞骥　穆西南

第二届（1985－1993）

主　　任：朱浩然

副 主 任：邢裕盛　　曹瑞骥

秘 书 长：刘志礼

副秘书长：张忠英　　钟石兰

理　　事：王开发　邢裕盛　朱士兴　朱浩然　刘志礼　杜汝霖　李祖望　李家英　邱树玉
　　　　　何承全　余静贤　张　昀　张忠英　茅绍智　郑国光　钟石兰　殷继成　高振家
　　　　　曹瑞骥　梁玉左　穆西南

第三届（1993－1997）

主　　任：曹瑞骥

副主任：邢裕盛　　刘志礼

秘书长：何承全

秘　书：王　兰　康　宁

理　　事：王开发　边立曾　朱士兴　刘志礼　邢裕盛　李祖望　李家英　何承全　茅绍智

邱树玉　余静贤　张忠英　张　昀　杜汝霖　郑国光　钟石兰　殷继成　梁玉佐
高振家　高瑞祺　曹瑞骥　穆西南

第四届(1997－2001)

主　任：穆西南

副主任：刘志礼　茅绍智

秘书长：何承全

理　事：万传彪　尹崇玉　尹磊明　边立曾　刘志礼　华　洪　朱士兴　何承全　张　昀
张玉兰　茅绍智　郑国光　袁训来　穆西南

第五届(2001－2005)

主　　任：穆西南

副 主 任：刘志礼　尹崇玉

秘 书 长：袁训来

副秘书长：华　洪　祝幼华

理　　事：万传彪　王启飞　方晓思　边立曾　朱士兴　刘志礼　华　洪　穆西南　尹崇玉
麦　文　苏　新　李　军　杨瑞东　张玉兰　茅绍智　袁训来　祝幼华　姚锦仙

第六届(2005－2007)

主　　任：袁训来

副 主 任：尹崇玉　苏　新

秘 书 长：王启飞

副秘书长：华　洪　祝幼华

理　　事：尹崇玉　方晓思　王启飞　王睿勇　乔秀云　刘传联　华　洪　朱士兴　张玉兰
张宝民　李　军　李　杰　苏　新　麦　文　周传明　姚锦仙　祝幼华　徐兆良
袁训来

第七届(2007－2010)

主　任：华　洪

副主任：刘鹏举　苏　新

秘书长：祝幼华

理　事：王睿勇　方晓思　乔秀云　华　洪　刘传联　刘鹏举　麦　文　苏　新李　军
李　杰　陈　芳　旺　罗　周传明　赵　飞　祝幼华　姚锦仙

第八届(2014－2018)

主　任：华　洪

副主任：刘鹏举　苏　新

秘书长：祝幼华

理　事：华　洪　苏　新　姚锦仙　姜仕军　吴亚生　刘鹏举　陈　芳　麦　文　赵　飞

袁训来　周传明　燕　夔　祝幼华

第九届(2012—2016)

主　任：周传明
副主任：刘鹏举　李　杰
秘书长：庞　科
理　事：华　洪　吴亚生　陈　芳　陈　雷　姜仕军　赵　飞　董　琳　燕　夔　薛云飞

中国古生物学会化石藻类专业委员会举办的
历次全国会员代表大会及学术年会

中国古生物学会化石藻类学科组成立大会暨第一届学术会议
　　（江苏南京，1981年12月2—7日）
中国古生物学会化石藻类专业委员会第二次学术讨论会
　　（上海，1984年3月1—5日）
中国古生物学会化石藻类专业委员会第二届全国会员代表大会暨第三次学术讨论会
　　（江苏无锡，1985年11月27日—12月1日）
中国古生物学会化石藻类专业委员会第四次学术讨论会
　　（甘肃兰州，1987年10月21—24日）
中国古生物学会化石藻类专业委员会第五次学术讨论会
　　（浙江普陀岛，1990年11月30日—12月2日）
中国古生物学会化石藻类专业委员会第三届全国会员代表大会暨第六次学术讨论会
　　（山东烟台，1993年5月28日）
中国古生物学会化石藻类专业委员会第七次学术讨论会
　　（浙江乐清，1995年11月7—11日）
中国古生物学会化石藻类专业委员会第四届全国会员代表大会暨第八次学术讨论会
　　（海南三亚，1997年11月30日—12月4日）
中国古生物学会化石藻类专业委员会第九次学术讨论会
　　（安徽黄山，1999年10月24—28日）
中国古生物学会化石藻类专业委员会第五届全国会员代表大会暨第十次学术讨论会
　　（云南昆明，2001年12月11—20日）
中国古生物学会化石藻类专业委员会第五届全国会员代表大会暨第十一次学术讨论会
　　（青海西宁，2003年8月16—20日）
中国古生物学会化石藻类专业委员会第六届全国会员代表大会暨第十二次学术讨论会
　　（黑龙江大庆，2005年7月30日—8月3日）
中国古生物学会化石藻类学专业委员会第十三次学术讨论会
　　（贵州贵阳，2007年10月10—12日）
中国古生物学会化石藻类专业委员会第十四次学术讨论会
　　（新疆库尔勒，2010年7月10—12日）
中国古生物学会化石藻类专业委员会第十五次学术讨论会

（云南腾冲,2012 年 12 月 21—25 日）

中国古生物学会化石藻类专业委员会第八届全国会员代表大会暨第十六次学术讨论会

　　（吉林长春,2014 年 7 月 14—16 日）

中国古生物学会化石藻类专业委员会第十七次学术讨论会

　　（甘肃和政,2016 年 6 月 24—27 日）

中国古生物学会化石藻类专业委员会第九届全国会员代表大会暨第十八次学术讨论会

　　（内蒙古赤峰,2018 年 7 月 20—26 日）

中国古生物学会古脊椎动物学分会简史

中国古生物学会古脊椎动物学分会历届理事会

第一、二届(1984)
理 事 长：周明镇
副理事长：张弥曼
秘 书 长：胡长康
副秘书长：郑家坚　董枝明
常务理事：周世武　李凤麟
名誉理事：王存义　刘东生　袁复礼　贾兰坡

第三届
主　　任：邱占祥
副 主 任：何信禄　郑家坚
秘 书 长：郑家坚(兼)
副秘书长：尤玉柱　欧阳辉

第四届
理 事 长：叶捷
副理事长：薛祥煦
秘 书 长：董军社
副秘书长：金昌柱　欧阳辉

第五届
理 事 长：朱　敏
副理事长：王元青　李　奎
秘 书 长：金昌柱
常务副秘书长：张　翼
副秘书长：欧阳辉

第六届
理 事 长：朱　敏
副理事长：李　奎　欧阳辉　高　星
秘 书 长：张　翼

副秘书长：王　頠　郑龙亭

第七届
理 事 长：周忠和
副理事长：石金鸣　张云翔　高　星
秘 书 长：张　翼
副秘书长：王　頠　卢立伍　郑龙亭

第八届
理 事 长：周忠和
副理事长：石金鸣　张云翔　高　星
秘 书 长：张　翼
副秘书长：王　頠　卢立伍　郑龙亭

第九届
理 事 长：邓　涛
副理事长：石金鸣　赖旭龙
秘 书 长：张　翼
副秘书长：王　伟　卢立伍　吉学平

中国古生物学会古脊椎动物学分会举办的历次大会

中国古生物学会古脊椎动物学分会第一次学术会议
　　（山东莱阳，1984 年 10 月 17—24 日）
中国古生物学会古脊椎动物学分会第二次学术年会
　　（江苏东山，1987 年 2 月 22—27 日）
早期脊椎动物研究及与其有关的进化问题讨论会
　　（北京，1987 年 10 月 12—26 日）
纪念北京猿人第一个头盖骨发现 60 周年古人类学国际学术讨论会暨中国古脊椎动物学分会第三次
学术年会
　　（北京，1989 年 10 月 19—24 日）
中国古生物学会古脊椎动物学分会第四次学术年会（与江苏省古生物学会联合举办）
　　（辽宁大连，1992 年 8 月 16—22 日）
中国古生物学会古脊椎动物学分会第五次学术年会
　　（四川成都、自贡，1994 年 11 月 24 日—12 月 1 日）
纪念杨钟健先生百年诞辰暨第六次古脊椎动物学分会学术年会
　　（北京，1997 年 6 月 1—4 日）
中国古生物学会古脊椎动物学分会第七次学术年会
　　（云南玉溪，1999 年 4 月 25—30 日）
中国古生物学会古脊椎动物学分会第八次学术年会

（广东深圳,2001 年 11 月 2—6 日）

中国古生物学会古脊椎动物学分会第九次学术年会

（广西南宁,2004 年 11 月 19—22 日）

中国古脊椎动物学分会第十次学术年会暨第四纪古人类-旧石器考古专业委员会首届年会

（福建三明,2006 年 11 月 20—22 日）

中国古生物学会古脊椎动物学分会第十一次学术年会和第四纪古人类-旧石器专业委员会第二次学术会议暨贾兰坡院士百年诞辰纪念会

（山西太原,2008 年 9 月 20—23 日）

中国古生物学会古脊椎动物学分会第十二次年会暨第四纪古人类-旧石器考古专业委员会第三次会议

（山东平邑,2010 年 9 月 13—15 日）

中国古生物学会古脊椎动物学分会第十三次年会暨第四纪古人类-旧石器考古专业委员会第四次年会

（内蒙古二连浩特,2012 年 8 月 25—27 日）

中国古生物学会古脊椎动物学分会第十四次学术年会、中国第四纪古人类-旧石器专业委员会第五次学术会议

（贵州黔西,2014 年 4 月 18—21 日）

中国古生物学会古脊椎动物学分会第十五次学术年会

（黑龙江大庆,2016 年 8 月 21—25 日）

中国古生物学会古脊椎动物学分会第十六次学术年会

（安徽合肥,2018 年 11 月 10—12 日）

中国古生物学会古植物学分会简史

中国古生物学会古植物分会的前身是中国古生物学会古植物专业委员会。该委员会成立于1983年5月24日,后经过中国古生物学会四届二次常务理事会决定,改称为中国古生物学会古植物学会。于1990年经中国科协正式批准,称为学术团体,正式名称定为中国古生物学会古植物学分会。

中国古生物学会古植物学分会历届理事会

第一届(1983—1987)

名誉主任委员:徐　仁
主 任 委 员:李星学
副主任委员:米家榕　朱家楠　周志炎
秘 书 长:赵修祜
委　　　　员:冯少南　田宝霖　朱为庆　李浩敏　何德长　周惠琴　徐福祥　黄本宏

第二届(1987—1992)

名誉理事长:徐　仁
理 事 长:李星学
副 理 事 长:米家榕　朱家楠　周志炎
秘 书 长:赵修祜
副秘书长:梅美棠
理　　　　事:王仁农　朱为庆　朱家楠　米家榕　李代芸　李星学　李浩敏　沈光隆
　　　　　　杨关秀　杨学林　周志炎　周惠琴　赵修祜　张　泓　黄本宏

第三届(1992—1997)

名誉理事长:徐　仁　李星学
理 事 长:周志炎
副 理 事 长:沈光隆　朱家楠　赵修祜
秘 书 长:刘陆军
副秘书长:杨关秀
理　　　　事:王仁农　王自强　刘陆军　李代芸　李承森　李浩敏　朱家楠　沈光隆
　　　　　　陈其奭　张　泓　郑少林　周志炎　周统顺　郝守刚　赵修祜　梅美棠

第四届（1997—2001）

名誉理事长： 李星学

理　事　长： 周志炎

副理事长： 孙　革　李承森　张　泓

秘　书　长： 刘陆军

副秘书长： 邓胜徽

理　　　事： 王庆之　王　怿　邓胜徽　卢宗盛　孙　革　刘陆军　米家榕　吴邵祖
沈光隆　李承森　陈其奭　张　泓　郑少林　周志炎　周浙昆　孟繁松
郝守刚　胡雨帆　商　平　耿宝印

第五届（2002—2006）

名誉理事长： 李星学

理　事　长： 周志炎

副理事长： 孙　革

秘　书　长： 王　军

副秘书长： 邓胜徽　刘陆军（特聘）

理　　　事： 丁秋红　马　洁　王士俊　王　军　王　怿　王德明　邓胜徽　卢宗盛
孙启高　孙　革　孙柏年　李旭兵　周志炎　周浙昆　商　平

第六届（2006—2010）

名　誉　理　事： 李星学　周志炎

理　事　长： 孙　革

常务副理事长： 王　怿

秘　书　长： 王　军

副秘书长： 邓胜徽　刘陆军（特聘）

理　　　事： 丁秋红　王　军　王　怿　王　琪　王德明　邓胜徽　卢宗盛　孙启高
孙　革　孙柏年　冷　琴　周浙昆　金建华　苗雨雁　商　平

第七届（2010—2014）

名誉理事长： 周志炎院士

理　事　长： 孙　革

副理事长： 王　怿（常务）　孙柏年　孙春林　周浙昆

秘　书　长： 王　军

副秘书长： 邓胜徽　金建华

理　　　事： 丁秋红　王　军　王　怿　王　琪　王永栋　王德明　邓胜徽　冯　卓　孙　革
孙启高　孙春林　孙柏年　周浙昆　苗雨雁　金建华　商　平　喻建新

第八届（2014—2018）

名誉理事长： 周志炎　孙　革

理　事　长： 王　怿

副 理 事 长：王永栋　孙春林　孙柏年　金建华　周浙昆
秘 书 长：王　军
副 秘 书 长：邓胜徽　冯　卓　徐洪河
理　　　　事：丁秋红　王士俊　王永栋　王　军　王　怿　王德明　邓胜徽　冯　卓　孙春林
　　　　　　　孙柏年　孙跃武　张　宜　周浙昆　金建华　苗雨雁　傅晓平　喻建新

第九届（2018－　　）

名誉理事长：周志炎　孙　革　王　怿
理 事 长：王　军
副 理 事 长：王德明　邓胜徽　孙跃武　金建华　喻建新
秘 书 长：徐洪河
理　　　　事：王　军　王永栋　王德明　邓胜徽　冯　卓　全　成　孙跃武　苏　涛　张　宜
　　　　　　　张渝金　苗雨雁　金建华　喻建新　姚轶峰　徐洪河　董　曼　蒋子堃　程业明
　　　　　　　解三平

中国古生物学会古植物学分会举办的
历次全国会员代表大会及学术年会

中国古生物学会古植物专业委员会成立大会暨首届学术讨论会
　　（西安市小寨饭店，1983 年 5 月 24—28 日）
中国古生物学会古植物学分会第二届全国会员代表大会暨学术讨论会
　　（南京市华东饭店，1987 年 11 月 24—26 日）
中国古生物学会古植物学分会第三届全国会员代表大会暨学术讨论会
　　（湖南慈利县明珠饭店，1992 年 5 月 17—22 日）
中国古生物学会古植物学分会第四届全国会员代表大会暨庆贺李星学院士八十华诞学术讨论会
　　（杭州市宏丽宾馆，1997 年 6 月 18—21 日）
中国古生物学会古植物学分会第五届全国会员代表大会暨庆贺李星学院士八十五华诞学术讨论会
　　（南京溧水县屏湖山庄，2002 年 5 月 10—12 日）
中国古生物学会古植物学分会第六届全国会员代表大会
　　（北京大学地球与空间学院，2006 年 6 月 19 日）
中国古生物学会古植物学分会 2008 年度学术年会
　　（沈阳师范大学，2008 年 8 月 3—6 日）
中国古生物学会古植物学分会第七届全国会员代表大会
　　（中国科学院西双版纳热带植物园，2010 年 11 月 14—16 日）
中国古生物学会古植物学分会 2013 学术年会
　　（甘肃兰州大学，2013 年 5 月 17—19 日）
中国古生物学会古植物学分会第八届全国会员代表大会
　　（广州 中山大学，2014 年 11 月 28 日—12 月 2 日）
中国古生物学会古植物学分会 2016 年学术年会
　　（昆明云南大学，2016 年 11 月 18—22 日）

中国古生物学会古植物学分会第九届全国会员代表大会
（中国地质大学（武汉）秭归产学研基地，2018 年 11 月 16－21 日）

中国古生物学会古植物学分会举办的各种学术会议

非海相泥盆系地层及古植物学术讨论会
　　（云南曲靖，1984 年 12 月 10－14 日）
中国古生物学会古植物学分会全国中新生代植物及相关地层学术讨论会
　　（湖北宜昌，1985 年 10 月 16－21 日）
大羽羊齿植物群和古植物学发展前景学术研讨会
　　（辽宁大连，1990 年 9 月 18－22 日）
地质时期陆生植物分异及进化国际会议
　　（江苏南京，1995 年 9 月 4－8 日）
中国古生物学会古植物学分会和中国植物学会古植物学专业委员会联席会议
　　（北京，1996 年 11 月 4－5 日）
古植物与古环境学术交流会
　　（天津，1999 年 2 月 5 日）
第六届国际古植物学大会
　　（山东秦皇岛，2000 年 7 月 31－8 月 3 日）

中国古生物学会科普工作委员会简史

科普工作委员会是中国古生物学会最年轻的分支机构之一。自 2012 年成立以来,在中国古生物学会的领导下,在各位委员的大力支持下,委员会团结全国广大地质古生物科普工作者,特别是自然类博物馆及文创系统的同志们,动员和鼓励科研人员参与科普工作,开展了一系列卓有成效的科学普及工作,扩大了中国古生物学会的社会影响力,较好地发挥了地质古生物学科在科学传播方面的优势,为提高全民科学素质做出了积极努力和贡献。

一、加强科普工作委员会组织机构,形成强有力的领导集体

21 世纪以来,提升全民科学素养成为了国家走向现代化的战略要求,也成为了中国科协对学会发展的要求,国营、民营和行业博物馆如雨后春笋般地涌现,各级政府普遍开始重视科普宣传。在这样的社会大背景下,中国古生物学会为了推动学会科普工作更好地发展,在"十二五"开年之际,决定成立科普工作委员会。2012 年 1 月,中国古生物学会理事会正式通过了这一决议。

科普工作委员会的成立旨在联合国内自然类博物馆、科普基地、国家地质公园、网络媒体、书刊杂志以及实践探索等各方面力量,发挥地质古生物学科在科学传播方面的优势,深入推动我国地质古生物科普工作的开展,提高全民科学素质。

2012 年 9 月 17—22 日,科普工作委员会第一次会议暨首届全国地质古生物科普工作研讨会在沈阳市辽宁古生物博物馆成功举行。来自包括宝岛台湾在内的全国 30 多家自然类博物馆、科普基地、国家地质公园以及相关网络媒体、科普杂志的有关领导和专家等近百人参加了会议。在开幕式上,中国古生物学会科普工作委员会主任孙革教授首先致开幕词,沈阳师范大学王大超副校长致欢迎词,国家古生物专家委员会办公室王丽霞副主任、中国古生物化石保护基金会单华春副理事长和中国古生物学会秘书长王永栋研究员先后致辞。会议选举产生了中国古生物学会科普工作委员会第一届委员会成员,委员由部分古生物学会理事和有关专家 31 人组成。

科普工作委员会第一届委员及机构组成如下:

主　任:孙　革

常务副主任:冯伟民

副主任:李　奎　欧阳辉　孙元林　单华春　王丽霞　王　原

委　员(共 31 人,以姓氏笔画排序):

王　原　王文利　王亚君　王丽霞　王晓东　卢立伍　冯伟民　孙　革
孙元林　孙铭昌　李　奎　李大庆　吴　勤　欧阳辉　金幸生　郑晓廷
单华春　徐世球　徐洪河　高春玲　郭建威　崔　滨　康险峰　续　颜
彭光照　蒋立爱　傅　强　傅晓平　蔡　涛　蔡华伟　潘星星

2014 年,委员会根据情况变化,经古生物学会理事会批准,做了如下调整:

(1) 增补北京自然博物馆孟庆金馆长为副主任,原单位的委员不再担任委员。

(2) 中国地质博物馆展览部刘风香为副主任原单位的委员不再担任委员。

（3）成都理工大学博物馆刘健副馆长，接替病故的李奎馆长。

（4）辽宁古生物博物馆科普部主任刘腾飞接替已转岗的王亚君。

（5）黑龙江地质博物馆馆长董惠明接替已转岗的原馆长崔滨。

（6）安徽地质博物馆副馆长胡雪松接替原馆长蒋立爱。

（7）增补河南地质博物馆馆长蒲含勇为委员。

二、制定管理办法，加强委员会自身建设

中国科协为了规范学会管理，要求各级学会和分会制定实施管理办法。为此，在中国古生物学会指导下，委员会草拟了《科普工作委员会管理条例》（见附录）。管理条例由七章十六条组成，包括总则，科普工作委员会的挂靠、名称和组成，科普工作委员会及主要负责人，业务范围，变更与注销，监督管理和附则。根据管理办法，明确了委员会机构的组成，主任、秘书长和委员产生的原则和方法以及委员会的运作与管理方式。

三、坚持会议制度，不断扩大古生物科普工作影响

1. 全体委员会会议推动古生物科普工作

自2012年在沈阳启动科普工作委员会工作以来，委员会先后召开了5次全体委员会议，并举办了4次全国地质古生物科普工作研讨会。2013年，桂林会议确定了委员会与社会各界广泛合作的基本框架；2014年，深圳会议调整和加强了委员会力量；2016年，上海会议加强了委员会与文创单位的合作；2017年，南京会议首次发布全国古生物科普新闻奖；2019年，合肥会议进行了换届选举。科普工作委员会的工作不断迈上新台阶。

2. 全国地质古生物科普工作研讨会取得重要成果

科普工作委员会自成立以来，先后举办了4次全国地质古生物科普工作研讨会，在国内产生重要影响。

2012年，委员会于成立之年在沈阳师范大学辽宁古生物博物馆举办了全国首届地质古生物科普工作研讨会，会议收到22篇报告摘要，由来自全国各地的70位代表参加了会议。

2014年，委员会在深圳古生物博物馆举办了第二届全国地质古生物科普工作研讨会，会议收到报告摘要20多篇，来自全国12个省市和加拿大等30余家自然类博物馆、地质公园、高校、科研及文化产业单位等70余名代表出席。

2016年，委员会在重庆自然博物馆举办了第三届全国地质古生物科普研讨会，会议收到报告摘要29篇，来自全国各地的代表150人参加。此次会议表彰了包括中国地质博物馆等15家单位为"中国古生物学会科普工作先进单位"。还举行了北京聚慧博览工程设计有限公司对博物馆的设备捐赠仪式。

2018年，委员会在三亚水稻公园举办了第四届全国地质古生物科普研讨会。会议收到报告摘要20篇，来自全国各地的140位代表参加了此次研讨会。此次会议还组织开展了"水稻、生态、生活"主题论坛，邀请了著名专家做专题报告，组织了中国古生物学会科普教育基地交流会，17家基地负责人做了交流。

2019年4月9—10日，中国古生物学会科普工作委员会第六次全体委员会议在合肥举行。来自国内高等院校、科研机构、地质和古生物博物馆、出版文创、古生物全国科普教育基地等单位60余人参加了会议。会议由中国古生物学会科普工作委员会主办，安徽省地质博物馆承办。4月9日，会议开幕式在安徽

地质博物馆举行,第一届科普工作委员会主任孙革,安徽省自然资源厅党组成员、副厅长李世蕴,中国古生物学会副理事长王永栋,秘书长蔡华伟等领导、嘉宾参加了开幕式。孙革主任致开幕词,他回顾了科普工作委员会成立七年以来在科普工作方面取得的成就,强调国家对科普工作高度重视和支持,希望学会科普工作者继续发挥地质古生物学科在科学传播上的优势,推动我国地质古生物科普工作的开展,为推进全民科学素质提高发挥积极作用。

四、科普工作委员会换届工作及第二届组织结构

2019 年 4 月,在合肥召开的中国古生物学会科普工作委员会第六次全体委员会议进行了科普工作委员会的换届工作。换届会议由中国古生物学会秘书长蔡华伟主持,科普工作委员会孙革主任介绍了第二届委员会成员的推荐和组成情况。经全体与会代表表决,选举产生了科普工作委员会第二届委员会成员。经新一届全体参会委员表决,推选了第二届科普工作委员会负责人:王永栋当选为主任,王原、孟庆金、欧阳辉、单华春、胡雪松、续颜和冯伟民当选为副主任,李国祥担任秘书长。

参加合肥会议的第二届科普工作委员会委员召开了第二届科普工作委员会第一次全体会议。会议决定授予孙革教授为科普工作委员会名誉主任并颁发证书。新任科普工作委员会主任王永栋对委员会下一步工作提出展望,他表示,要用创新的思维和发展的眼光,来谋划和推动古生物科普工作发展,积极整合互联网加智能技术、文创产品研发、联合办展、技术培训、出版科普图书和国际化石日等活动,搭建起运行良好、工作高效、务实合作、对外开放的科普工作新平台,要加强全国科学科普基地的建设,强化职责、规范运行和加强服务工作,团结带领广大科普工作者,做好各项工作,以优异的成绩迎接中国古生物学会成立 90 周年。

科普工作委员会第二届委员及机构组成如下:

主　任:王永栋

副主任:王　原　冯伟民　欧阳辉　单华春　孟庆金　胡雪松　续　颜

秘书长:李国祥

委　员(共 33 人,以姓氏笔画排序):

王　原	王小兵	王永栋	王军有	叶　剑	冯伟民	匡学文	刘风香	刘先国
刘腾飞	江大勇	李杰明	李国祥	宋小波	张树军	欧阳辉	金幸生	单华春
孟庆金	胡玺丹	胡雪松	姚俊杰	高春玲	郭建崴	续　颜	彭光照	董惠明
蒋　青	傅　强	傅晓平	谢德祥	廖　珊	滕芳芳			

五、推出各种奖励,促进科普工作开展

为促进委员会对科普工作的组织及引领,在中国古生物学会支持下,委员会先后组织了十大科普新闻和科普工作进展奖等评选活动,旨在表彰在地质古生物学科科普领域有重大社会影响、具有很好示范效果、具有规模性和独特性的优秀科普活动。2017 年,在中国科学院南京地质古生物研究所发布了 2016 年中国古生物学会科普工作委员会十大科普新闻奖。中国地质博物馆建馆 100 周年成就与精品展、第七届全国化石爱好者大会(南京古生物博物馆)、《征程:从鱼到人的生命之旅》(中国古动物馆)、在法国成功举办的辽宁带羽毛恐龙展(辽宁古生物博物馆)、睿宏文化 VR 技术让恐龙"活"起来(上海睿宏文化公司)、第三届全国地质古生物科普研讨会(重庆自然博物馆)、地质研学游(安徽地质博物馆)、开展"馆校合作"科普

活动(上海自然博物馆)、北疆博物院重新开放(天津自然博物馆)、首届化石文化周(北京大学地空学院)荣获此奖,发挥了引领示范作用。

2018 年,在三亚召开的第四届全国地质古生物科普工作研讨会上发布了"2017 年中国古生物学会科普工作十大进展奖"获奖名单:《生命的起源与演化》60 集系列科普教学视频(中国科学院南京地质古生物研究所和古脊椎动物与古人类研究所)、奥秘地球与奇特生命古生物绘画与征文大赛(南京古生物博物馆)、纪念中国恐龙发现 115 周年科普活动(辽宁古生物博物馆)、首家大型中国恐龙景观园区建成(三亚水稻公园)、中国龙英伦行(中国古动物馆)、《巨龙王国》4D 电影(河南省地质博物馆)、浙江恐龙大复活科普特别展(浙江自然博物馆)、《芝麻开门》仙湖植物密码(深圳古生物博物馆)、"如何复活一只恐龙"科普展览(上海自然博物馆)、恐龙泛文化科教主题行(中华恐龙园)等。获奖项目发布后,在学会网站、学报和相关媒体做了广泛宣传,有力地推动了学会的科普工作,扩大了学会在社会上的影响。

六、举办全国地质博物馆馆长专业培训班

为加强地质古生物专业训练和科普领导工作,2013 年和 2015 年,由科普工作委员会与沈阳师范大学古生物学院联合主办,在沈阳举办了两次"全国地质古生物博物馆馆长专业培训班",邀请了我国著名地质古生物学家殷鸿福、刘嘉麒、舒德干、周忠和等多位院士和国内著名专家授课,100 多位馆长、科普负责人等参加了培训班。培训班的举办得到了参加培训班的馆长及科普主管们的高度赞誉。培训班产生很大影响,得到了专家和全国地质古生物博物馆界的高度评价和称赞。

七、推荐成立了学科科学传播专家团队并参与多项其他推荐活动

中国科协从 2012 年起开始组建学科科学传播专家团队建设,中国古生物学会为此委托科普工作委员会,组建了古生物学科科学传播科普专家团队,组建了以冯伟民为团长、王原为副团长的专家团队。2014 年,中国科协特聘冯伟民为全国古生物学首席科学传播专家。此外,委员会还参与了向中国科协推荐"十大科学传播事件及十大科学传播人"候选人,邓涛荣获当年"十大科学传播人"称号。委员会还参与推荐中国科学院院士候选人等活动,2015 年委员会曾推荐我国年轻古生物学家徐星作为院士候选人。

八、其他工作

委员会委员积极参与地方和行业博物馆建设,如新疆鄯善地质博物馆建设和南京直立人遗址博物馆建设。积极参与地方科普基地建设,如三亚水稻公园恐龙园建设。参与辽宁古生物博物馆科普特展仪式、中国古动物馆科普产品发布会、中华恐龙园"金克拉杯"小记者征文大赛、自贡恐龙博物馆百年庆典、北京大学化石周、中国古生物化石基金会等科普活动。

委员会积极推荐和宣传了科普工作委员会委员撰写的科普图书、基地推出的科普展览和开展的科普活动。

附录：

中国古生物学会科普工作委员会管理办法

第一章　总则

为规范科普工作委员会管理，促进委员会发展，按照《中国古生物学会章程》和中国古生物学会分支机构管理办法及等有关规定，特制定本管理办法。

第一条　科普工作委员会接受中国古生物学会的领导，不具有法人资格。

第二条　科普工作委员会主要任务是：开展国内外学术交流，促进学科发展；普及古生物科技知识，积极反映科技工作者的意见与建议，服务广大会员，维护科技工作者合法权益；完成本会交办的各项任务。

第二章　科普工作委员会的挂靠、名称和组成

第三条　科普工作委员会应具备下列条件：

（一）科普工作委员会挂靠中国科学院南京地质古生物研究所；

（二）业务范围符合《中国古生物学会章程》的规定，并能开展相应的业务活动；

（三）具有博物馆馆长、科普刊物和网站负责人及科普领域带头人等群体。

第三章　科普工作委员会及主要负责人

第四条　科普工作委员会制，每届四年。

第五条　分支机构设主任委员一名、副主任委员若干名，秘书长一名。主任委员任职年龄一般不超过70周岁，秘书长任职年龄原则上不超过60岁，可连选连任，连任不超过两届。因特殊情况确需超过两届的，必须向本会说明理由，报本会审批。一人不得同时兼任两个分支机构的主任委员或秘书长。以上任职均须得到中国古生物学会理事会批准备案。

第六条　委员由博物馆馆长、科普刊物主管、科普网站负责人、科普企业界主管等组成，由相关单位推荐，经中国古生物学会理事会批准备案。

第七条　科普工作委员会须按期换届。每届任期届满前至少三个月，向本会提交书面改选换届申请报告，同时提交下届主任委员、副主任委员、秘书长候选人建议名单，经中国古生物学会审批同意后方可进行换届改选。

第八条　委员会主任行使下列职权：

（一）召集和主持委员会会议；

（二）检查会员代表大会、委员会决议的落实情况；

（三）代表本委员会签署有关重要文件。

第九条　委员会秘书长行使下列职权：

（一）主持办事机构开展日常工作，组织实施年度工作计划；

（二）执行委员会决定；

（三）处理其他日常事务。

第四章　业务范围

第十条　委员会的业务范围：

（一）积极开展地质古生物科普学术交流，普及科学知识，弘扬科学精神，为提高公众科学素质服务；

（二）整合全国地质古生物（场馆）资源，发挥整体优势，组织开展各类科普教育活动；

（三）组织学习考察，及时了解有关信息，编印科普宣传资料，开展调研活动，积极建言献策；

（四）开展符合本协会宗旨的其他活动，为广大会员服务，积极完成上级业务主管部门交办的任务。

第五章　变更与注销

第十一条　科普工作委员会变更应当向古生物学会提交下列文件：

（一）分支机构主任委员签署的变更申请书；

（二）分支机构委员会或常委会关于变更事项的会议决议；

（三）负责人变更需提交负责人继任人选的基本情况及身份证明，住所变更需提交新住所产权或使用证明。

第十二条　科普工作委员会注销提供下列文件：

（一）注销登记申请书；

（二）科普工作委员会关于注销的决议。

第六章　监督管理

第十三条　科普工作委员会应加强制度建设，不断推进民主化、科学化和制度化管理：

（一）科普工作委员会必须接受古生物学会领导，认真执行学会的决议，遵守学会各项规章制度，积极参加和支持学会各项活动；

（二）科普工作委员会举办重大活动实行事前书面报告制度；

（三）科普工作委员会应在每年 12 月中旬向本会提交当年年度工作总结及下一年度工作计划。

第十四条　科普委员会在古生物学会的授权范围内发展会员、代收会费。

第七章　附则

第十五条　本办法于 2018 年 9 月 18 日经本会委员会审议通过，自下发之日起施行。

第十六条　本办法解释权归本会委员会。

中国古生物学会科普工作委员会举办的会议

中国古生物学会科普工作委员会第一次会议暨首届全国地质古生物科普工作研讨会
　　（辽宁沈阳，2012 年 9 月 17—22 日）

中国古生物学会科普工作委员会第二次全体委员会议
　　（广西桂林，2013 年）

中国古生物学会科普工作委员会第三次全体委员会议暨第二届全国地质古生物科普工作研讨会
　　（广东深圳，2014 年 10 月 9—11 日）

中国古生物学会科普工作委员会第三届全国地质古生物科普研讨会
　　（重庆，2016 年 9 月 10—11 日）

中国古生物学会科普工作委员会第四次全体委员会议
　　（上海，2016 年 11 月）

中国古生物学会科普工作委员会第五次全体委员会议
　　（江苏南京，2017 年 5 月）

中国古生物学会科普工作委员会第四届全国地质古生物科普研讨会
　　（海南三亚，2018 年 4 月 13—14 日）

中国古生物学会科普工作委员会第六次全体委员会议
　　（安徽合肥，2019 年 4 月 9—10 日）

中国古生物学会古无脊椎动物学分会简史

中国古生物学会古无脊椎动物学分会成立大会于 2016 年 12 月 18 号在贵阳召开。王永栋秘书长主持大会，并介绍了分会筹备和理事候选人推选的过程。童金南副理事长宣读《中国古生物学会关于成立古无脊椎动物学分会的决议》。之后，依照《中国古生物学会章程》和《中国古生物学会分支机构管理条例》，选举产生了由段冶、樊隽轩、巩恩普、何卫红、丛培允、张海春、姜宝玉、金小赤、彭进、齐永安、任东、沈树忠、孙元林、唐兰、王向东、吴亚生、姚华舟、詹仁斌、张志飞、蔡华伟等 21 位成员组成的第一届古无脊椎动物学分会理事会。杨群理事长代表学会致辞，祝贺古无脊椎动物学分第一届理事会成立。常务理事、古生态学专业委员会主任王向东，常务理事、孢粉学分会理事长、学会功能型党委书记朱怀诚先后发表讲话，对古无脊椎动物分会的成立表示祝贺。

在随后举行的古无脊椎动物学分会第一届理事会第一次会议上，选举产生了理事会负责人，其中由詹仁斌担任理事长，何卫红、金小赤、任东、孙元林担任副理事长，蔡华伟担任秘书长。

成立古无脊椎动物学分会是中国古生物学会发展历程中具有里程碑式的大事。它不仅可以有效联合国内各单位相关专家，组织学术交流，而且有利于这一重要学科领域的人才培养、强化科学普及活动，并积极促进本学科的发展，力争和保持在国际上的学科优势地位，为我国古生物学事业发展做出新贡献。

正在贵阳参加第十一届理事会第四次理事会议的理事会成员出席了中国古生物学会古无脊椎动物学会成立大会。

2017 年 12 月 8—10 日，中国古生物学会古无脊椎动物学分会第一届学术年会在中国科学院南京地质古生物研究所顺利召开。来自国内的科研机构、高等院校、博物馆、出版机构、科普教育和化石保护等 29 家单位的专家学者和青年学生等 150 余名代表参加了会议。中国科学院院士陈旭、沈树忠，西北大学教授张兴亮，中国古生物学会理事长杨群，江苏省古生物学会理事长王海峰，中国古生物学会古生态学专业委员会主任王向东，中国古生物学会秘书长王永栋等特邀嘉宾出席了大会开幕式。

在 12 月 9 日上午的大会开幕式上，古无脊椎动物学分会理事长詹仁斌致开幕词，对本次会议的召开表示祝贺，并向参加会议的嘉宾代表表示诚挚欢迎和衷心感谢。古无脊椎动物学分会成立于 2016 年 12 月 18 日，旨在促进古无脊椎动物学同行间的交流与合作，促进学科发展，进而为我国的地层古生物事业做出贡献。本次会议是分会成立以来第一次独立召开的全国性学术研讨会，由无脊椎动物学分会主办，现代古生物学和地层学国家重点实验室协办，南京古生物所承办。

本届学术年会以"古无脊椎动物学与重大地质事件"为主题，为期两天的会议期间，开展了丰富的学术交流活动。大会设置 1 个主会场和 2 个学术主题分会场，共有 46 个口头报告（其中 20 个为学生报告）和 1 个展板报告，展示了近年来我国古无脊椎动物学及相关领域取得的最新科研成果。会议邀请沈树忠和张兴亮做大会特邀报告，题目分别为《二叠纪全球界线层型(GSSP)研究现状、存在问题及其启示》和《寒武纪大爆发早期的底质革命者》。詹仁斌以及分会副理事长孙元林、金小赤、任东、何卫红分别为大会做了主题报告，内容分别涉及奥陶纪宝塔组与生物大辐射、泥盆纪腕足动物群、生物系统学研究、二叠纪生物古地理以及二叠纪末海洋无脊椎动物。分会场学术报告内容丰富，时代从前寒武纪到新生代，内容涉及早期生物演化、寒武纪特异化石库、奥陶纪生物大辐射与大灭绝、晚古生代生物多样性演变与环境背景、二叠纪-三叠纪之交生态系演变、中新生代陆相无脊椎动物演化以及新技术新手段在古无脊椎动物学研究中的应用等。

12 月 10 日下午,参会代表赴南京汤山考察了汤山猿人洞和汤山直立人化石遗址博物馆。

孙元林主持了大会闭幕式,向大会的圆满结束表示祝贺,并向积极参与的所有参会代表表示感谢。在大会闭幕式上,颁发了理事会评选出的优秀学生报告奖,共有来自贵州大学、西北大学、中国地质大学(武汉)和南京古生物所等单位的 7 名研究生获奖。

中国古生物学会古无脊椎动物学分会第二届学术年会于 2019 年 9 月 21—22 日在西北大学召开。大会由中国古生物学会古无脊椎动物学分会、陕西省科学技术协会主办,由西北大学地质学系、陕西省早期生命与环境重点实验室、陕西省古生物学会、大陆动力学国家重点实验室、西北大学博物馆和陕西紫阳野外科学观测研究基地承办。来自中国科学院南京地质古生物研究所、中国地质大学(北京、武汉)、南京大学、贵州大学、首都师范大学、中国科学院地质与地球物理研究所、中国地质科学院、云南大学、长安大学等 21 家兄弟单位的 150 余名学者和同学参加了此次会议。

大会包括学术报告和野外考察两个部分。学术报告为期两天,共安排 57 场,其中,特别邀请了国内知名专家学者做特邀报告、大会报告和主题报告。野外考察安排有两条线路供大家选择,分别是为期三天的"陕西紫阳早古生代地层及志留纪早期笔石动物群"和为期一天的"西北大学秦岭野外综合教学实习国家基地"的考察。

中国古生物学会秘书长蔡华伟主持了大会闭幕式,向大会的圆满结束表示祝贺,并向所有参会代表的积极参与表示感谢。同时,在大会闭幕式上向获得优秀报告奖的强亚琴、刘聪、魏鑫、王瀚、杨弘茹、刘玉娟和田庆羿等 7 名研究生进行了颁奖。会议期间还召开了中国古生物学会古无脊椎动物学分会第一届理事会第四次会议。

中国古生物学会古无脊椎动物学分会理事会

第一届(2016—　)

理　事　长:詹仁斌

副理事长:孙元林　金小赤　任　东　何卫红

秘　书　长:蔡华伟

常务秘书长:季　承

理　　事(21 人):王向东　丛培允　任　东　孙元林　巩恩普　齐永安　何卫红　吴亚生
张志飞　张海春　沈树忠　欧　强　金小赤　姚华舟　姜宝玉　段　冶
唐　兰　彭　进　詹仁斌　蔡华伟　樊隽轩

中国古生物学会地球生物学分会简史

在中国古生物学会领导以及广大会员的支持和努力下,经过多年的酝酿与筹备,中国古生物学会地球生物学分会成立大会于 2018 年 9 月 18 日在郑州黄河迎宾馆召开。会议首先由中国古生物学会第十一届理事会秘书长王永栋研究员宣读了中国古生物学会关于成立地球生物学分会的决定、地球生物学分会的第一届理事的组成及关于地球生物学分会第一届理事会负责人人选的批复文件。地球生物学分会召集人中国地质大学(武汉)谢树成教授就批复的负责人人选进行了简单的介绍。之后,成立了选举小组,由中国地质大学(武汉)罗根明担任选举小组组长,由中国地质大学(武汉)的李东东和中国科学院南京地质古生物研究所的方翔担任监票人,由中国地质大学(武汉)的何锋和中国科学院南京地质古生物研究所的李文杰担任唱票人,由中国地质大学(武汉)的董曹辉和中国科学院南京地质古生物研究所的武学进担任计票人。选举小组成立之后,由选举小组组长宣布了选举规则并开展选举。在选票统计期间,中国古生物学会第十一届理事会秘书长王永栋研究员和大家一起学习了中国科协的有关章程。

选举结果如下:中国地质大学(武汉)谢树成教授当选中国古生物学会地球生物学分会第一届理事会理事长,上海交通大学王风平教授、中国科学院南京地质古生物研究所朱茂炎研究员、中国科学院古脊椎动物与古人类研究所朱敏研究员、西北大学张兴亮教授当选中国古生物学会地球生物学分会第一届理事会副理事长。

之后,中国古生物学会地球生物学分会第一届理事会理事长谢树成教授做了发言,承诺遵守相关章程,在中国古生物学会的领导下,努力将地球生物学分会建设好。发言之后,谢树成理事长推荐中国科学院南京地质古生物研究所曹长群研究员担任第一届理事会秘书长,并获得所有到会理事的同意。同时,曹长群秘书长推荐了中国地质大学(武汉)罗根明副教授担任理事会第一届常务副秘书长。之后,我国地球生物学倡导者中国科学院院士、中国地质大学(武汉)殷鸿福院士发表了重要讲话,对我国地球生物学的未来发展提出了很好的建议。殷鸿福院士强调分会应在学科交叉、技术创新、深时与深地地球生物学方面做出特色。

中国古生物学会地球生物学分会理事会
(按姓氏笔画为序)

第一届(2018—   )

理事(29 人):王风平　王永标　王永莉　王红梅　王春江　王新强　田　宁　付巧妹　冯晓娟
　　　　　　朱　敏　朱茂炎　齐永安　孙永革　李金华　吴亚生　张　华　张以春　张兴亮
　　　　　　张建平　陆现彩　罗根明　郑全峰　胡建芳　贾国东　曹长群　蒋宏忱　鲁安怀
　　　　　　谢小平　谢树成

理　事　长:谢树成
副理事长:王风平　朱　敏　朱茂炎　张兴亮
秘　书　长:曹长群

中国古生物学会古生态学专业委员会简史

1988 年 10 月 29 日—11 月 2 日,中国古生物学会古生态学专业委员会成立大会暨第一次学术年会在山东临朐召开,会议选举杨式溥教授为中国古生物学会古生态学专业委员会主任,金玉玕研究员为副主任,吴贤涛、范嘉松等为委员。

2004 年 11 月 19—22 日,中国古生物学会古生态学专业委员会第二次学术年会在广西南宁召开。

2006 年 11 月 22—25 日,中国古生物学会古生态学专业委员会第三次学术年会在广东深圳召开。

2008 年 11 月 11 日,中国古生物学会古生态学专业委员会第四次届学术年会在河南焦作理工大学召开。

2010 年 8 月 2—3 日,中国古生物学会古生态学专业委员会第五次学术年会在黑龙江哈尔滨召开。

2012 年 7 月 8—10 日,中国古生物学古生态学专业委员会第六次学术年会在甘肃兰州市顺利召开。会议期间还进行了中国古生物学会古生态学专业委员会理事及秘书选举工作,选举结果如下:

主　　任:王向东

副 主 任:孙柏年　童金南

秘 书 长:王　玥

副秘书长:朱荣京　樊隽轩

委　　员:王　玥　王训练　王向东　冯　卓　史宇坤　刘建波　孙柏年　巩恩普　吴亚生
　　　　　张志飞　杨兴莲　金小赤　赵文金　赵方臣　黄　冰　童金南　樊隽轩

2014 年 12 月 18—19 日,古生态学专业委员会第七次学术年会在江苏无锡召开。

2016 年 12 月 17—18 日,古生态学专业委员会第八次学术年会在在贵州贵阳召开。

2018 年 11 月 10—12 日,中国古生物学会古生态学专业委员会第九次学术年会在安徽合肥召开。会议期间还进行了中国古生物学会古生态学专业委员会换届选举工作,结果如下:

主　　任:樊隽轩

副 主 任:江海水　闫德飞　赵文金

秘 书 长:泮燕红

副秘书长:史宇坤

委　　员:王　玥　冯　卓　史宇坤　刘建波　巩恩普　江海水　闫德飞　吴亚生　张志飞
　　　　　张琳娜　杨兴莲　季　承　泮燕红　赵文金　赵方臣　黄　冰　黄　浩　景秀春
　　　　　樊隽轩

中国古生物学会 90 年
The 90 Years of
Palaeontological Society of
China

7

· 学会大事记

中国古生物学会成立于 1929 年 8 月 31 日，距今已有 90 年。学会初创时仅有 10 人，至 2019 年已达 3300 人。原来只是一个小小的学科组织，今天已成为国际古生物协会的一个重要成员，在国际上享有盛誉，在国内也是一个活跃而又有生气的学术团体之一。

1929 年 8 月 31 日中国古生物学会成立，与会的有丁文江、葛利普、孙云铸等 10 人，由葛利普任主席，通过了会章，选举孙云铸为会长，计荣森为书记，李四光、赵亚曾、王恭睦、杨钟健为评议员。

1929 年 9 月 17 日，在北平兵马司地质调查所大讲堂召开了首次常委会和讨论会。在会上，俞建章、王恭睦、乐森璕宣讲论文 3 篇。

1937 年，李四光代表中国古生物学会出席在莫斯科召开的国际古生物协会会议。

1947 年 10 月 9 日，由杨钟健倡议在江苏南京珠江路中央地质调查所召开谈话会，出席者有杨钟健、俞建章、黄汲清等 14 人，公推杨钟健为主席，并推杨钟健、俞建章、陈旭、许杰和王钰 5 人为筹备员，分别发函各地同行推选新的古生物学会理事会。函选结果：杨钟健、孙云铸、尹赞勋、张席禔、王钰、赵金科、田奇㻪、许杰为理事，李四光、秉志、黄汲清 3 人为监事，李春昱、乐森璕为候补监事。

1947 年 12 月 6 日，在中央地质调查所召开理监事联席会议，公推杨钟健为理事长，赵金科为书记，王钰为会计，孙云铸为编辑，黄汲清为常务监事。

1947 年 12 月 25 日，在江苏南京鸡鸣寺中央研究院地质研究所召开中国古生物学会复活大会。到会会员 23 人，来宾 6 人。

1948 年 1 月 9 日，在江苏南京珠江路中央地质调查所召开第二次理事会，推举李四光、尹赞勋作为代表参加于 1948 年召开的第十七届国际古生物协会会议。

1948 年 3 月，《中国古生物学会讯》创刊。

1948 年 3 月和 7 月，在江苏南京中央地质调查所和中央研究院地质研究所举行了两次临时会议和两次学术讲演会。

1948 年 6 月，《中国古生物学会刊》创刊。

1948 年 10 月，为配合首届学术年会的召开，报道 1948 年的两次临时会和两次学术讲演会情况的《中国古生物学会讯》第 2 期出版。

1948 年 10 月 26 日，在江苏南京中央地质调查所大礼堂举行第一届学术年会，选举斯行健、俞建章、卢衍豪为理事，王鸿祯、陈旭、许杰为候补理事。

1948 年 11 月 1 日，第五次理事会推举孙云铸为理事长，赵金科为书记，王钰为会计，卢衍豪为编辑。

1949 年 12 月，为配合第二届学术年会的召开，报道 1948 年第一届学术年会情况的《中国古生物学会讯》第 3 期出版。

1949 年 12 月 20 日，在江苏南京中央地质调查所礼堂举行第二届学术年会，选举杨钟健、赵金科、王钰为理事，王鸿祯、裴文中、杨遵仪为候补理事。12 月 21 日，召开第八次理事会议及座谈会，决议编辑《中国标准化石》，公推俞建章、尹赞勋、顾知微、陈旭和赵金科等主持编辑事务。

1950 年 8 月 15 日，第九次理事会用通讯方式举行，6 名理事签名。

1950 年 10 月 3 日，第十次理事会在北京大学地质馆召开，6 位理事到会。

1950 年 11 月 15 日，第十一次理事会在北京地质陈列馆召开，6 位理事到会。

1950 年 12 月 25 日，第三届学术年会与中国地质学会第二十六届年会在江苏南京大学科学馆联合举行，改选孙云铸、杨遵仪、尹赞勋为理事，王鸿祯、张席禔为候补理事。

1951 年 1 月 18 日，第十二次理事会在江苏南京中国科学院地质研究所召开，6 位理事到会。

1951 年 2 月 27 日，第十三次理事会在北京中国地质工作计划指导委员办公处会召开，6 位理事到会。

1951 年 7 月，报道学会第三届学术年会的《中国古生物学会讯》第 5 期出版。

1953 年 2 月 8 日，第五届学术年会与中国地质学会第二十八届年会在北京安定门外六铺坑全国地质工作人员大会会场联合举行。

1953年4月16日,在中国科学院编译局会议室与中国地质学会联合举行理事会。选举杨钟健为理事长,王鸿祯为书记,尹赞勋为会计,杨遵仪为编辑。理事会聘请周明镇为助理书记,刘宪亭为助理会计,组建《古生物学报》编辑部,由12人组成(杨遵仪、杨钟健、王鸿祯、孙云铸、张席禔、陈旭、斯行健、卢衍豪、丁道衡、俞建章、赵金科、尹赞勋),杨遵仪为主任。

1953年7月14日,在北京地质学院大楼会议室与中国地质学会联合举办介绍苏联学术座谈会。

1953年9月21日,周口店中国猿人化石产地陈列室正式开放。9月20日举行预展,预展会由中国科学院主持,副院长竺可桢发表讲话。

1953年10月,《中国古生物学会讯》第6期出版,刊登了1953年4月16日理事会的记录、会员动态、胡长康和周明镇的《中国古生物学文献目录(1949年10月—1953年6月)》及包括89位会员的会员通讯录。

1954年2月28日,第六届学术年会在北京中国科学院会议厅举行,出席会员38人。

1954年3月7日,在北京召开(第八届)理事会第一次常务理事会,选举新的常务理事会。尹赞勋为理事长,杨钟健为书记,孙云铸为会计,杨遵仪为学报编辑主任,周明镇为助理书记,刘宪亭为助理会计。

1954年5月2日,在北京召开(第八届)理事会第二次常务理事会,4位常务理事到会。

1954年5月,《中国古生物学会讯》第7期出版,发表第六届学术年会、两次常务理事会的纪事,以及胡长康的《中国古生物学文献目录(续)(1953年7月—1954年4月)》。

1955年2月4日,第七届学术年会在北京地质学院大楼举行,孙云铸任主席,50余会员及来宾参加,会上杨遵仪报告《古生物学报》的出版情况和《古生物译报》的创刊经过。

1955年3月27日,学会召开理事会,成立新的理事会,孙云铸任理事长,赵金科为书记,王鸿祯为会计,张庼虞为助理书记;增聘许杰、赵金科、乐森璕、张席禔、裴文中为学报编辑委员。

1955年12月,《中国古生物学会讯》第8期出版,报道第七届学术年会和学术活动的情况。

1956年6月16日,中国古生物学会第一届全国会员代表大会在北京文津街全国科联会议室召开,代表22人(实到16人),17、18日举行论文宣读会,并通过了新会章,选举产生了由14人组成的新理事会,常务理事会由理事长杨钟健、秘书长王鸿祯、组织委员徐仁、学报编辑主任杨遵仪和学术委员王钰组成,编辑委员会由杨遵仪为主任,周明镇、徐仁为副主任,会讯编委会由周明镇负责。6月19日召开一届一次理事会。

1956年7月,《中国古生物学会讯》第9期——第一届全国会员代表大会专号出版,报道了第一届全国会员代表大会和二次理事会的情况,发表了包括131位会员的会员录。

1956年7月6日,召开一届二次理事会,决议学报编委会名义取消,定名编辑委员会,包括学报、译报、古生物志3个委员会及其他事项。

1957年2月17—18日,第八届学术年会在北京举行。

1957年4月,《中国古生物学会讯》第10期——第八届学术年会专号出版,报道了第八届学术年会的情况。

1957年7月13日,中国古生物学会与中国地质学会理事会联合会议通过《中国古生物学会的五年规划(草案)》。

1958年4月,第九届学术年会在北京召开。

1958年9月,《中国古生物学会讯》第11期——第九届学术年会专号出版,报道学会五年规划和第九届学术年会的情况,发表徐余瑄的《中国古生物学文献目录(续)(1954年5月—1957年6月)》。

1958年11月,邀请苏联古生物学家奥尔洛夫、叶列莫夫、罗日杰斯脱斯基、沃罗格金和马廷生等做了学术报告,接待了印度古生物学会会长沙尼教授。

1959 年 12 月 31 日,学会召开学会成立 30 周年纪念会。

1962 年 8 月 20—27 日,第二届全国会员代表大会暨第十届学术年会在北京西苑大旅社会议厅举行,出席代表 60 人,登记会员 223 人。产生了新理事会(理事 17 人),由尹赞勋任理事长,卢衍豪任副理事长,周明镇任秘书长。

1962 年 8 月 27 日、30 日,学会召开了理事会,通过常务理事会名单(8 人),聘请张日东为副秘书长,通过学报编辑委员会名单,通过地方学会、地方小组和学科组负责人名单(学会长春组由俞建章负责,学会长沙组由区元任和金玉琴负责,学会昆明组由江能人负责,学会成都组由秦鸿宾负责;学会西安组由霍世诚和宋叔和负责,学会古植物学组组长:徐仁、李星学,秘书:李佩娟;学会古无脊椎动物学组组长:穆恩之、杨式溥,秘书:侯鸿飞)。

1962 年 8 月,《中国古生物学会讯》第 12 期——第十届学术年会及第二届全国会员代表大会专号出版,报道了第二届全国会员代表大会及第十届学术年会的情况,以及中国科学院地质古生物研究所、古脊椎动物与古人类研究所、北京大学古生物专业和地质部地质科学研究院古生物研究室的近况,并刊登了历届理事会理事名单和包括 227 名会员的会员录。

1963 年 9 月 27 日,二届二次理事会召开,决定召开第十一届学术年会,卢衍豪、周明镇、张日东为筹委会负责人,呈报全国科协。

1964 年 1 月 10 日,国务院批准第十一届学术年会年末在北京召开。

1964 年 7 月 9 日,二届三次理事会、12 月 4 日二届四次扩大理事会研究第十一届学术年会的筹备事宜。

1964 年 7 月 19 日,中国古生物学会理事、中国科学院地质古生物研究所所长、中国科学院学部委员斯行健研究员在江苏南京逝世。

1964 年 12 月 5—12 日,第十一届学术年会在江苏南京召开,参加会议的代表 70 人、列席代表 14 人、旁听 150 人,收到论文 183 篇。

1964 年 12 月,《中国古生物学会讯》第 13 期——第十一届学术年会专号出版,报道了第十一届学术年会的情况。

1964 年 12 月 11 日,学会召开二届五次理事会,决定在 1965 年召开以中、新生代有孔虫、介形虫为中心的微体古动物专业会议,由曾鼎乾、侯祐堂、苏德英负责筹备;编写《古生物名词》由赵金科、卢衍豪、徐仁、周明镇、杨遵仪负责组织,杨遵仪为召集人;成立科普组织,由裴文中负责。

1965 年,学会召开二届六次扩大理事会。

1966 年 6 月起,因"文化大革命",学会活动中断。

1971 年 4 月 29 日,中国古生物学会创始会员、中国科学院副院长、中国科学院学部委员李四光教授在北京逝世。

1977 年 4 月,西藏地层分区学术讨论会在江苏镇江召开,58 名地层古生物学者与会。

1977 年 12 月,《古生物学报》编辑委员会改组,由 21 名委员组成,王钰任主编。1978 年 7 月 26 日,中国科学院批准《古生物学报》由季刊改为双月刊。

1978 年 4 月,学会召开二届七次扩大理事会。

1978 年 10 月 11 日,学会山旺现场会暨第二届第八次扩大理事会在山东临朐山旺召开,与会代表 161 人,工作人员 53 人。12 日,在山旺做地质旅行和参观。13 日下午,在济南继续开会,宣布了扩大理事会决议。

1978 年 10 月,《中国古生物学会讯》第 14 期——山旺现场会议暨第二届第八次扩大理事会专号出版,报道了会议的情况及论文摘要。

1979 年 1 月 6 日,学会理事、学会创始人之一、学会首任会长、前理事长、中国科学院学部委员孙云铸教授研究员逝世。

1979 年 1 月 15 日,学会创始人之一、学会前理事长、中国科学院学部委员杨钟健研究员逝世。

1979 年 4 月 16-22 日,第三届全国会员代表大会暨第十二届学术年会在江苏苏州召开,参加会议的人员超过 500 人。会前特地由科学出版社出版了《中国古生物学会第十二届学术年会论文摘要》。选举出新的理事会,理事会由 5 名荣誉理事、42 名理事、5 名候补理事组成。这次会议盛况空前,是我国古生物学史上具有重大意义的一次会议。

1979 年 4 月 22 日,三届一次理事会召开,选举出 15 个常务理事,推选尹赞勋为理事长,卢衍豪、周明镇、杨遵仪、穆恩之为副理事长,俞昌民为秘书长;编辑委员会主任为尹赞勋,《古生物学报》编辑委员会主编为王钰,《古生物译报》编辑委员会主编为杨遵仪,《古生物基础理论丛书》和《古生物专论丛书》编辑委员会主编为卢衍豪;教育委员会主任为杨遵仪;国际交流委员会主任为穆恩之。

1979 年 4 月《中国古生物学会讯》第 15 期——第三次全国会员代表大会暨第十二届学术年会专辑出版,详细报道了会议和三届一次理事会的情况,发表了学会创始会员、前理事长杨钟健的遗作——《我国古生物学赶超世界先进水平的有利条件和还要克服的若干困难》以及 6 个附录,其中包括参加会议的代表名录和中国古生物学会会员录。

1979 年 4 月-1984 年年初,先后成立了湘粤桂联合组、山东省古生物学会和甘肃省古生物学会;中国古生物学会昆明组、西安组、长春组恢复了活动。

1979 年 7 月 19 日,中国古生物学会被接纳为国际古生物协会的团体会员。

1982 年 2 月 22-24 日,第三届三次扩大理事会在北京召开,23 日举行了庆祝尹赞勋理事长 80 寿辰暨从事地质科学活动 50 周年报告会。

1983 年 5 月,学会与北京大学地质系联合举办乐森璕教授从事地质科学和教育工作 60 年学术讨论会,参加会议的有 600 多人,学术活动进行了三天。

1983 年 5 月 8 日,三届四次常务理事(扩大)会议在北京召开,研究理事会改选等问题。

1983 年 10 月 26-29 日,在江苏南京召开寒武系-奥陶系、奥陶系-志留系界线国际学术讨论会,参加会议的外国学者 23 人,国内 80 多人。

1983 年 10 月 14-24 日,全国石炭纪地层讨论会暨 1983 年地层古生物学术年会在贵阳、惠水召开。

1984 年 1 月 27 日,中国科学院院士、中国古生物学会理事长尹赞勋教授逝世。

1984 年 3 月 31 日-4 月 1 日,三届五次常务理事(扩大)会议在浙江绍兴召开。

1984 年 4 月 1 日,学会召开三届三次理事会。

1984 年 4 月 2-6 日,学会第四届全国代表大会暨第十三届学术年会在浙江绍兴举行。4 月 2 日,在四届一次理事会上,57 名理事选举卢衍豪为理事长,周明镇、穆恩之、郝诒纯为副理事长,吴望始为秘书长。4 月 5 日,四届一次常务理事会聘请金玉玕、赵喜进、李凤麟为副秘书长。

1984 年 4 月 5 日,学会常务理事、《古生物学报》主编、中国科学院院士王钰逝世。

1984 年 4 月《中国古生物学会讯》第 16 期——第十三届学术年会暨四届一次理事会议专号出版,报道了学术年会和第三届、四届理事会的情况。

1984 年第三季度《微体古生物学报》创刊,主编为盛金章研究员。

1985 年 2 月 26-27 日,学会四届二次常务理事扩大会议和尹赞勋教授逝世一周年纪念会在北京召开,会议批准成立古生态专业委员会、介形类专业委员会、牙形类、蜓、有孔虫、轮藻、苔藓虫层孔虫、小壳化石、腹足类等学科组;改组了《古生物学报》编委会,任命李星学为主编;增聘谢翠华为副秘书长。

1985 年 2 月 27 日,古生物学名词审定委员会在北京召开成立大会,周明镇为主任委员,李星学为副主任委员,赵喜进为秘书。

1985 年 8 月,《中国古生物学会讯》第 17 期出版,报道了尹赞勋教授逝世一周年纪念会、第十一届国际

石炭纪大会和学会其他一些活动的情况。

1985 年 10 月 11—24 日,学会与中国石油学会联合举办的中国南方白垩系及含油气远景学术讨论会在浙江举行。出席会议代表有 126 名。

1985 年初至 1986 年年初,一批经过批准的二级学科组相继成立,与此同时,贵州省古生物学会、湖北省古生物学会、河南省古生物学会也相继成立。

1985 年 8 月 23 日—9 月 5 日,穆恩之等去丹麦参加第三届国际笔石学会议,穆恩之当选为国际笔石工作组组长,会议决定 1990 年在江苏南京召开第四届国际笔石学会议,陈旭为大会秘书长。

1986 年 3 月 11—12 日,学会四届三次常务理事会、四届二次理事会先后召开,到会理事 49 人。理事会就学会今后的工作和学术活动等问题进行了热烈的讨论。

1986 年 3 月 13—17 日,学会第十四届学术年会在江苏南京召开,参加会议代表 350 人,会议围绕古生态、古地理和古气候等专题进行了学术交流(简称"三古会议"),会议出版了论文集和论文摘要。

1986 年 3 月 18—19 日,学会教育及普及委员会第一次教学讨论会在江苏南京举行,来自全国各地 43 个教育、科研和生产单位的代表 67 人参加了会议。

1986 年 5 月,《中国古生物学会讯》第 18 期出版,报道了 1985 年学会的一些活动和第十一届国际石炭纪地层和地质大会消息。

1986 年 7 月 18—27 日,学会与江苏省古生物学会联合举办首届古生物学夏令营,学会秘书长吴望始任营长,营员 80 人。

1986 年 7 月 25—29 日,大阳岔寒武系-奥陶系国际现场考察与学术讨论会在吉林浑江召开,115 名中外专家莅临。

1986 年 7 月,《中国古生物学会讯》第 19 期出版,报道了第十四届学术年会和 1986 年学会的一些活动。

1986 年 8 月 12—23 日,学会与中国石油学会联合举办的中国北方白垩系及其含油气远景学术讨论会在黑龙江大庆举行。

1986 年 9 月《中国古生物学会讯》第 20 期——第一次教学讨论会专辑出版,专门报道了 1986 年 3 月第一次教学讨论会的情况。

1987 年 1 月 9 日,在中国科学南京地质古生物研究所召开南京地区青年古生物学工作者学术讨论会。

1987 年 2 月 24 日,学会和科学出版社联合召开了"古生物学基础理论丛书"和"古生物学专著丛书"编委会第三次会议。

1987 年 2 月 25 日,四届四次常务理事会在江苏苏州召开。

1987 年 3 月 7 日,学会在中国矿业学院北京研究生部召开了"北京及邻近地区青年古生物学工作者古生物学现状及发展方向"研讨会。

1987 年 4 月 8 日,学会常务理事、中国科学院学部委员穆恩之逝世。

1987 年 6 月,《中国古生物学会讯》第 21 期出版,主要报道了青年古生物工作者"古生物学现状及发展方向"研讨会的情况。

1987 年 8 月 31 日—9 月 4 日,学会和中国地质学会、中国煤炭学会、中国石油学会联合召开了第十一届国际石炭纪地层和地质大会。

1987 年 10 月 8—10 日,学会秘书工作会议在山东烟台长岛举行,就换届选举问题征求意见。

1987 年 10 月,国际第四纪早期脊椎动物学术讨论会在北京召开,外宾 20 人。

1987 年 11 月 3—7 日,学会在上海召开沿海石油勘探中的古生物工作研讨会,80 余人出席了会议。

1988 年 1 月,《中国古生物学会讯》第 22 期出版,报道了 1987 年学会活动的一些情况。

1988 年 2 月 26 日,中国古生物学会第四届五次常务理事会在北京西三旗饭店召开。

1988年4月上旬,学会举办了1988年青年古生物工作者优秀论文奖评选活动,对27位获奖者颁发了奖状和证书。

1989年1月,为纪念首次颁发尹赞勋基金奖,学会秘书处编印了会讯第23期——《尹赞勋基金专辑》;与此同时,学会秘书处编印了会讯第24期——《中国古生物学会简史专辑》,刊登了由王俊庚、潘云唐和夏广胜编写的《中国古生物学会简史》。

1989年3月,《中国古生物学会讯》第25期出版,报道了1988年学会活动的一些情况。

1989年4月20日,在湖北中国地质大学(武汉)召开四届三次理事扩大会议。

1989年4月20—25日,学会第五届全国会员代表大会暨第十五届学术年会在湖北武汉中国地质大学招待所举行,320人参加了会议。24日选举产生了由38人组成的五届理事会。

1989年4月24日,五届一次理事会召开,选举产生了常务理事、理事长、秘书长。同日,五届一次常务理事会召开。

1989年4月,《中国古生物学会讯》第26期——中国古生物学会成立60周年纪念大会、中国古生物学会第五届全国会员代表大会暨第十五届学术年会专辑出版,报道了会议活动的一些情况。

1989年11月21—25日,我会与中国地质学会地层古生物专业委员会、成都地质学院在四川成都地质学院联合主办全国古生物、沉积和成矿作用学术讨论会,出席会议的代表超过150名。

1989年8月22日,在北京香山中国科学院植物所举行全国青年孢粉工作者研讨会,50余人与会。

1989年12月19—20日,东北地区青年古生物工作者学术讨论会在吉林长春地质学院举行,近30人参加。

1989年,学会理事长李星学、王鸿祯、周明镇,秘书长吴望始,常务理事张忠英、邢裕盛、金玉玕,理事汪品先、陈丕基等赴美参加第二十八届国际地质大会。

1990年2月,《中国古生物学会讯》第27期出版,报道了1989年学会活动的一些情况。

1990年9月10—15日,学会头足类、蜓类、有孔虫、苔藓虫与层孔虫四个学科组联合学术讨论会在乐山召开,有69名代表参加。

1990年9月25—27日,我会和中国科学院南京地质古生物研究所在南京举办第四届国际笔石大会,50多位中外学者参加了会议,会前和会后进行了地质考察。

1990年11月16—19日,全国首届现代古生物学及地层学研究生学术讨论会在南京举行。

1991年4月24日,五届二次理事会在山东青岛召开。

1991年4月25—28日,学会第十六届学术年会在山东青岛海洋地质研究所举行,出席会议的代表有135名。

1991年8月30日—9月3日,由我会与中国科学院南京地质古生物研究所联合主办的第二届国际古生态在会在江苏南京召开,参加会议的正式代表98名、列席代表54名,其中外宾30人。

1991年10月8日,就换届的有关事宜在江苏南京召开秘书工作会议,到会15人。

1991年10月28日—29日,就换届的有关事宜在北京召开秘书工作会议。秘书长吴望始因病需长期休养,经协商自1991年10月30日起由曹瑞骥任学会代秘书长。

1992年5月6—9日,学会联合中国地质大学(北京)地质矿产系、现代古生物学和地层学开放研究实验室在北京举办计算机在古生物学中的应用学术研讨会,近50人参加会议。

1992年5月10日,五届三次常务理事(扩大)会议在北京中国地质大学召开。

1992年5月,《中国古生物学会讯》第28期出版,报道了学会第十六届学术年会和1991年学会活动的一些情况。

1992年12月8—11日,学会和江苏省古生物学会等单位联合在南京举行全国地层古生物学的新发现和新见解学术讨论会——中国科协首届青年学术年会卫星会议,近百名代表出席会议。

1993 年 4 月 25 日，五届三次理事会在河北承德举行。

1993 年 4 月 25—30 日，中国古生物学会第六届全国会员代表大会暨第十七届学术年会在河北承德举行，216 人参加了会议，选举产生了第六届理事会。

1993 年 4 月 28 日，六届一次理事会在河北承德召开。

1993 年 4 月 28 日，六届一次常务理事会在河北承德召开，选举张弥曼为理事长，曹瑞骥为常务副理事长，项礼文、殷鸿福、安泰庠为副理事长，穆西南为秘书长；聘任赵喜进、夏广胜、姚建新、张克信、白志强为副秘书长，聘任李星学为《古生物学报》主编，聘任王俊庚、李锦玲、周祖仁、殷鸿福为《古生物学报》副主编，聘任夏广胜为学会办公室主任。

1993 年 5 月，《中国古生物学会讯》第 29 期出版，报道了第六届全国会员代表大会暨第十七届学术年会和 1992 年学会活动的一些情况。

1995 年，穆西南秘书长应邀参加第六届化石藻类学术讨论会（在土耳其安卡拉召开），当选为国际化石藻类协会主席。

1995 年，学会推荐的院士候选人周志炎成功当选为中国科学院院士。

1996 年 5 月 4—6 日，纪念葛利普教授逝世 50 周年暨中国古生物学会第十八届学术年会在北京大学召开，200 余人出席了会议。

1996 年 6 月 21—22 日，分子演化与分子古生物学讨论会在江苏南京召开。

1996 年 8 月，学会与中国地质学会等单位一起承办了第三十届国际地质大会。

1996 年 8 月，我会与国际古生物协会在中国科学院古脊椎动物与古人类研究所联合举办联谊会，招待出席第三十届国际地质大会的中外古生物学者，一百多名学者欢聚一堂。

1997 年学会六届二次常务理事会召开，决定建立中国古生物学会基金。

1997 年起《古生物学报》由每年 6 期改为每年 4 期。

1997 年 4 月 21—26 日，中国古生物学会第七届全国会员代表大会暨第十九届学术年会在山东泰安山东矿业学院举行，185 人参加了会议，会议选举产生了新的第七届理事会。

1997 年 4 月 22 日，学会七届一次理事会在山东泰安召开，选举产生了由 15 人组成的常务理事会。

1997 年 4 月 23 日，学会七届一次常务理事（扩大）会议在山东泰安召开，选举穆西南为理事长，邱铸鼎、汪啸风为副理事长，孙革为秘书长；聘任赵喜进、孙卫国、尹崇玉、白志强、吴乃琴为副秘书长，聘任李星学为《古生物学报》主编，聘任朱祥根为《古生物学报》常务副主编，戎嘉余、殷鸿福、李锦玲为《古生物学报》副主编，聘任夏广胜为学会办公室主任，唐玉刚为学会办公室副主任；批准刘本培为教育与普及委员会主任，白志强、冯洪真、张云翔、童金南为副主任，童金南兼任秘书长。

1997 年 4 月 24—26 日，学会第三届教学研讨会在山东泰安举行，36 名代表参加了会议。

1997 年，学会与中国地质大学（武汉）在湖北武汉联合主办全国生物成矿、生物找矿、生物选矿学术讨论会。

1997 年 10 月，《中国古生物学会讯》第 30 期出版，报道了第七届全国会员代表大会暨第十九届学术年会的一些情况。

1997 年 11 月 1—4 日，由学会、湖北省古生物学会和中国地质大学联合举办的高分辨率地层学学术讨论会在湖北郧县召开。

1998 年 10 月 15—19 日，由学会、全国地层委员会、湖北省古生物学会等联合举办的长江三峡层序、事件和综合地层学术讨论会在湖北宜昌召开。

1998 年，学会第三届青年学术交流会在江苏南京举行。

1999 年 3 月 9—11 日，我会与多单位联合组织的"泛大陆及古、中生代之转折"国际学术会议在湖北武汉中国地质大学召开。

1999 年 5 月 15—19 日，学会成立 70 周年纪念会暨第二十届学术年会在福建厦门举行，125 名代表参加了会议。

1999 年 5 月 18 日，学会七届四次常务理事（扩大）会在福建厦门举行，就授予张弥曼等 6 位荣誉理事、增补第七届理事会理事、表彰学会活动积极分子等事项做出了决定。

1999 年 5 月《中国古生物学会讯》第 31 期——中国古生物学会成立 70 周年纪念暨第二十届学术年会专辑出版，报道了第二十届学术年会活动的一些情况。

1999 年 10 月 13—17 日，在江苏南京举行第七届国际化石藻类会议。

2000 年 2 月 20 日，中国科学院院士、学会前理事长卢衍豪逝世，学会特地印发了会讯第 32 期——怀念卢衍豪院士特辑。

2000 年 5 月 26—31 日，第三届全国地层会议在北京香山饭店召开。

2000 年 6 月 24—30 日，由国际孢粉协会和学会孢粉学分会联合主办，中国科学院南京地质古生物研究所承办的第十届国际孢粉大会在江苏南京举行。

2000 年 7 月 31 日—8 月 3 日，由学会古植物学分会和中国植物学会古植物专业委员会联合主办的第六届国际古植物学大会在河北秦皇岛市国际饭店举行。

2000 年 1 月 10—11 日，学会三叶虫、甲壳类学科组及国家自然科学基金"九五"重点项目"热河生物群演化及环境变化研究"课题组在南京联合举行一次学术讨论会，祝贺张文堂研究员从事地质工作 50 年。

2001 年 5 月 19 日，学会在陕西西安召开七届七次常务理事（扩大）会。

2001 年 5 月 19—22 日，第八届全国代表大会暨第二十一届学术年会在陕西西安举行，近 200 位代表和工作人员出席了会议。会议选举产生了第八届理事会。

2001 年 5 月 20 日，八届一次理事会召开，选举沙金庚为理事长，朱敏、汪啸风、郝守刚为副理事长，杨群为秘书长；聘任朱祥根为常务副秘书长，孙卫国为外事副秘书长，白志强、尹崇玉、张兆群为副秘书长，聘任朱祥根为学会办公室主任，唐玉刚为学会办公室副主任。

2001 年 5 月 21 日，八届一次常务理事会召开，就授予穆西南、邱铸鼎为荣誉理事和学会学术活动基金管理委员会换届等事项做出了决定。

2001 年 5 月，《中国古生物学会讯》第 33 期——中国古生物学会第八届全国会员代表大会暨第二十一届学术年会专辑出版，报道了第二十一届学术年会活动的一些情况。

2001 年 8 月 10—13 日，由国家自然科学基金委员会、中国地质调查局、全国地层委员会、中国地质大学、中国科学院南京地质古生物研究所和我会联合发起的二叠系-三叠系界线层型及重大事件国际学术会议在浙江长兴召开。

2001 年 8 月 28—9 月 8 日，中国科学院南京地质古生物研究所和学会联合承办的第七届国际寒武系再划分野外现场会议在我国湖南、贵州和云南举行。

2001 年 10 月 28—31 日，由中国古生物学会和焦作工学院、西北大学、中国地质大学及中国地质调查局地层古生物研究中心等单位联合举办的全国古遗迹学及层序地层学研讨会在河南焦作工学院召开。

2002 年 7 月 6—10 日，第一届国际古生物学大会于在澳大利亚悉尼召开，学会沙金庚理事长、朱敏、汪啸风、郝守刚副理事长、杨群秘书长及部分常务理事、理事、副秘书长及中国古生物学者 37 人参加了会议，会议决定 2006 年在北京召开第二届古生物学大会。会议期间国际古生物协会换届，金玉玕再次当选为副主席。

2002 年 8 月 5—7 日，学会与国家自然科学基金委员会、中国地质大学、恩施土家族苗族自治州及美国 Andrew Mellon 基金会等单位在湖北武汉联合召开了首届国际水杉会议，外宾 25 人和 20 余名国内代表参加了会议。

2002 年 10 月 24—26 日，学会第五届青年古生物工作者学术讨论会在中国地质大学（北京）召开，76

名代表到会。

2002年12月20—22日,八届二次理事会在江苏南京召开。

2003年4月18—22日,学会第二十二届学术年会四川成都召开,各单位的162名代表参加了会议。

2003年4月20日,召开了八届五次常务理事扩大会议。

2003年5月,《中国古生物学会讯》第34期出版,报道了第十九届学术年会和2002年学会活动的一些情况。

2004年4月24—25日,学会第八届第四次理事会在江苏苏州举行。

2004年11月6—7日,由学会和国家自然科学基金委员会、中国地质大学等共同发起的全球重大变化时期生物与环境协同演化学术研讨会在湖北武汉中国地质大学召开。

2004年,我会会员侯亚梅研究员获得了由中华全国妇女联合会、中国科学技术协会、中国联合国教科文组织全国委员会等共同开展评选的中国青年女科学家奖,朱敏研究员获得了由中共中央组织部、人事部、中国科学技术协会评选的第八届中国青年科技奖。

2005年4月22日,八届五次理事会在江苏常州召开。

2005年4月23—27日,学会第九届全国会员代表大会暨第二十三届学术年会在江苏常州举行,来自不同系统的近300人参加了会议。会议选举产生了九届理事会。

2005年4月24日,九届一次理事会举行,选举沙金庚为理事长,朱敏、季强、郝守刚为副理事长,杨群为秘书长;决定授予汪啸风为荣誉理事;决定聘任朱祥根为常务副秘书长,王永栋、尹崇玉、冯庆来、孙春林、刘建波、张兆群、张鸿斌为副秘书长,聘任朱祥根为学会办公室主任、唐玉刚为学会办公室副主任;决定学会下属教育、科普、组织工作委员会主任分别为童金南、张维、杨群;还就学会学术活动基金管理委员会换届等事项作出了决定。

2005年5月,《中国古生物学会讯》第35期——中国古生物学会第九届全国会员代表大会暨第二十三届学术年会专辑出版,报道了第二十三届学术年会活动的一些情况。6月,孢粉学分会第七届全国会员代表大会暨学术年会在中山大学广州校区和珠海校区召开。

2005年11月1—3日,学会和中国科学院南京地质古生物研究所等单位共同举办了侏罗系界线及地质事件国际学术研讨会(南京)。

2006年6月17—21日,学会主办的以"远古生命和现代研究途径"为主题的第二届国际古生物学大会在北京大学举行,800余人参加了会议,其中外宾403人。会前出版了555页的《远古生命和现代研究途径——第二届国际古生物学大会论文摘要集》(英文版)。

2006年6月19日,第二届古生物学名词审定委员会在北京大学成立,委员24名,由李星学任主任,李传夔任副主任,王鸿祯、张弥曼、戎嘉余等6位专家为委员会顾问。

2006年6月26日,学会前理事、国际古生物协会副主席、中国科学院学部委员金玉玕研究员逝世。

2007年1月28—29日,九届三次理事会在山东平邑召开,决定学会第二十四届学术年会在山东平邑举行,决定接纳山东天宇自然博物馆和重庆自然博物馆为学会全国科普教育基地,并为天宇自然博物馆举行了挂牌仪式。

2007年6月24日,学会在南京召开了古生物学名词审定委员会第二次工作会议。

2007年9月14日,九届四次理事会在山东平邑召开。

2007年9月14—17日,学会第二十四届学术年会在山东平邑召开,近240位代表参加了会议。

2007年10月,《中国古生物学会讯》第36期出版,报道了第二十四届学术年会和第二届国际古生物大会的一些情况。学会化石藻类专业委员会第六届全国会员代表大会暨第十三次学术年会在贵阳召开。

2008年1月12日,在北京西苑饭店召开学会九届四次理事会,布置落实2008年工作要点;同时召开了第二届古生物学名词审定委员会第三次工作会议。

2008年8月，古植物学分会五届三次学术年会在辽宁沈阳召开。9月，古脊椎动物分会第十一次学术年会在山西太原召开。10月，微体古生物学分会第八届全国会员代表大会暨第十二次学术年会在广西北海召开。11月12—15日，古生态专业委员会联合江苏省古生物学会、河南省古生物学会、安徽省古生物学会、湖北省古生物学会、江苏省地质学会地层古生物专业委员会在河北焦作河南理工大学共同举办"地质历史上的大规模海进和生命演化过程"学术交流会。

2009年1月5日，九届五次理事会在江苏南京召开，会议讨论了召开第十届全国会员代表大会暨第二十五届学术年会、理事会换届以及庆祝中国古生物学会成立80周年等事项。

2009年8月8日，九届六次常务理事会在江苏南京召开，主要讨论了理事会换届工作事宜。9月中旬，学会孢粉学分会在江苏南京召开第八届一次学术年会。

2009年9月16—19日，中国古生物学会孢粉学分会八届一次学术会议暨学会成立30周年纪念活动在江苏南京召开。

2009年10月14—16日，中国古生物学会第十次全国会员代表大会暨第二十五届学术年会——纪念中国古生物学会成立80周年活动在江苏南京召开。杨群当选为理事长，周忠和、季强、童金南当选副理事长，王永栋任秘书长。

2009年10月，由中国古生物学会组织编写的《古生物学名词》（第二版）出版。

2010年4月，由中国科学技术协会主编、中国古生物学会组织编写的《古生物学学科发展报告》出版。

2010年6月28日—7月3日，第三届国际古生物学大会在英国伦敦召开。

2010年7月10—12日，中国古生物学会微体古生物学分会第十三次学术年会暨化石藻类专业委员会第十四次学术讨论会在库尔勒市召开。

2010年7月17日，中国古生物学会第五届理事会理事长，荣誉理事，中国科学院院士王鸿祯逝世。

2010年8月2—3日，中国古生物学会古生态学专业委员会第五次学术年会在黑龙江哈尔滨召开。

2010年8月，第八届国际侏罗系大会在四川射洪召开。

2010年9月13—15日，中国古生物学会古脊椎动物学分会第十二次年会在山东平邑召开。

2010年10月31日，中国古生物学会第五届理事会理事长，荣誉理事，中国科学院院士李星学逝世。

2010年11月14—16日，中国古生物学会古植物学分会第七届全国会员代表大会暨2010年学术年会在中国科学院西双版纳热带植物园召开。

2010年11月21日，中国古生物学会创立会员，中国科学院院士扬起逝世。

2010年12月，中国古生物学会第十届二次理事会议在沈阳召开。

2011年1月1日，由国务院法制办制定的《古生物化石保护条例》正式颁布。

2011年3月19日，中国古生物学会创立会员、中国古生物学会第三届、第四届理事会理事、常务理事、学会荣誉理事、中国科学院院士顾知微逝世。

2011年7月6日，中国古生物学会分支机构管理工作会议在南京召开，会议通过了《中国古生物学会分支机构管理条例》。

2011年8月20日，伊春地质古生物学术研讨会在黑龙江伊春召开。

2011年9月15—18日，中国古生物学会孢粉学分会八届二次学术年会在河北任丘召开。

2011年10月21日，中国古生物学会第二十六届学术年会在贵州关岭召开。

2011年10月22日，中国古生物学会和中国古生物化石保护基金会签署了双方战略合作协议。

2012年1月，中国古生物学会第十届四次理事会议在安徽合肥召开。

2012年7月8—10日，中国古生物学会古生态学专业委员会第六次学术年会在甘肃兰州召开。会议进行了换届选举，组成了新的委员会。

2012年7月9—12日，中国古生物学会孢粉学分会在安徽合肥召开了孢粉形态学专题研讨会和八届

四次理事会议。

2012 年 8 月 25-27 日,中国古生物学会古脊椎动物学分会第十三次年会在内蒙古二连浩特召开。

2012 年 9 月 17-22 日,首届全国地质古生物科普工作研讨会在辽宁古生物博物馆召开。

2012 年 10 月 12 日,中国古生物学会第十届六次常务理事会议在江苏南京召开。

2012 年 10 月 14 日,《中国古生物学学科史》开题会在江苏南京召开。

2012 年 12 月 21-25 日,中国古生物学会微体古生物学分会第九届全国会员代表大会暨第十四次学术年会、中国古生物学会化石藻类专业委员会第七届全国会员代表大会暨第十五次学术年会在云南腾冲召开。本次大会选举产生了中国古生物学会微体学分会第十届理事会。

2012 年 12 月 26 日,《古生物学报》入选"2012 中国最具国际影响力学术期刊"。

2013 年 2 月,中国古生物学会第十届五次理事会议在浙江杭州召开。

2013 年 5 月 17-19 日,中国古生物学会古植物学分会 2013 年学术年会在甘肃兰州大学召开。

2013 年 5 月 25-26 日,中国古生物学会科普工作委员会第二次委员工作会议在广西桂林召开。

2013 年 8 月,中国古生物学会第十届七次常务理事会议在江苏常州召开。

2013 年 9 月 20-29 日,第一届中德古生物学会国际学术研讨会在德国哥廷根大学胜利召开。来自 16 个国家包括 80 余位中国学者在内的 320 位古生物学领域的专家学者参加了大会,会议共收到来自 34 个国家包括 80 篇中国学者提交的、共 275 篇论文摘要和展板。

2013 年 10 月 20-23 日,中国古生物学会孢粉学分会第九届一次学术年会暨理事会议在广西桂林成功召开。

2013 年 11 月,中国古生物学会第十届六次理事会议在浙江东阳召开。

2013 年 11 月 15-17 日,中国古生物学会第十一届全国会员代表大会暨第二十七届学术年会在浙江东阳召开,本次会议选举产生了中国古生物学会第十一届理事会。杨群当选为理事长,童金南、孙革、邓涛、姚建新当选副理事长,王永栋任秘书长。

2013 年 11 月 17 日,中国古生物学会第十一届一次理事会议在浙江东阳举行。

2014 年 2 月 19 日,中国科学院院士张宗祜(1951 年加入中国古生物学会)逝世。

2014 年 4 月 18-21 日,中国古生物学会古脊椎动物学分会第十四次学术年会在贵州黔西顺利召开。

2014 年 6 月 16-18 日,第三届地球生物学国际会议在湖北武汉召开。

2014 年 7 月 14-16 日,由中国古生物学会微体学分会和化石藻类专业委员会主办,吉林大学古生物学与地层学研究中心协办的中国古生物学会微体学分会第十五次学术年会——中国古生物学会化石藻类专业委员会第八届全国会员代表大会暨第十六次学术讨论会在吉林长春召开。

2014 年 8 月 13-19 日,IGCP591 项目暨国际寒武系分会、奥陶系分会、志留系分会联合学术研讨会在云南召开,会议包括学术会议和野外路线考察。

2014 年 8 月 15-18 日,世界青年地质学家大会在坦桑尼亚首都达拉斯萨达姆召开。中国古生物学会应邀参与并组织以"Fossil Lagerstaetten and Biodiversity through Time"为主题的古生物学专题分会场。

2014 年 9 月 28 日-10 月 3 日,第四届国际古生物学大会在阿根廷门多萨市召开。会议选举产生了国际古生物协会新一届委员会,我会周忠和荣誉理事当选为新一届国际古生物协会主席。

2014 年 10 月 9-11 日,中国古生物学会科普工作委员会第二届全国地质古生物科普工作研讨会在广东深圳召开。

2014 年 11 月 29 日-12 月 1 日,中国古生物学会古植物学分会第八届全国会员代表大会暨 2014 年学术年会在广州中山大学召开。

2014 年 12 月 3 日,中国古生物学会第十一届二次理事会议在广州召开。

2014 年 12 月 18-19 日,中国古生物学会古生态学专业委员会 2014 年学术年会在江苏无锡召开。

2015 年 8 月 10 日,中国古生物学会第十一届三次理事会议在辽宁沈阳举行。

2015 年 8 月 11—14 日,中国古生物学会第二十八届学术年会在辽宁沈阳召开。

2015 年 8 月 16—20 日,第十二届中生代陆地生态系统国际学术研讨会于在中国辽宁沈阳召开。

2015 年 10 月 16—19 日,中国古生物学会孢粉学分会第九届二次学术年会暨理事会议在贵州贵阳召开。

2015 年 11 月 21—22 日,中国古生物学会科普工作委员会第四次全体委员(扩大)会议在上海和昆山召开。

2015 年 12 月 30 日,我会推荐的邓涛研究员当选中国科协 2015"十大科学传播人"。

2016 年 1 月,中国古生物学会第十一届五次常务理事会议在陕西西安召开。

2016 年 5 月 15—17 日国际古生物学协会(IPA)理事会工作会议在北京召开。

2016 年 6 月 24—27 日,中国古生物学会微体古生物学分会第十届全国会员代表大会暨第十六次学术年会、中国古生物学会化石藻类专业委员会第十七次学术年会在甘肃和政召开。会议同时举行了微体古生物学分会理事会的换届工作。

2016 年 8 月 20—21 日,第七届全国化石爱好者大会在南京古生物博物馆召开。

2016 年 8 月 21—25 日,中国古生物学会古脊椎动物学分会第十五次学术年会在黑龙江大庆召开。

2016 年 8 月 27 日—9 月 3 日,我会参加了在南非开普敦召开的第三十五届国际地质大会。

2016 年 9 月 10—11 日,中国古生物学会科普工作委员会第三届全国地质古生物科普研讨会在重庆自然博物馆召开。

2016 年 9 月 11 日,中国古生物学会授予射洪县硅化木国家地质公园核心区所在地王家沟"化石村"称号。

2016 年 9 月 12 日,中国古生物学会第十一届六次常务理事会议在重庆召开。

2016 年 10 月 23—28 日,第十四届国际孢粉学暨第十届国际古植物学联合大会在巴西萨尔瓦多召开。

2016 年 11 月 18—22 日,中国古生物学会古植物学分会 2016 年学术年会在云南大学召开。

2016 年 12 月 16 日,中国古生物学会第十一届四次理事会议在贵州贵阳召开。

2016 年 12 月 17—18 日,中国古生物学会古无脊椎动物学分会成立大会暨中国古生物学会古生态专业委员会 2016 年学术年会在贵州贵阳召开。

2017 年 3 月 22 日,中国古生物学会在北京中国科技会堂首次发布了"2016 年度中国古生物学十大进展"评选结果。

2017 年 5 月 13 日,中国古生物学会十一届理事会第五次理事会议在湖北黄石召开。

2017 年 5 月 27 日,中国古生物学会科普工作委员会第六次委员会议在中国科学院南京地质古生物研究所召开。

2017 年 5 月 27 日,"2016 年中国古生物科普十大新闻"在江苏南京发布。

2017 年 6 月 26 日—7 月 2 日,中国古生物学会孢粉学分会十届一次学术年会在内蒙古赤峰召开。

2017 年 9 月 28 日,中国古生物学会"中国恐龙科普成果专题发布会暨中国恐龙景观园全国科普教育基地揭牌仪式"在海南三亚召开。

2017 年 10 月 10—14 日,第二届中德古生物学国际会议在湖北宜昌召开。

2017 年 10 月 11 日,"国际化石日"中国纪念启动仪式在湖北宜昌举行。

2017 年 10 月 30 日,国土资源部国家古生物化石专家委员会换届暨化石保护工作会议在北京举行。

2017 年 12 月 8—10 日,中国古生物学会古无脊椎动物学分会年会在江苏南京召开。

2017 年 12 月 15—17 日,中国古生物学会第十一届理事会第六次理事会议于在河北石家庄召开。

2018 年 2 月 8 日,中国古生物学会在南京发布了"2017 年度中国古生物学十大进展"评选结果。

2018年2月8日,中国古生物学会公布首届"我身边的化石"科普创作大赛获奖名单。

2018年3月20日,日本古生物学会理事长、日本国立科学博物馆 Makoto Manabe(真锅真)教授,日本古生物学会前理事长、名古屋大学 Tatsuo Oji(大路树生)教授应邀访问中国古生物学会,与中国古生物学会理事长杨群、秘书长王永栋等就中国和日本两国古生物学会开展深入合作进行了交流座谈,并分别代表双方学会共同签署了合作备忘录。

2018年4月13—14日,三亚古生物科普论坛暨第四届全国地质古生物科普研讨会在海南三亚召开。

2018年4月25日,中国古生物学会十一届十次常务理事会议在广东深圳召开。

2018年7月9—13日,我会参加在法国巴黎召开的第五届国际古生物学大会。

2018年7月20—26日,中国古生物学会微体学分会第十七次学术年会、中国古生物学会化石藻类专业委员会第十八次学术年会在内蒙古赤峰召开。2018年8月12—17日,我会参加了在爱尔兰都柏林大学召开第十届欧洲古植物学与孢粉学大会。

2018年9月17—19日,中国古生物学会第十二届全国会员代表大会暨第二十九届学术年会在河南郑州成功召开。会议举行了中国古生物学会第十二届全国会员代表大会,表决通过了《中国古生物学会章程》和《中国古生物学会会员会费标准》。会议投票选举产生了中国古生物学会第十二届理事会和第一届监事会。选举詹仁斌为理事会理事长,邓涛、王永栋、姚建新、白志强和华洪为副理事长,杨群为第一届监事会监事长,孙革为副监事长。会议期间举行地球生物学分会成立大会,选举产生了第一届分会理事会负责人。

2018年10月27—28日,中国古生物学会2018年分支机构暨秘书长工作会议在辽宁沈阳召开。

2018年11月10—12日,中国古生物学会古脊椎动物学分会第十六届学术年会在安徽合肥召开。

2018年11月10—12日,中国古生物学会古生态专业委员会第九次学术年会在安徽合肥召开,会议期间进行了中国古生物学会古生态专业委员会换届选举工作。

2018年11月16日晚,中国古生物化石保护基金会与新华公益联合举办的"平凡化石故事·非凡贡献人物(1998—2018)"征集活动发布仪式,在新华网全媒体集成播控中心举行并进行网络直播。其中,我会荣誉理事张弥曼院士、周志炎院士、殷鸿福院士、舒德干院士等5人获得"非凡贡献人物(终身成就)"荣誉称号,荣誉理事汪啸风研究员、常务理事袁训来研究员等10人获"非凡贡献人物"荣誉称号,中国古生物学会获得唯一的"非凡贡献团队"荣誉称号。

2018年11月16—21日,中国古生物学会古植物学分会第九届全国会员代表大会暨2018年学术年会在中国地质大学(武汉)秭归产学研基地召开。

2019年1月19日,中国古生物学会第十二届二次理事会议暨一届二次监事会议在广西桂林召开。

2019年3月7日,中国古生物学会在南京发布了"2018年度中国古生物学十大进展"评选结果。

2019年4月9—10日,中国古生物学会科普工作委员会在安徽合肥召开第六次全体会议,进行了委员会换届选举及相关工作的专题研讨。

2019年4月28日,中国古生物学会2018年年报发布。

2019年8月18—21日,黑龙江嘉荫白垩纪生物群及 K-Pg 界限国际学术研讨会暨第二届嘉荫化石保护论坛在黑龙江嘉荫召开。

2019年9月20—23日,中国古生物学会古无脊椎动物学分会第二届学术年会在陕西西安西北大学召开。

2019年10月11—13日,中国古生物学会孢粉学分会第十届第二次学术年会暨理事会议在四川绵阳召开。

2019年10月11—13日,第三届国际化石日暨第三届化石保护与科普文化发展研讨会在四川崇州召开。

参 考 文 献

［1］　程裕淇，陈梦熊. 前地质调查所的历史回顾:历史评述与主要贡献［M］. 北京:地质出版社,1996.

［2］　《李星学文集》编辑组. 李星学文集［M］. 合肥:中国科学技术大学出版社,2007.

［3］　王恒礼,王子贤,李仲均. 中国地质人名录［M］. 武汉:中国地质大学出版社,1989.

［4］　杨光荣. 王鸿祯诗联文序选集［M］. 北京:地质出版社,2006.

［5］　杨学长,段光胜. 中国科学院南京地质古生物研究所50年发展与创新史:1951年－2001年［M］. 南京:中国科学院南京地质古生物研究所,2007.

［6］　杨遵仪. 杨遵仪文选［M］. 北京:地质出版社,2007.

［7］　中共江苏省委党史工作办公室. 群星璀璨:在苏院士风采录［M］. 北京:新华出版社,2003.

［8］　中国地质大学(北京)郝诒纯院士纪念文集编委会. 大地的女儿:郝诒纯院士纪念文集［M］. 北京:地质出版社,2004.

［9］　中国古生物学会秘书处. 中国古生物学会讯:1－36期［C］. 南京:中国古生物学会,1948－2007.

［10］　中国科学院兰州文献情报中心,中国科学院地学情报网. 中国科学院地球科学家名录［M］. 兰州:甘肃科学技术出版社,1990.

［11］　《中国物理学会七十年》编写组. 中国物理学会七十年［M］. 北京:中国物理学会,2002.

［12］　中国科学院学部联合办公室. 中国科学院院士画册［M］. 北京:中国科学院学部联合办公室印. 1980.

［13］　沙金庚. 世纪飞跃:辉煌的中国古生物学［M］. 北京:科学出版社,2009.

［14］　中国古生物学会秘书处. 中国古生物学会80年［M］. 合肥:中国科学技术大学出版社,2009.

［15］　全国科学技术名词审定委员会. 古生物学名词［M］. 2版. 北京:科学出版社,2009.

［16］　中国科学技术协会,中国古生物学会. 2009－2010古生物学学科发展报告［M］. 北京:中国科学技术出版社,2010.

［17］　中国科学技术协会,中国古生物学会. 中国古生物学学科史［M］. 北京:中国科学技术出版社,2015.

2019年中国古生物学会迎来了90周年华诞,中国古生物学会第十二届理事会决定编辑出版《中国古生物学会90年》一书,以照片和文字相结合的形式,汇集学会重要和珍贵的历史资料,将学会在各个时期的活动、人物和大事件等用文字或图片呈现出来,作为一个历史记录传承下去。

在学会理事会的指导下,学会秘书处从2019年3月起,在《中国古生物学会80年》一书的基础上,继续收集整理并补充近十年来的图文资料,并得到了学会各分会、专业委员会和广大会员的积极支持。

2019年6月开始,本书进行统编,由于书中涉及的人与事时间跨度长、面广量大,搜集材料、加工整理、编辑的时间有限,对于书中出现的错误和遗漏难以避免,敬请见谅。另外,由于时代久远、人事更迭,不少原始资料难以查询,书中一些照片的主人公无法联系,在此也表示歉意。

本书中涉及2009年前的内容,在补充完善的基础上,部分沿用了《中国古生物学会80年》一书的内容,在此对参与《中国古生物学会80年》编写的中国科学院南京地质古生物研究所章森桂、王俊庚、夏广胜等老师及前中国科学院研究生院潘云唐教授表示诚挚的敬意和衷心的感谢。

本书在资料搜集、编辑和出版过程中,自始至终得到中国古生物学会詹仁斌理事长、王永栋副理事长的指导支持并亲自修改或者补充相关内容。蔡华伟秘书长和秘书处的唐玉刚、吴荣昌、蒋青及张玲芝等在资料搜集和联络过程中给予了积极协助,对此表示感谢。

感谢中国古生物学会荣誉理事殷鸿福院士、戎嘉余院士和周忠和院士,拨冗为纪念中国古生物学会成立90周年和本书的出版题词。

感谢中国科学技术大学出版社为本书的编辑出版工作付出了诸多时间和精力,从而使得本书能够编撰成册并得以及时付印出版。

《中国古生物学会90年》一书的出版,是学会广大会员、各分会及专业委员会、理事单位、会员单位共同努力的结果,在此也一并表示衷心的感谢。

中国古生物学会秘书处
2019年11月